A GUERRA DAS
INTELIGÊNCIAS
NA ERA DO
ChatGPT

LAURENT ALEXANDRE

A GUERRA DAS INTELIGÊNCIAS NA ERA DO ChatGPT

Tradução de Idalina Lopes

Título original em francês: *La Guerre Des Intelligences – À l'heure de ChatGPT*
Copyright © 2023, éditions Jean-Claude Lattès. Todos os direitos reservados.
Publicado mediante acordo com éditions Jean-Claude Lattès.

Amarylis é um selo editorial Manole.

Recomendação editorial: Jorge Forbes
Produção editorial: Retroflexo Serviços Editoriais
Tradução: Idalina Lopes
Revisão de tradução e revisão de prova: Depto. editorial da Editora Manole
Projeto gráfico: Depto. editorial da Editora Manole
Diagramação: Elisabeth Miyuki Fucuda
Capa: Ricardo Yoshiaki Nitta Rodrigues
Imagem da capa: freepik.com

CIP-BRASIL. CATALOGAÇÃO NA PUBLICAÇÃO
SINDICATO NACIONAL DOS EDITORES DE LIVROS, RJ

A369g

Alexandre, Laurent
    A guerra das inteligências na era do ChatGPT / Laurent Alexandre ; tradução
Idalina Lopes. - 1. ed. - Santana de Parnaíba [SP] : Amarylis, 2024.

    Tradução de: La guerre des intelligences : à l'heure de ChatGPT
    ISBN 9788520460474

    1. Inteligência artificial. 2. ChatGPT. 3. Sociedade da informação. I. Lopes,
Idalina. II. Título.

	CDD: 006.301
24-91627	CDU: 004.8

Gabriela Faray Ferreira Lopes - Bibliotecária - CRB-7/6643

Todos os direitos reservados.
Nenhuma parte desta obra poderá ser reproduzida, por qualquer processo,
sem a permissão expressa dos editores.
É proibida a reprodução por fotocópia.

A Editora Manole é filiada à ABDR – Associação Brasileira de Direitos Reprográficos.

Edição brasileira – 2024

Direitos em língua portuguesa adquiridos pela:
Editora Manole Ltda.
Alameda América, 876
Tamboré – Santana de Parnaíba – SP – Brasil
CEP: 06543-315
Fone: (11) 4196-6000
www.manole.com.br | https://atendimento.manole.com.br/

Impresso no Brasil
Printed in Brazil

Para Olivier Véran,
que foi corajoso durante a crise da Covid.

Durante o processo de edição desta obra, foram tomados todos os cuidados para assegurar a publicação de informações técnicas, precisas e atualizadas conforme lei, normas e regras de órgãos de classe aplicáveis à matéria, incluindo códigos de ética, bem como sobre práticas geralmente aceitas pela comunidade acadêmica e/ou técnica, segundo a experiência do autor da obra, pesquisa científica e dados existentes até a data da publicação. As linhas de pesquisa ou de argumentação do autor, assim como suas opiniões, não são necessariamente as da Editora, de modo que esta não pode ser responsabilizada por quaisquer erros ou omissões desta obra que sirvam de apoio à prática profissional do leitor.

Do mesmo modo, foram empregados todos os esforços para garantir a proteção dos direitos de autor envolvidos na obra, inclusive quanto às obras de terceiros, imagens e ilustrações aqui reproduzidas. Caso algum autor se sinta prejudicado, favor entrar em contato com a Editora.

Finalmente, cabe orientar o leitor que a citação de passagens da obra com o objetivo de debate ou exemplificação ou ainda a reprodução de pequenos trechos da obra para uso privado, sem intuito comercial e desde que não prejudique a normal exploração da obra, são, por um lado, permitidas pela Lei de Direitos Autorais, art. 46, incisos II e III. Por outro, a mesma Lei de Direitos Autorais, no art. 29, incisos I, VI e VII, proíbe a reprodução parcial ou integral desta obra, sem prévia autorização, para uso coletivo, bem como o compartilhamento indiscriminado de cópias não autorizadas, inclusive em grupos de grande audiência em redes sociais e aplicativos de mensagens instantâneas. Essa prática prejudica a normal exploração da obra pelo seu autor, ameaçando a edição técnica e universitária de livros científicos e didáticos e a produção de novas obras de qualquer autor.

Sumário

Aviso..**xvii**
Planejando a superação humana pelo ChatGPT......................xvii
O homem mais poderoso do mundo tem Asperger..................xix
O ChatGPT não poderia chegar em uma hora pior..................xx
A bomba atômica é um fogo de artifício..................................xxi
Rumo a uma ótima substituição cognitiva.............................xxii

Introdução..**xxiii**
O ChatGPT vai revolucionar a transmissão de
    inteligência...xxiii

A INTELIGÊNCIA ARTIFICIAL SE ENTUSIASMA 1

1 A eterna primavera da IA **3**
1956-2011: a sequência das falsas promessas 3
2012: a grande mudança do *deep learning* 7

2022: estávamos esperando o metaverso, e veio
o ChatGPT 9
A guerra das IA ocorre silenciosamente 11
OpenAI tornou-se ClosedAI 12
Os pesquisadores lutam para compreender por que o GPT4
é tão inteligente.. 14
GPT4 abala nossa definição de inteligência.............................. 14
A receita para uma IA de 2023: algoritmos de *deep learning*,
potência monstruosa e montanhas de dados 15
A Lei de Moore: o reator do *Homo Deus* 17
Um trilhão de operações por segundo 18

2 Os apóstolos da IA e o novo evangelho transumanista......21

Nós somos os idiotas úteis da IA... 21
O ChatGPT é uma IA fraca, revolucionária, mas
inconsciente 23
Diante do tsunami de dados, o Google não é mais
suficiente 25
A computação e a neurologia estão se fundindo, por iniciativa
dos bilionários da IA 30
O Vale do Silício se torna o Vale do Cérebro 31
Seremos inteligentes o suficiente para controlar
o ChatGPT? 34

A depressão histérica do europeu.................................39

3 Na Europa, o Homem-Deus é um diabo 41

Homo Deus: a quarta tentativa será a certa 41
Viver mil anos?... 49
Fausto 2.0: apressar a morte da morte nos coloca em perigo
mortal 52

Uma parte do Vale do Silício pretende matar a morte a partir de 2029 graças ao ChatGPT 53

O ChatGPT vai uberizar Deus 54

O que restará da democracia com IA? 56

A democracia ainda não domesticou a tecnologia digital 63

A Revolução Amarela, a primeira crise social da era NBIC 64

Microsoft, GPT4 e os Coletes Amarelos 67

Políticos ultrapassados por um mundo que não compreendem 68

O poder migra: quem realmente constrói e é dono do nosso futuro? 68

Os bilionários das plataformas digitais estão construindo a verdadeira lei: *GPT is Power* 69

Dessincronizações 70

Diante do ChatGPT, as elites francesas são irresponsáveis 72

O ChatGPT é mais importante que as aposentadorias 74

A nova guerra religiosa: *Homo Deus* contra Gaia 76

4 Maionese colapsológica: *1984* ao contrário 80

Nosso cérebro está bem adaptado à caça de mamutes e mal adaptado para resistir às pregações apocalípticas 81

A estrutura do ChatGPT é compreendida por menos de cem franceses 83

A história pintada de rosa para obscurecer melhor o presente 84

As boas notícias estão escondidas 87

A era dos gurus verdes: o apocalipse na alegria 92

5 Na era do ChatGPT, o *software* verde é arcaico 94

Um vocabulário genocida 94

Um totalitarismo pintado de verde 95

Um ideal sobrevivencialista medieval quando temos de nos adaptar a um mundo de hipercrescimento 96

A eutanásia ecológica é delirante num momento em que o
ChatGPT vai revolucionar a medicina 100

ABANDONAMOS O CAMPO NA HORA DA LUTA 103

6 A 3ª Guerra Mundial já começou................................105
A Europa esqueceu a guerra 106
O GPT4 vai criar bombas cognitivas 110
Os Verdes tornam nosso atraso irreversível 120
Na época das transferências de cérebros, a balança cognitiva
da França é deficitária..123

7 A *low-tech* é a morte 125
O crescimento é mais indispensável do que nunca 125
A profecia dos colapsologistas poderia ser autorrealizável.
Sem crescimento, 1793 está logo ali na esquina................126
Sem tecnologia, o indivíduo livre desaparecerá 132
A era das tecnoditaduras...136
Os dinossauros foram extintos porque não tinham um
programa espacial 137

O CHATGPT ACELERA A AVENTURA HUMANA 143

8 2100: não vamos torrar!...145
Todos os fins do mundo não aconteceram 145
O que não falta são as previsões fantasiosas............................146
O futuro está mais opaco do que nunca..................................146
Os recursos da inteligência humana serão ampliados
pela IA...147
Querer castrar o *Homo Deus* é ilusório.................................149

O *coming-out* transumanista de um grande neurocirurgião 151
Resolver a crise ecológica usando a IA 151
Gerenciar a evolução do nível dos oceanos será fácil na
    era da IA 151

9 O verdadeiro desafio é o êxito do *Homo Deus* **156**
Salvar a liberdade: conseguiremos preservar nosso cérebro? 157
Salvar a fraternidade: a frágil coesão social na era do
    Homo Deus 167
Salvar a igualdade: a transição energética não deve ofuscar
    a transição cognitiva 178

2025-2040 – O Chatgpt impõe a primeira
    metamorfose da escola 187

10 Inteligência: a coisa mais mal compartilhada
    no mundo **189**
A inteligência deve ser medida 189
Até o GPT4, o cérebro humano era a máquina mais
    complexa do universo conhecido 194

11 O ChatGPT acentua a guerra dos cérebros **197**
O neurônio biológico ou artificial é o novo petróleo 197
No século do ChatGPT, a inteligência se torna a fonte
    de todos os poderes 198
A bolha ChatGPT faz surgir uma nova economia 201
A inteligência é a mãe de todas as desigualdades 203

12 "Tudo acontece antes do ano 0": a escola já é uma
    tecnologia obsoleta **205**
Nascemos ou nos tornamos inteligentes? 205

Por que a escola é tão ineficaz: tudo é decidido com antecedência......206

Bourdieu estava errado e os professores caíram na armadilha do DNA......209

Deuses e inúteis: vamos desmentir Harari......213

O negacionismo genético pode levar à prisão......214

A era de ouro dos intelectuais e inovadores......215

Diante do ChatGPT, o tabu do QI é suicida......217

A aristocracia da inteligência não é aceitável......218

13 Diante do ChatGPT, a inteligência não é mais uma opção......222

Nenhum trabalho está imune contra o ChatGPT......222

Schumpeter e a destruição criativa......225

Quais competências para o ser humano diante dos sucessores do ChatGPT?......230

A OpenAI é a primeira empresa da história que midiatiza a destruição de empregos que ela vai gerar......230

O GPT5 será mais inteligente que 80% dos franceses, o que criará uma crise social......231

Pedro e o lobo ChatGPT......233

A escola se prepara para a economia... anterior ao ChatGPT..236

14 O ChatGPT vai antecipar a primeira metamorfose da escola: a breve era das *edtech*......238

O ChatGPT vai eliminar a sala de aula?......238

Os MOOC vão se fundir com o ChatGPT......239

A Educação deve libertar seus inovadores para entrarem na hiperpersonalização educativa......241

O fim da bricolagem educativa......248

Aristóteles ao seu serviço......249

2040-2060: A ESCOLA TRANSUMANISTA 255

15 Da neuroeducação ao neuroaumento 257
A escola de 2050 será uma fábrica de neurocultura 257
O furacão ChatGPT está indo rápido demais e alto demais 260
Genética ou ciborgue: o grande salto para a frente da
 inteligência 261
O cenário Gattaca 261

16 Diante do ChatGPT, Elon Musk quer impor o implante
 intracerebral 265
O ChatGPT conectado ao cérebro 266
Dominar o código neuronal 267
Uma máquina para ter êxito em vez de selecionar 268

17 A escola de 2060 deverá tornar todas as crianças tão
 inteligentes quanto o ChatGPT 270
O ChatGPT conduzirá ao "direito oponível à inteligência" 270
O neuroaumento será a vacina do século XXI 271
A igualização da inteligência será uma evidência: aumentar
 o QI para preservar a democracia 273
A marcha rumo à igualização da inteligência começará com
 uma explosão das desigualdades 276
Diante do ChatGPT, as moratórias tecnológicas não se
 sustentarão 277
O Piketty de 2060 será um neurobiólogo e não um fiscalista .. 279

18 Do tobogã eugenista à ditadura neuronal: três cenários
 para um futuro 281
Primeiro cenário: a hipótese do grande salto conservador
 para trás 282

Segundo cenário: depois da corrida pelos armamentos,
a corrida pela inteligência 284
Os avanços do ChatGPT levam à mudança da opinião norte-
-americana sobre o eugenismo intelectual 285
Terceiro cenário: rumo a uma neuroditadura? 287

Depois de 2060 – Educar o *Homo Deus* 293

19 A humanidade corre risco de vida................................295
O GPT4 e os venenos...296
Entre o cão e o lobo..297
O ChatGPT nos seduzirá?...298

20 O mundo estará unido frente à IA?...............................303
"Cuidado com o homem mau"...304
O equilíbrio de Nash da corrida para o abismo 308
O cachorrinho, o cego e o Exterminador do futuro 313

21 "Corpo, mente e acaso", os três novos pilares que substituem "liberdade, igualdade e fraternidade".........316
Preservar o real e nosso corpo de carne 317
O GPT4 antecipa que ele vai criar novas patologias
psiquiátricas 320
Quem vai querer a vida real? 322
Salvemos o guia Michelin 324
A conexão com a matrix deve permancer uma opção e não uma
obrigação 327
Escolher o acaso em vez de se arriscar a escolher 328
Os deuses acabam se suicidando? 329

22 Tornar-se um demiurgo sábio para dominar a IA 331

Depois de *Black-Blanc-Beur*, neurônio e silício 331
O racismo antissilício é suicida 332
A complementaridade das inteligências 333
Em pleno nevoeiro digital perante a IA 335
Teremos a IA que merecemos 342

Conclusão 343

Devemos construir a bússola ética do *Homo Deus* 343
O que permanecerá para sempre impossível? 344

Fio condutor – O ChatGPT acelera a necessidade de democratizar a inteligência biológica 348

Posfácio – Carta para a geração ChatGPT 354

Vocês devem inventar uma ecologia humanista 355
O universo precisa de você 356
Aproveitem o mundo 356

Leituras complementares 357

Índice remissivo 361

Aviso

Para maior clareza, o termo ChatGPT[1] é utilizado tanto para se referir ao *software* GPT3.5 ou GPT4 como à interface do usuário, o *chatbot* ChatGPT.

Em certas partes do livro, a palavra ChatGPT reúne o conjunto das redes de neurônios do tipo *Large Language Models* (LLM).

OpenAI é a empresa proprietária do ChatGPT e de seus *softwares* GPT3.5 e GPT4.

Além disso, nenhuma linha deste livro foi escrita pelo ChatGPT, com exceção da resposta a duas perguntas que lhe fiz sobre seus direitos legais e sobre as patologias psiquiátricas que ele iria gerar nos seres humanos.

Planejando a superação humana pelo ChatGPT

Bill Gates declarou: "Estamos entrando na era da IA. As IA superinteligentes são o nosso futuro".[2]

---

1   GPT significa *Generative Pre-Trained Transformer*. O que representa uma IA capaz de gerar conteúdo graças ao modelo Transformer inventado pelo Google em 2017.

2   *The Age of AI has begun. Gates notes.*

Em apenas algumas semanas, o ChatGPT conquistou mais de 100 milhões de usuários diários.[3] Nunca nenhuma outra tecnologia se impôs tão rapidamente.

Esse estonteante sucesso de *marketing* não deve esconder o essencial: o objetivo do fundador do ChatGPT, Sam Altman, é criar uma inteligência artificial (IA) superior à inteligência humana.[4]

Essa é uma ruptura importante com o mundo no qual o *Homo Sapiens* vive desde seu aparecimento. Um mundo onde, pela primeira vez, ele perde o monopólio da inteligência.

Alguns dias antes do lançamento do GPT4, Altman foi muito claro: "Nossa missão é garantir que a inteligência artificial generativa (IAG) – sistemas de IA que são mais inteligentes do que os humanos – beneficie toda a humanidade. Se ela for criada com sucesso, essa tecnologia poderia nos ajudar a elevar a humanidade ao aumentar a abundância, ao dinamizar a economia global e a ajudar na descoberta de novos conhecimentos científicos que alterem os limites do que é possível", ele continua.

"A IAG também traria um sério risco de utilização abusiva, acidentes dramáticos e perturbações societais. Como a vantagem da IAG é tão grande, não acreditamos que seja possível ou desejável para a sociedade interromper seu desenvolvimento para sempre."

O objetivo do fundador do ChatGPT é dar poder infinito ao ser humano no cosmos: "Queremos que a IAG permita que a humanidade se expanda tanto quanto possível pelo universo. Não esperamos que o futuro seja uma utopia, mas queremos maximizar o bem e minimizar o mal, e que a IAG seja um amplificador da humanidade".

Sam Altman deseja preparar a humanidade para a chegada bastante rápida de superinteligências artificiais que nem poderiam mais ser compreendidas pelos humanos. Ele explica que as IA fortes superiores aos seres humanos são apenas um modesto passo intermediário: "A primeira IAG será apenas um ponto ao longo do *continuum* da inteligência.

---

3   Em 11 de março de 2023.
4   Chamada de IA forte ou inteligência artificial generativa (IAG em português, e AGI em inglês).

Achamos que é provável que os avanços continuarão a partir daqui, talvez mantendo o ritmo de avanço que observamos no decorrer da última década durante um longo período. Se isso for verdade, o mundo poderia se tornar extremamente diferente do que é hoje, e os riscos poderiam ser extraordinários. Uma superinteligência artificial mal alinhada poderia causar sérios danos ao mundo; um regime autocrático com uma penetração decisiva na superespionagem também poderia fazê-lo".

O homem mais poderoso do mundo tem Asperger

Sam Altman reconhece que essa corrida pela inteligência acarretará uma mudança radical na aventura humana: "É possível que uma IAG seja capaz de acelerar seu próprio avanço e provocar importantes mudanças com uma rapidez surpreendente".

Para Sam Altman, o caminho que vai levar o ChatGPT à superinteligência é o episódio mais importante da história: "Fazer a transição com sucesso para um mundo dotado de uma superinteligência talvez seja o projeto mais importante, mais promissor e mais assustador da história. O sucesso está longe de ser garantido e esperamos que os desafios (inconvenientes ilimitados e vantagens ilimitadas) unam todos nós. Podemos imaginar um mundo no qual a humanidade se desenvolva num grau que provavelmente é impossível para qualquer um de nós visualizar plenamente neste momento".

Para o pai do ChatGPT, a IA não é mais apenas um desafio econômico ou social. A IA está se tornando o principal motor da história ao transformar rapidamente a natureza da inteligência, ao passo que nos é impossível imaginar o que é uma superinteligência, por definição incompreensível para os cérebros humanos.

Essa bifurcação da aventura humana é a criação de um superdotado que falou publicamente sobre sua síndrome de Asperger.[5] É provavelmente essa neuroatipicidade que explica por que ele se permite declara-

---

5   "Sam Altman's Manifest Destiny. Is the head of Y Combinator fixing the world, or trying to take over Silicon Valley ?" *The New Yorker*, 3 de outubro de 2016.

ções alarmistas: "A IA vai muito provavelmente levar ao fim do mundo, mas no intervalo haverá magníficas empreitadas". Uma inovação tão fundamental como a IA forte pode ser pilotada por um neuroatípico?

O ChatGPT não poderia chegar em uma hora pior

O ChatGPT marca uma nova etapa na produção de redes de neurônios artificiais. Sua capacidade de simular a mente humana é impressionante, mesmo que ainda sofra de alucinações[6] digitais.

Estamos entrando num mundo onde a produção de inteligência artificial será infinita. O proprietário da empresa NVIDIA, principal produtora de microprocessadores destinados a alimentar a IA, afirma que em dez anos a IA será 1 milhão de vezes mais potente do que o ChatGPT. Sam Altman acredita que a quantidade de inteligência na Terra duplicará a cada 18 meses. Pior ainda, a IA está se tornando praticamente gratuita, enquanto a inteligência biológica é rara, limitada, de produção lenta, extremamente cara, faz greve e contesta o valor do trabalho. Essa defasagem conduz mecanicamente a uma crise cognitiva.

As IA generativas[7] como o ChatGPT vão estruturar muito mais o pensamento humano do que os motores de busca como o Bing ou o Google. Controlar o ChatGPT confere um imenso poder a seus coproprietários OpenAI e Microsoft.

O sistema educativo ainda não organizou sua reconstrução desde o lançamento das redes de neurônios de primeira geração no fim de 2011. A chegada do ChatGPT vai competir consideravelmente com os cérebros humanos treinados pela escola. A educação poderia ter aproveitado os últimos dez anos para começar. Ela não se mexeu. O choque vai ser muito violento. E nenhuma reflexão foi feita para preparar nossos filhos para a aceleração da corrida rumo a uma IA forte.

---

6   Quando desconhece um assunto, o ChatGPT inventa com uma desenvoltura desconcertante.

7   As IA generativas podem gerar imagens, como Dall-E ou textos como ChatGPT. Essas duas IA são propriedade da OpenAI, empresa cofundada por Elon Musk e Sam Altman.

Os Coletes Amarelos,* assim como outros movimentos populistas no mundo, já traduzem as dificuldades das classes populares, mas também das classes médias diante dos abalos induzidos pela economia do conhecimento. Graças ao ChatGPT, o capitalismo cognitivo vai entrar em efervescência e transformar rapidamente os equilíbrios sociais e econômicos, bem como o mercado de trabalho. O que vão se tornar os cidadãos menos inteligentes do que o ChatGPT? As organizações de formação profissional ainda nem sequer refletiram sobre isso. As consequências econômicas do ChatGPT estão apenas começando a ser imaginadas. Sam Altman declarou à *Forbes* em 3 de fevereiro de 2023 que "o ChatGPT poderia destruir o sistema capitalista".

A bomba atômica é um fogo de artifício

O aparelho de Estado não começou sua metamorfose. A negação da revolução ChatGPT é total no governo francês. A única reação ministerial foi a declaração em 20 de fevereiro de 2023 na rádio France Info do ministro responsável pela Transição digital, Jean-Noël Barrot, de que o robô ChatGPT seria apenas "um papagaio mal-acabado". Nessa mesma perspectiva, no dia de Hiroshima o governo francês declarou: "A bomba atômica é um fogo de artifício...".

Além disso, a revolução das IA generativas ocorre em meio a uma histeria colapsológica. Uma parte significativa da NUPES [Nova união popular ecológica e social], por exemplo, defendeu a proibição do 5G. A pilotagem do tsunami tecnológico é dificultada pela tecnofobia de uma parte significativa dos políticos.

Por outro lado, os domadores das redes de neurônios como o ChatGPT, que são os desenvolvedores de engenharia capazes de domi-

---

* N.E.: O movimento dos Coletes Amarelos nasceu em 2018, quando quase 300 mil pessoas foram às ruas de Paris e de diversas outras cidades francesas para protestar contra o aumento da taxa sobre o combustível. Hoje, esse movimento já é o mais longo da França desde a Segunda Guerra Mundial. O movimento é definido como uma "tomada de consciência", uma vez que uma de suas principais características é a participação de pessoas (com diversas linhas de pensamento) que não costumavam se manifestar politicamente.

nar essas arquiteturas computacionais ultracomplexas, são cortejados pelo mundo inteiro. Os bons especialistas em ChatGPT franceses ganham mais de um milhão de euros por ano – muitas vezes muito mais. A distopia política descrita por Harari prevendo que o mundo de amanhã seria dividido ao meio entre "os deuses e os inúteis" poderia infelizmente se tornar uma realidade social.

Regulamentar uma força tão monumental como o ChatGPT e seus sucessores exigiria uma cooperação internacional. Ora, o mundo está em guerra. Cada placa geopolítica vai utilizar as novas IA a fim de manipular o adversário e de desenvolver ciberarmas destrutivas ou manipuladoras.

Rumo a uma ótima substituição cognitiva

O primeiro objetivo de Sam Altman, o criador do ChatGPT, de criar IA fortes, ou seja, superiores à inteligência humana em todas as áreas, traz um problema econômico e social que uma reforma da ação pública deve permitir gerenciar. Em contrapartida, sua convicção de que uma superinteligência por trás do ChatGPT é inevitável traz questões inéditas e existenciais sobre o lugar da inteligência humana num mundo saturado de IA. Em 26 de dezembro de 2022, ele tuitou: "Haverá momentos assustadores no nosso caminho para uma IA forte...". Em breve, a inteligência humana será ultraminoritária na Terra. A verdadeira "grande substituição" será a substituição cognitiva.

Introdução

O ChatGPT vai revolucionar a transmissão de inteligência

A inteligência é o meio que a evolução darwiniana forneceu à humanidade para sobreviver num ambiente cruel.

Graças a ela, dominamos o mundo e a matéria. Essa herança ancestral, fruto de milhões de anos, é o nosso bem mais precioso.

A inteligência é a desigualdade que a sociedade menos corrige hoje. É a última fronteira da igualdade na época do ChatGPT. Uma fronteira que vai ser abolida nas próximas décadas.

A escola, na sua forma atual, vai morrer. O que resta determinar, porém, é a forma mais ou menos dolorosa como ela irá desaparecer. Se resistir demais, ela corre o risco de impedir que as crianças, especialmente as provenientes dos meios mais modestos, desfrutem rapidamente dos benefícios de um acesso sem precedentes à inteligência. Acima de tudo, devemos compreender que a reinvenção da escola será condição para um resgate muito mais fundamental: o de toda a humanidade. Porque a nova escola que vamos inventar deverá nos permitir enfrentar o imenso desafio da nossa utilidade num mundo que em breve estará saturado de inteligência artificial (IA). O desafio é ainda maior porque o ChatGPT acaba de relançar de forma espetacular a corrida tecnológica.

Desde o advento da internet, a maioria dos setores econômicos passou por um profundo questionamento. A instituição encarregada da pesada tarefa de efetuar a transferência da inteligência e da educação foi a única pouco afetada. A escola é uma exceção, pois seus métodos, suas estruturas e sua organização não mudaram essencialmente durante mais de um século.

No século do ChatGPT, a transmissão do conhecimento não pode ser a mesma coisa que era antes dele. Isso não significa que os jovens não precisam mais de ensino. O conteúdo dos conhecimentos necessários para compreender nosso mundo deve ser repensado: as tecnologias NBIC[1] estão se tornando conhecimentos essenciais para as pessoas instruídas do século XXI. Acima de tudo, a própria escola, como tecnologia de transmissão de inteligência, já é uma tecnologia ultrapassada.

Nas próximas décadas, a escola será radicalmente repensada. No decorrer dos próximos anos, passará certamente por uma modernização acelerada sob a influência das tecnologias digitais, mas na realidade serão os últimos dias de uma instituição destinada a ocupar seu lugar na História na seção das curiosidades do passado, baseadas numa ciência aproximativa, da mesma forma que os sanatórios.[2]

A partir de 2040,[3] a educação se tornará um "ramo da medicina", utilizando os imensos recursos da neurociência para personalizar primeiro a transmissão e otimizar em seguida bioeletronicamente a inteligência.

Por volta de 2080, o advento de um mundo dominado pela IA que teremos criado, mas que poderá nos escapar, tenderá a fundir seres vivos e inteligência. O desafio para a humanidade será então defender a sobrevivência do corpo físico, fazendo a escolha deliberada de conservar uma ligação material para evitar a dissolução no mundo virtual.

Este livro explica por que e como os netos de nossos filhos não irão mais à escola.

---

1   Nanotecnologias, biotecnologias, computação e cognição que reúnem inteligência artificial, robótica e neurociências.
2   Que desapareceram quando chegaram os medicamentos antituberculose.
3   Os períodos indicados são dados apenas a título informativo... É possível que comecem muito antes do esperado.

A INTELIGÊNCIA ARTIFICIAL SE ENTUSIASMA

A história da inteligência artificial (IA), desde suas origens até suas loucas perspectivas de futuro, esclarece nosso amanhã.

1

A eterna primavera da IA

Quinze anos atrás, a reflexão sobre a IA estava confinada a alguns círculos restritos de especialistas e pesquisadores. Para o resto do mundo, tratava-se apenas de um tema de ficção científica em que máquinas mais ou menos hostis interagiam com os humanos do futuro. Mas ninguém imaginava que a inteligência artificial pudesse se tornar um objeto contemporâneo, atravessando a tela para aterrizar na nossa vida real. E, no entanto, em apenas alguns anos, a IA estabeleceu-se como o principal vetor das profundas transformações que ocorrem hoje no mundo. Nossa sociedade já não poderia mais viver sem ela; e até se torna mais dependente dela a cada momento.

A IA tem sido muito fantasiada e muito anunciada. Algumas previsões muito otimistas revelaram-se falsas. Hoje, a fase de decolagem está mesmo em andamento, transferindo o poder global para as mãos de alguns operadores privados, as gigantes digitais, localizadas longe da Europa.

1956-2011: a sequência das falsas promessas

O caso não começara muito bem. Por muito tempo, os pesquisadores não saíram do lugar. Os cientistas do pós-guerra tinham duas convicções: a IA capaz de autoconsciência parecia ao alcance da mão e seria indispensável para realizar tarefas complexas. Era um erro duplo.

As bases da IA foram lançadas em 1940, por Alan Turing, que em 1942-43 quebrou os códigos da Enigma, a máquina de criptografia das mensagens secretas dos alemães, e assim permitiu aos Aliados conhecerem a informação estratégica dos inimigos.[1]

Na verdade, a pesquisa sobre IA só decolou realmente depois da conferência do Dartmouth College, nos Estados Unidos, no verão de 1956. Os cientistas estavam então convencidos de que o advento de cérebros eletrônicos iguais ao dos humanos era iminente. Muitos fundadores da disciplina estavam presentes: Marvin Minsky, John McCarthy, Claude Shannon e Nathan Rochester. Eles acreditavam que alguns milhares de linhas de códigos computacionais, alguns milhões de dólares e vinte anos de trabalho tornariam possível igualar o cérebro humano, que era considerado um computador bastante simples.

A desilusão foi imensa: vinte anos depois, os mosqueteiros da IA tiveram de admitir que os computadores de 1975 permaneciam primitivos e que o cérebro humano era muito mais complexo do que pensavam.

Os pesquisadores dos anos 1970 perceberam então que um programa inteligente precisava de microprocessadores infinitamente mais poderosos do que aqueles disponíveis, que executavam apenas alguns milhares de operações por segundo. A corrida aos subsídios públicos levou-os a fazer promessas totalmente irrealistas aos seus patrocinadores públicos ou privados, que acabaram percebendo.

Depois de terem despertado enorme entusiasmo e fantasias, os fracassos da IA provocaram uma queda nos financiamentos. O ponto de partida das desilusões foi o terrível fiasco[2] da tradução automática que

---

1   Turing foi mal recompensado pelos seus eminentes serviços: depois da guerra, denunciado como homossexual – estávamos na Inglaterra puritana do pós-guerra – foi condenado em 1952 a tratamentos hormonais degradantes e suicidou-se. Só em 2013 é que foi perdoado postumamente pela Rainha da Inglaterra que, aliás, reconheceu seus méritos a serviço do reino.

2   Os pesquisadores da época ficariam surpresos ao ver que o ChatGPT domina perfeitamente todas as línguas, sem nunca ter sido treinado em multilinguismo.

interessava muito aos norte-americanos durante a Guerra Fria, pois eram raras as pessoas que falavam russo...

Uma segunda onda de entusiasmo partiu do Japão por volta de 1985, antes de se despedaçar uma vez mais contra a complexidade e as particularidades do cérebro humano. Esses períodos de desilusão são conhecidos no mundo da pesquisa em computação como "invernos da inteligência artificial".

Depois do inverno, chega a primavera. A partir de 1995, o dinheiro voltou. Em 1997, o computador Deep Blue derrotou o campeão mundial de xadrez, Garry Kasparov. Pela primeira vez uma partida opondo um homem e uma máquina foi vencida por esta última. Em 2011, o sistema especialista da IBM, Watson, derrotou os humanos no programa Jeopardy, um show de televisão de perguntas e respostas.

Apesar desses avanços inegáveis e espetaculares, os programas de computador ainda não haviam adquirido as características mais sutis do cérebro. Claro que o cérebro é um computador "feito de carne", mas um computador muito complexo e de natureza diferente dos circuitos integrados. Sua particularidade? Graças à interconexão dos seus bilhares de neurônios, ele é capaz de apreender situações desconhecidas, de inventar, de reagir ao imprevisto e de se "reprogramar" constantemente.

Mais do que potência, era necessária uma inovação do método para permitir que uma IA desse novos passos em direção à inteligência humana. Com o *deep learning*,[3] um primeiro passo foi dado.

Em 2023, a IA não é mais totalmente ininteligente

Esquematicamente, existem quatro idades da IA. A primeira fase, de 1956 a 2011, baseia-se em programas tradicionais, com algoritmos que são programados manualmente.[4] Isso proporciona um ótimo serviço para gerenciar problemas simples, como a otimização do fluxo de caixa de uma empresa.

3　Para simplificar, usaremos o termo *deep learning* para falar do grande conjunto de técnicas de IA que vão desde o *machine learning* até o *learning reinforcement*.

4　A era da IA simbólica.

A segunda fase, iniciada por volta de 2012, corresponde à era do *deep learning*, com os primeiros programas indo além dos humanos, por exemplo, no reconhecimento visual.[5] O *deep learning* permite que um programa aprenda a representar o mundo graças a uma rede de "neurônios virtuais",[6] cada um realizando cálculos elementares. Não são programas de computador banais: o *deep learning* é mais uma questão de educação do que de programação, o que dá um imenso poder aos detentores de bancos de dados, principalmente às gigantes digitais GAFAM e à chinesa BATX.[7] Até a chegada da última versão do ChatGPT, a IA ainda se assemelhava a um autista que sofre de uma forma grave de Asperger...

A IA de terceira geração, como o ChatGPT, capaz de memória e de transversalidade, só era esperada por volta de 2030. As IA generativas chegaram com bastante antecedência: a sociedade não está preparada para absorver o choque. Essas IA generativas parecem inteligentes e podem se passar por um ser humano – o que traz enormes problemas de segurança – e substituir, por exemplo, um gerente geral ou um advogado.

A quarta era da IA será o aparecimento de uma consciência artificial. Esta IA, chamada de forte, seria capaz de produzir um comportamento inteligente, de experimentar uma real autoconsciência, sentimentos e uma compreensão do seu próprio raciocínio.

O enquadramento de uma IA de tipo 4 traria imensos problemas, mas a data de seu surgimento é objeto de brigas incessantes e até de disputas pouco racionais entre especialistas.

O debate foi relançado com declarações das equipes que trabalham no ChatGPT e de seus concorrentes. Os dirigentes da empresa Anthropic, que acabam de receber 400 milhões de dólares do Google, disseram que a humanidade deve se preparar para uma IA forte antes de 2030.

---

5   A era da chamada IA conexionista.
6   São circuitos informáticos lógicos que tentam reproduzir o funcionamento dos nossos neurônios biológicos.
7   Os BATX são Baidu, Alibaba, Tencent e Xiaomi.

2012: a grande mudança do *deep learning*

A grande mudança na IA ocorreu – após trinta anos de confusão – em 2012 com a renovação possibilitada pelo *deep learning*, uma peça essencial da IA da fase 2.

O *deep learning* é um sistema de aprendizagem e de classificação baseado em "redes neurais artificiais", que permitem que um computador adquira certas capacidades do cérebro humano. Essas redes podem lidar com tarefas muito complexas, como o reconhecimento do conteúdo de uma imagem ou a compreensão da linguagem falada. "A tecnologia do *deep learning* aprende a representar o mundo, ou seja, a fala ou a imagem, por exemplo", explica o francês Yann Le Cun, um dos pesquisadores mais influentes na área de IA.

Foi com o *deep learning* que a IA verdadeiramente nasceu, deixando de ser uma espécie de abuso de linguagem para designar o que no fundo não passava de uma calculadora melhorada.

O princípio é simples. Para que um programa aprenda a reconhecer uma girafa, por exemplo, ele é "alimentado" com milhões de imagens de girafas, rotuladas como tais. Uma vez treinado, o programa pode, por associação, reconhecer girafas em novas imagens.

Essa técnica de identificação não difere muito dos jogos educativos destinados às crianças pequenas, às quais apresentamos imagens, de automóveis por exemplo, associadas à palavra que designa o objeto. Mas há uma grande diferença entre o aprendizado do bebê e o da IA. Na verdade, o pequeno humano só precisa de um número limitado de associações de nomes e de imagens para fazer a ligação, enquanto a IA precisa de milhões.

O *deep learning* se utiliza da aprendizagem supervisionada[8] – como o bebê – mas sua arquitetura interna é diferente. Com sua "rede neural", ele coloca em ação uma máquina virtual composta dos bilhões de unidades que são esses neurônios digitais. Cada um realiza pequenos cál-

---

8   Ou seja, os exemplos dados à IA para sua educação foram anotados por humanos.

culos simples. É a agregação desses bilhões de pequenos cálculos que dá a potência e a capacidade de interações, motor da IA.[9]

"A particularidade é que os resultados da primeira camada de neurônios servirão de entrada ao cálculo das demais", explica Yann Ollivier, pesquisador de IA do CNRS. Esse funcionamento "em camadas" é o que torna esse tipo de aprendizagem "profunda" – *deep*.

É a partir desse ponto de virada nos anos 2012-2013 que nós realmente entramos no mundo da IA. Um mundo em que o homem encontra pela primeira vez uma competição séria. A automação de tarefas intelectuais não tem precedentes em nossa história. Agora os computadores se educam mais do que se programam.

A vitória do AlphaGo ocorreu um século antes

O jogo de tabuleiro Go é muito mais complexo do que o xadrez, no qual o Deep Blue da IBM derrotou Garry Kasparov em 1997. O *New York Times* explicou, na época, que a máquina não seria capaz de jogar Go antes de um século ou dois. Em outubro de 2015, o AlphaGo, uma IA desenvolvida pela DeepMind Technologies, mais tarde adquirida pelo Google, ridicularizou o campeão europeu de Go, Fan Hui, com cinco vitórias a zero. Em março de 2016, a vitória do AlphaGo sobre o sul-coreano Lee Sedol, um dos três melhores jogadores do jogo Go, marcou uma nova etapa na história da IA. Lee Sedol admitiu estar sem palavras diante do poder da IA do Google.

Em maio de 2017, o AlphaGo derrotou Ke Jie, o campeão mundial, por três a zero. Ainda mais perturbador, o AlphaGo joga apoiando-se numa máquina que não aprendeu a jogar analisando partidas humanas, e sim jogando contra si mesma.

---

9   E a IA precisa cometer erros para aprender. Erros cuja origem entendemos cada vez menos.

2022: estávamos esperando o metaverso, e veio o ChatGPT

Em 2019, Mark Zuckerberg lançou um gigantesco plano de investimento de 100 bilhões de dólares para desenvolver o metaverso. Mark Zuckerberg até rebatizou seu grupo Meta para convencer as pessoas de seu compromisso ilimitado com o desenvolvimento dos mundos virtuais do metaverso. Os especialistas esperavam grandes avanços na realidade virtual. Os resultados foram decepcionantes, inclusive no Meta-Facebook.

O surpreendente progresso das redes neurais chamadas de *Large Language Models* (LLM), das quais o ChatGPT é a mais famosa, eclipsou a realidade virtual. Esse fracasso de Marc Zuckerberg resultou em 21 mil demissões no início de 2023. Em 14 de março de 2023, o chefe do Meta-Facebook explicou numa carta aos funcionários que estava reorientando a estratégia do grupo para a inteligência artificial em detrimento do metaverso.

O especialista em IA Marc Rameaux resume as particularidades da nova IA: "O ChatGPT é um agente conversacional: você pode fazer perguntas em linguagem natural, como se estivesse falando com uma pessoa, e ele lhe dá uma resposta. Ele pode também escrever um artigo a respeito de um assunto proposto por você, ou até mesmo compor um poema. O ChatGPT designa a interface de conversação, mas o 'motor' de processamento que ele utiliza para responder é o GPT4, desenvolvido pela empresa OpenAI, que é um modelo de linguagem e gerador de texto. Seu considerável sucesso deve-se ao fato de as respostas do ChatGPT, pela precisão, pelas nuances e pela forma muito próxima da língua falada por uma pessoa, serem muitas vezes indistinguíveis daquelas fornecidas por um ser humano. Além disso, as conexões feitas pelo ChatGPT entre temáticas, frases e noções provenientes de diferentes *corpus* linguísticos dão a impressão de criatividade em suas respostas. Esses desempenhos advêm do tamanho excepcional e inédito do *corpus* linguístico com o qual foi treinado: alguns milhares de trilhões de parâmetros, várias centenas de bilhões de unidades textuais. Essa versão fornece respostas que são difíceis de discernir das de um ser humano".

Marc Rameaux acrescenta: "E a consistência das respostas do ChatGPT é tal que atinge os limites do assustador".[10]

Ninguém previra tal progresso. Yves Caseau, diretor dos sistemas de informação do grupo Michelin, resume bem a surpresa com o ChatGPT: "O algoritmo de 'previsão da próxima palavra provável' dos LLM é uma técnica notável. Algoritmos simples treinados com base em grandes volumes de dados têm melhor desempenho do que algoritmos sofisticados com *corpus* de aprendizados menores. Por construção, o 'preditor de palavra provável' apresenta um inconveniente: se não tiver a informação, ele inventa a mais plausível. É perfeito para um uso criativo (inventar um texto/poema), mas perigoso para uma pergunta ou uma síntese, justamente porque o ChatGPT produz falsificações que parecem reais. Portanto, na maioria dos usos não criativos (onde o falso não é desejável), é preciso ser competente para usar o ChatGPT como um assistente cognitivo. É preciso então ser muito inteligente para pilotar corretamente o ChatGPT...".[11]

O fracasso de Marc Zuckerberg é temporário. O atraso em seus projetos não significa que os LLM mataram o metaverso. O historiador Raphaël Doan explica: "O metaverso designa a interconexão de mundos virtuais nos quais passaríamos grande parte do nosso tempo. Não é uma moda passageira. Primeiro porque de certa forma já vivemos metade no metaverso. Depois porque a visão última do metaverso, onde mergulharíamos quase inteiramente no virtual, requer progressos técnicos que levarão muito tempo para serem desenvolvidos. É, portanto, difícil acusar tal projeto de fracasso. A IA vai revolucionar o metaverso misturando LLM e geradores de imagens. A IA permite acessar simulações impossíveis de distinguir da vida real com muito mais rapidez do que os métodos tradicionais. Os LLM vão tornar a arquitetura do mundo virtual verossímil e interativa, pois são extremamente bons em codificação e têm um bom conhecimento do funcionamento do mundo real. Num *videogame*, qualquer interação deve ter sido previamente codificada, o que

---

10   Entrevista por Jean-Paul Oury para o *European Scientist,* de 28 de janeiro de 2023.
11   Entrevista com Yves Caseau, em 19 de março de 2023.

limita a liberdade de ação de um utilizador do mundo virtual. Num futuro próximo, qualquer ação que o jogador deseje realizar será codificada em tempo real por um sucessor do ChatGPT. Teremos acesso a níveis de realismo inimagináveis hoje. Isso se aplicará à realidade virtual, ou seja, à imersão num mundo diferente, e à realidade aumentada, que designa a sobreposição, em nosso mundo real, de objetos virtuais. Quando qualquer pessoa puder ter a sensação de estar totalmente imersa num mundo paralelo, onde a vida pode ser exatamente o que ela deseja, sem sequer conseguir distingui-lo do mundo real, veremos grande parte das interações humanas caírem nele. A própria vida social será em grande parte construída pelos sucessores do ChatGPT. Conhecer humanos talvez se torne decepcionante. A tentação de muitos será então a de conhecer as IA num mundo virtual que não será mais composto de *chatbots*, mas terão a aparência de pessoas reais. Já começou: influenciadoras inexistentes, criadas pela IA, já contam com milhões de seguidores no Instagram. Na realidade, a IA e o metaverso irão se fundir. Isso gerará uma revolução cognitiva antes de 2030".[12]

A partir de agora, os invernos da IA acabaram, e há uma primavera contínua, ao passo que Luc Julia, o codescobridor da Siri, explicava que "a inteligência artificial não existe".[13] Siri, o *chatbot* da Apple, está pateticamente atrasado, mas a IA realmente existe. As elites foram irresponsáveis ao retardar a consciência do furacão cognitivo.

A guerra das IA ocorre silenciosamente

Elon Musk financiou a *start-up* OpenAI, que desenvolveu o *chatbot* ChatGPT, enquanto ela era ainda uma organização sem fins lucrativos. Esses fundos permitiram que a OpenAI desenvolvesse o que se tornou um símbolo da revolução da IA desde 30 de novembro de 2022, quando o ChatGPT3.5 foi lançado, tornando o Google obsoleto. O sucesso do *chatbot* deu início a uma corrida global.

---

12 Entrevista com o autor de 23 de março de 2023.
13 Éditions First, 2019.

Mas Musk alertou que a IA é mais perigosa do que uma arma nuclear e, por isso, apelou às autoridades para regulamentarem o setor. O bilionário acredita que, se nada for feito para regular o setor, as coisas escaparão ao controle humano. Musk postou no Twitter em dezembro de 2022: "Não há supervisão regulatória da IA, o que é um grande problema. Há mais de uma década que venho exigindo uma regulamentação[14] da segurança da IA!". Musk foi reconfortado pelas respostas erráticas do Bing ChatGPT, a nova versão do motor de busca da Microsoft que integra funcionalidades do ChatGPT. Kevin Roose, jornalista do *New York Times*, escreveu: "Ele disse que me amava. Ele então tentou me convencer de que eu estava infeliz em meu casamento e deveria deixar minha esposa".

O bilionário avalia que uma das grandes ameaças representadas pela IA é a sua manipulação por parte das empresas, e em particular da Microsoft, que recentemente investiu mais 10 bilhões de dólares na OpenAI. A Microsoft agora integra o GPT4 no Word, Excel, PowerPoint, Bing, Edge e Teams...

Uma gigantesca corrida planetária foi iniciada. Seu desafio é simples: dominar o mundo pela IA. Em 13 de abril de 2023, a Amazon anunciou um investimento maciço para impor a Bedrock, que é sua plataforma de IA generativa. Em 14 de abril de 2023, Elon Musk criou o X.AI, que irá competir com o ChatGPT.

OpenAI tornou-se ClosedAI

Elon Musk se enfureceu: "Ainda não compreendo como uma organização sem fins lucrativos para a qual doei cerca de 100 milhões de dólares se tornou uma corporação com fins lucrativos de 30 bilhões de dólares".[15] É de fato engraçado que a OpenAI, que foi criada como uma fundação para lutar contra a IA forte, tenha se tornado uma em-

---

14   Ele também estava preocupado com o fato de "a Microsoft ter demitido sua equipe de segurança de IA".

15   Em 15 de março de 2023.

presa com fins lucrativos destinada a acelerar o advento de uma IA forte.

É perturbador reler a declaração da OpenAI por ocasião de sua fundação em 2015: "A OpenAI é uma organização sem fins lucrativos de pesquisa em IA. Nosso objetivo é o progresso da inteligência digital numa direção que beneficie toda a humanidade, sem a restrição de gerar retorno financeiro. Como a nossa investigação está isenta de obrigações financeiras, podemos nos concentrar no impacto humano".

A pesquisa em IA deve ser aberta ou fechada?

Na verdade, os pesquisadores se inquietaram com o fato de o GPT4 não ser um modelo aberto de IA.

Em entrevista ao *The Verge*, Ilya Sutskever, cientista-chefe e cofundador da OpenAI, explicou os motivos pelos quais a OpenAI não compartilhava mais informações sobre o GPT4: "Estávamos errados. Se você acredita, como nós, que em algum momento a IA será extremamente, incrivelmente poderosa, então não faz sentido nenhum abrir o código-fonte. Não é uma boa ideia... Esses modelos são muito poderosos e estão se tornando cada vez mais poderosos. Espero que dentro de alguns anos se torne completamente evidente para todos que a IA de código aberto não é sensata".

Em entrevista à ABC News em 18 de março de 2023, Sam Altman revelou suas angústias: "Alguns de seus rivais talvez estejam muito menos preocupados do que a OpenAI pela implementação de proteções em seus equivalentes ChatGPT ou GPT4. Uma coisa que me preocupa é... não seremos os únicos criadores desta tecnologia. Haverá outras pessoas que não imporão alguns dos limites de segurança que lhe impusemos. Penso que a sociedade tem um tempo limitado para compreender como reagir a isso, como regular isso, como gerir isso. Estou particularmente preocupado com o fato de estes modelos poderem ser utilizados para desinformação em grande escala... e poderem ser utilizados para ataques cibernéticos ofensivos".

Além das angústias existenciais do criador do ChatGPT, essa guerra dos LLM assume uma aparência apocalíptica para os seguidores do mercado de ações. A apresentação de Bard, o LLM do Google, em 9 de fevereiro de 2023, decepcionou os analistas financeiros: a capitalização do Google na bolsa caiu 120 bilhões de dólares em apenas alguns momentos. E em 17 de março de 2023, o fraco desempenho do Ernie Bot, o LLM do Baidu, fez com que o preço caísse 10%.

Os pesquisadores lutam para compreender por que o GPT4 é tão inteligente

Em 23 de março de 2023, os principais pesquisadores da Microsoft publicaram um vasto estudo sobre GPT4.[16]

Os autores, incluindo o diretor de pesquisa da Microsoft, Eric Horvitz, explicam: "Demonstramos que além do domínio da linguagem, o GPT4 pode resolver tarefas novas e difíceis que abrangem matemática, codificação, visão, medicina, direito, psicologia e muito mais, sem a necessidade de incentivo especial. Além disso, em todas essas tarefas, o desempenho do GPT4 é surpreendentemente próximo do desempenho humano. Dada a extensão e a profundidade das capacidades do GPT4, acreditamos que ele poderia ser razoavelmente considerado como uma versão precoce (mas ainda incompleta) de um sistema de inteligência artificial generativa (IAG)...". Os pesquisadores destacam que o GPT4 tem capacidades notáveis na compreensão das motivações e das emoções humanas e enfatizam que o desempenho extraordinário do GPT4 indica "que o GPT4 é uma etapa importante em direção à IAG".

A Microsoft apresentou caminhos de investigação para acelerar a marcha em direção a uma inteligência artificial mais geral.

GPT4 abala nossa definição de inteligência

A Microsoft levanta algumas questões fascinantes sobre a origem das alucinações do ChatGPT: "Para fazer uma analogia com os humanos, os vieses cognitivos e o pensamento irracional podem estar baseados em artefatos da nossa cultura, bem como nas limitações das nossas capacida-

---

16 "Sparks of Artificial General Intelligence: Early experiments with GPT-4".

des cognitivas. [...] Como ele raciocina, planeja e cria? Por que exibe uma inteligência tão geral e flexível quando é basicamente a combinação de componentes algorítmicos simples? Essas questões fazem parte do mistério e do fascínio dos LLM, que desafiam nossa compreensão da aprendizagem e da cognição, alimentam nossa curiosidade e motivam pesquisas mais profundas. As principais orientações incluem a pesquisa em curso sobre o fenômeno de emergência nos LLM".[17] O debate ocorre entre os pesquisadores para compreender por que o ChatGPT é tão bom.

Essa aceleração tecnológica é surpreendente quando lembramos que Eric Horvitz, chefe de pesquisa da Microsoft e signatário do artigo, zombou das pessoas que acreditavam na IA forte que estava por vir e em seu perigo. Para ele, essa hipótese não ocorreria tão cedo: "São questões muito interessantes, sobre as quais devemos ficar atentos, e não devemos zombar delas dizendo que as pessoas são loucas. Estas são questões de muito longo prazo, e devemos refletir sobre os assuntos que nos dizem diretamente respeito agora". Essa declaração data de 12 de março de 2017. De agora em diante, sabemos que uma IA forte nos preocupa antes mesmo de afetar nossos filhos.

A receita para uma IA de 2023: algoritmos de *deep learning*, potência monstruosa e montanhas de dados

Qual é o ponto comum entre a publicidade direcionada na internet, os aplicativos que permitem solicitar um motorista ou pedir uma refeição, as plataformas que analisam bilhões de dados oriundos da sequenciação do DNA de tumores cancerígenos e o AlphaGo-DeepMind do Google, que ganhou o jogo Go, ou mesmo o ChatGPT?

Todos eles se apoiam no casamento entre a potência dos computadores, as montanhas de dados e as redes neurais do *deep learning*. Dessa forma, a IA está se industrializando.

---

17   A Microsoft está trabalhando nas razões técnicas do aparecimento inesperado de inteligência no GPT4: "Uma hipótese geral é que a grande quantidade de dados (especialmente a diversidade do conteúdo) obriga as redes neurais a se especializarem e se adaptarem a tarefas específicas".

A explosão da IA nasce da capacidade dos computadores cada vez mais potentes integrarem os bilhões e bilhões de dados da era do *big data*. O ChatGPT era impensável com os computadores de 2015.

Fuja do *big data*!

Por sua capacidade de lidar com montanhas de dados a velocidades vertiginosas, a IA ultrapassará o nosso cérebro em muitos casos. O criador do Google Brain, Andrew Ng, explica que ao pensarmos na IA não deveríamos imaginar uma consciência artificial, mas sim um automatismo estimulado com esteroides. Se a IA está se desenvolvendo tão rapidamente, é porque se beneficiou de um efeito de bola de neve. Quanto mais a IA progride, melhor ela lida com os dados, o que, por sua vez, a fortalece: os *big data* e a IA se ajudam mutuamente, e o cérebro humano é muitas vezes ultrapassado. Uma coisa parece certa: é improvável uma IA capaz de aprender com pequenos volumes de dados antes de 2050. Seu nome é, portanto, mal utilizado: a IA não é inteligente quando há poucos dados. Ela é incapaz de aprender a partir de alguns exemplos, como um bebê humano faz. Nosso reino intelectual é constituído, portanto, de áreas com poucos dados. Onde quer que haja muitos dados para educar as IA, elas nos esmagarão. Onde houver poucos dados, continuaremos os donos do mundo, e por muito tempo. Existem razões darwinianas para nossa esmagadora superioridade intelectual quando há pouca informação. Se estamos vivos hoje é porque o cérebro de nossos ancestrais era capaz de analisar o mundo a partir de um punhado de dados. Se, durante sua infância, nossos antepassados precisassem de 1 bilhão de informações – como uma IA – para adivinhar que um leão ou um urso das cavernas se escondia atrás de um arbusto, eles não teriam atingido a puberdade... A capacidade do nosso cérebro de prever o mundo a partir de alguns dados é surpreendente. Essa é a nossa imensa força! Ingenuamente, todos correm para trabalhar em profissões onde existe o *big data*; isto é, no covil do ogro da IA que sempre nos superará desde que haja muitos dados para educá-la. Fuja do *big data* ou a IA irá devorá-lo. Vá para onde nossos neurônios são imbatíveis: quando tiver que decidir com um punhado de informações.

A potência dos computadores – o motor da IA – não mostra sinais de parar de progredir.

A Lei de Moore: o reator do *Homo Deus*

William Shockley é uma das raras personalidades que mudaram o mundo duas vezes. Em julho de 1945, ele foi encarregado de escrever um relatório sobre o número de vítimas que um desembarque dos Estados Unidos no Japão poderia causar. Esse relatório, ao destacar a extensão das perdas norte-americanas durante tal operação, levou Washington a considerar os bombardeamentos atômicos de Hiroshima e de Nagasaki. Mas o engenheiro não parou por aí. Ele inventou o transistor em 1947 e em 4 de julho de 1951 apresentou o revolucionário transistor bipolar que inaugurou a era dos semicondutores. Gordon Moore é um dos engenheiros que deixou William Shockley[18] para fundar a Intel.

A lei de Moore, teorizada em 1965,[19] pelo cofundador da Intel, havia antecipado um crescimento exponencial da potência dos circuitos integrados e previra uma duplicação a cada 18 meses do número de transistores num circuito integrado. Em 1951, um transistor tinha 10 milímetros de largura; em 1971, 10 mícrons ou o milésimo de um milímetro; em 2017, os fabricantes lançaram os primeiros microprocessadores gravados em transistores de 10 nanômetros; portanto, cem mil vezes mais fino do que um milímetro.

Ao duplicar a cada 18 a 24 meses durante 58 anos, atingimos agora 114 bilhões de transistores num único microprocessador. A Intel prevê para 2028 a comercialização dos primeiros microprocessadores com um trilhão de transistores. A fabricante taiwanesa TSMC, líder mundial em microprocessadores, acaba de lançar os primeiros microprocessadores

---

18   A invenção do transistor lhe rendeu o Prêmio Nobel de Física.
19   Deve-se notar que a lei de Moore não era em si uma lei "física", mas sim uma profecia autorrealizável: os fabricantes mobilizaram imensos recursos para seguir as previsões desta lei. A indústria dos circuitos integrados ultrapassou 500 bilhões de dólares em faturamento.

gravados em 3 nanômetros, ou 30 átomos de largura. O IMEC[20] especificou o plano de ação até 2036. Ele prevê a concepção das chamadas tecnologias GAA,[21] tornando possível obter gravações incrivelmente finas com dois angstroms de largura (um angstrom equivale a 0,1 nanômetro). A era dos transistores com menos de 1 nanômetro será alcançada por volta de 2030, e em 2036, os transistores atingirão 2 átomos de largura. Um microprocessador terá 5.000 bilhões de transistores e 500 mil transistores caberiam na largura de um fio de cabelo.

Um trilhão de operações por segundo

Entre 2017 e 2020, especialistas que anunciaram a morte da lei de Moore erraram novamente. A recente decolagem da IA é a continuação de uma história da computação cuja progressão foi vertiginosa. Em 1938, o computador mais potente do planeta, o Z1 inventado pelo engenheiro alemão Konrad Zuse, realizava uma operação por segundo. Em 1º de junho de 2022, o Frontier norte-americano foi o primeiro computador a ultrapassar 1 trilhão de operações por segundo. A potência computacional máxima na Terra aumentou um trilhão de vezes em 85 anos. Os especialistas preveem que computadores que executam bilhões e bilhões de operações por segundo estarão nas nossas mãos por volta de 2050. Graças às novas técnicas de gravação dos transistores, ao surgimento da inteligência artificial e, possivelmente a partir de 2050, ao computador quântico,[22] vamos dispor de um poder de processamento dos computadores cada vez maior durante muito tempo. Essa potência computacional torna possíveis feitos impensáveis há apenas vinte anos: a leitura do nosso DNA, cujo custo foi dividido por 6 milhões em vinte anos; sequenciamento dos cromossomos dos fósseis das espécies extintas; a análise da trajetória e da composição dos exoplanetas; a compreensão da origem do nosso universo... Tal progresso não foi previsto: a maioria dos

---

20   IMEC é o centro de pesquisa subcontratado da ASML, empresa holandesa líder na fabricação de máquinas de fotolitografia usadas para gravar os microprocessadores.
21   *Gate All Around.*
22   A viabilidade de tais computadores ainda não é uma certeza.

especialistas dos anos 1960 era cética em relação às projeções de Gordon Moore, tal como a grande maioria dos geneticistas pensava, em 1990, que a sequenciação completa dos nossos cromossomas era impossível.

Gordon Moore se surpreende com o fato de suas previsões ainda serem válidas: "Há uma inventividade incrível no ser humano que nos permite eliminar problemas que imaginamos insolúveis para sempre. Vi dezenas de paredes intransponíveis caírem. Agora acredito que tudo é possível. Talvez a lei de Moore caia quando os transistores atingirem o tamanho do átomo.[23] Ou talvez não...". Em 1965, ele previra a morte de sua lei para 1975. Ele já considerava que ela poderia ser eterna! O que também seria a chave para a eternidade humana. Esse explosivo poder de processamento dos computadores está mudando radicalmente a aventura humana. Ironicamente, Gordon Moore morreu em 25 de março de 2023, poucos dias após o lançamento do GPT4.

A IA não é um detalhe da História. É o futuro da humanidade que ocorre nas suas linhas de código. A revolução inaugurada em 30 de novembro de 2022 pelo ChatGPT3.5 vai acelerar ainda mais a desmiurgização* da humanidade. Apenas cento e três dias se passaram entre ChatGPT3.5 e GPT4.

É importante compreender o que essa aceleração significa para nós, humanos, especialmente para os mais jovens entre nós. Ao disponibilizar a inteligência à vontade, as novas tecnologias competem de forma inédita com a antiga tecnologia de transmissão de conhecimento que chamamos de escola. As duas questões, IA e escola, hoje andam de mãos dadas e estão intimamente ligadas. A questão da IA é, portanto, uma questão de educação. Não podemos mais falar de IA hoje sem falar de escola. De forma mais ampla, estas são as três componentes da ciência cognitiva[24] – IA, robótica e neurociência – que vão transformar o próprio

---

23   Esta explosão da potência esbarra em limites físicos e energéticos, cuja superação mobiliza dezenas de milhares de cientistas em todo o mundo.
* N.E.: Crítica ou desconstrução de narrativas dominantes, ideologias ou sistemas de poder.
24   O C de NBIC.

conceito de escola. Uma educação que ignorasse a ciência cognitiva seria reduzida à insignificância.

Mas antes de falar da escola, e para compreender plenamente os desafios da sua reformulação, devemos visualizar para que será utilizada a IA, ou mais precisamente a *quem* ela vai servir.

2

Os apóstolos da IA e o novo evangelho transumanista

A aceleração tecnológica tresloucada dá perspectivas entusiasmantes à aventura humana e suscita falas sobre o *Homo Deus*:[1] o Homem-Deus. A potência atual e futura da computação permite a emergência de projetos transumanistas, prometendo ao homem poderes quase ilimitados. O homem deveria ser capaz de realizar o que apenas os deuses deveriam ser capazes de fazer: criar vida, modificar nosso genoma, reprogramar nosso cérebro, conquistar o cosmos e eutanasiar a morte.

Os grandes atores e arquitetos desse projeto são os líderes empresariais à frente dos impérios que são Google, Apple, Facebook, Amazon e Microsoft, o famoso GAFAM, e dos seus homólogos asiáticos, o BATX – Baidu, Alibaba, Tencent e Xiaomi.

Nós somos os idiotas úteis[2] da IA

Nós, os consumidores, somos os idiotas úteis da IA. Alimentamos a máquina digital de amanhã, sem nos darmos conta disso. Pensamos

---

1   Popularizado por Yuval Noah Harari, em *Homo Deus: a Brief History of Tomorrow*, Harvill Secker, 2015.

2   Lenin zombava assim dos burgueses de esquerda que apoiaram a revolução bolchevique e que foram varridos com a queda do czar.

que o *smartphone* é o grau máximo da superioridade tecnológica do homem, sem compreender que ele é na realidade a ferramenta da sua vassalagem.

A matéria-prima da IA é a informação. De onde ela vem? De nós mesmos, que fazemos bilhões de consultas no Google ou postamos bilhões de imagens por dia no Facebook. Para o *deep learning*, a avalanche de imagens e dados que percorre a *web* constitui uma matéria-prima quase infinita que se renova a cada dia.

São seus bilhões de visitantes que conferem às gigantes digitais sua esmagadora superioridade.

O superpoder dado ao GAFAM e ao BATX é consequência da lei de Metcalfe. Robert Metcalfe é um dos inventores da norma técnica na origem da internet. No início dos anos 2000, ele formalizou o fato de que o valor de uma rede cresce exponencialmente em função do número de seus usuários. Ou seja, cada vez que um internauta cria sua conta no Facebook, ele aumenta consideravelmente o valor da rede.[3]

A lei de Metcalfe também se aplica ao valor adicionado trazido para a IA por cada utilizador de uma rede social. Sem saber, fornecemos gratuitamente à máquina informações que vão alimentá-la e lhe dar os meios para sua superpotência.

Os bilhões de usuários entregam aos grandes operadores do digital um verdadeiro tesouro: seu património social, econômico e emocional. O que esses gigantes estão fazendo com essa fortuna digital? Eles estão criando um mundo: o da inteligência artificial.

Existem duas IA. IA fraca[4] e IA forte.[5]

A IA fraca é limitada na medida em que faz o que foi ensinada a fazer num campo específico. Ela é poderosa, mas permanece sob controle humano.

---

3   O custo técnico de um utilizador adicional da internet é quase zero, mas seu rendimento publicitário é enorme e permite que a IA seja mais bem-educada.
4   Os tipos 1, 2 e 3.
5   Tipo 4.

A IA forte seria uma inteligência superpotente que, acima de tudo, poderia ter consciência de si mesma,[6] consciência no sentido humano do termo. Ela poderia desenvolver seu próprio projeto, escapando assim de seus criadores. Até o final de 2022, os especialistas estavam convencidos de que se tratava de um horizonte distante, depois o criador do ChatGPT e a Microsoft alertaram para a sua chegada iminente.

O ChatGPT é uma IA fraca, revolucionária, mas inconsciente

A IA fraca é o problema imediato. Seu nome não deve ser mal interpretado: embora possa ser fraca, ela representa um desafio considerável para os humanos.

A inteligência artificial ultrapassa os humanos em número crescente de setores. Mas ela não tem bom senso, não tem consciência do mundo nem de si mesma. Seu nome é usurpado. No entanto, é a estupidez da inteligência artificial que é revolucionária.

É a estupidez crassa da IA e não sua sutileza que constitui paradoxalmente o melhor aliado das gigantes digitais.

Ela causa, com efeito, seis importantes rupturas que permitem estabelecer sua dominação.

Primeira ruptura: a IA cria monopólios difíceis de regular em vez de gigantes industriais que bastava cortar em pedaços – como a Standard Oil de Rockefeller em 1911. A IA de 2023 – ditas conexionistas – é educada a partir de bases de dados gigantescas, o que dá imenso poder ao GAFAM norte-americano e ao BATX chinês, que são seus detentores.

A dependência produzida pela IA é a segunda ruptura. Como ela precisa de muitos dados para aprender, as gigantes digitais tornam seus aplicativos viciantes, o que lhes permite acumular as montanhas de informações necessárias. Esse ciclo se retroalimenta: a manipulação viciante do nosso cérebro acelera a eficácia da IA. Uma IA com bom senso ficaria satisfeita com alguns exemplos para aprender, como faz um

---

6   Este ponto é debatido: os especialistas discordam sobre saber se a consciência é necessária para qualificar uma IA como forte.

bebê, e não precisaria que nossos filhos fossem viciados em redes sociais. Quanto mais burra é uma IA, mais ela precisa de dados, mais nossa dependência lhe é necessária. O maior problema da Europa é essa estupidez da IA, uma vez que esse continente não possui as gigantescas bases de dados essenciais para educá-la.

Terceira ruptura: a IA permite a sociedade da vigilância e alimenta-se dela, pois também lhe fornece uma enorme quantidade de dados. Em termos de reconhecimento facial, as IA chinesas superam as do Vale do Silício graças à televigilância política.

O mundo ultracomplexo, meio real e meio virtual, criado pela IA, requer mediadores humanos extremamente talentosos. Esta quarta ruptura leva a uma explosão das desigualdades: os adestradores das IA tornam-se extremamente ricos. Se a IA fosse dotada de inteligência geral, ela seria autossuficiente, mas não o é, e a sua estupidez é indiretamente uma máquina para atiçar as tensões populistas.

Em última análise, a IA favorece a emergência de regimes censitários. O mundo da IA só pode ser lido por humanos dotados de uma forte inteligência conceitual. Regulamentar o *big data* requer especialistas multidisciplinares, manejando ao mesmo tempo a ciência da computação, o direito, a neurociência... Pessoas capazes de gerir essa complexidade político-tecnológica tornam-se a nova aristocracia: Olivier Ezratty, Sébastien Soriano, Yves Caseau, Alexandre Cadain, Thierry Berthier, Alexandre Lebrun, Gilles Babinet, Michel Lévy-Provençal, Olivier Babeau, Robin Rivaton, Nicolas Miailhe, Thomas Scialom, Guillaume Lample, Arthur Mensch, Raphaël Doan estão entre elas, em cujas mãos os políticos tecnofóbicos poderiam tornar-se meros fantoches. Uma forte corrente intelectual anglo-saxônica propõe até contornar a democracia julgando que o mundo da IA está se tornando demasiado complexo para a opinião pública.

Sexta e última ruptura: a correção dos vieses da IA está se tornando uma parte importante da atividade humana. As IA geram um número explosivo de vieses que apenas outras IA em coordenação com superespecialistas humanos serão capazes de detectar e corrigir. Um exército de mil desenvolvedores de ponta trabalha dia e noite para reduzir as alucinações digitais do ChatGPT que constituem sua principal fraqueza.[7]

Em última análise, uma IA dotada de consciência representaria evidentes problemas de segurança, mas teria menos efeitos regressivos do que as nossas IA estúpidas atuais. Para compreender os desafios políticos, é importante lembrar que a IA é a produção zelosamente guardada de alguns gigantes que conhecem bem demais o poder que ela confere.

A inquietude é tanto mais real porque, ao contrário do lugar-comum pretensamente tranquilizador, a IA não substitui apenas os empregos pouco qualificados, mas também alguns dos mais qualificados, cuja tecnicidade e dimensão relacional eram atributos do ser humano. O ChatGPT consegue responder questões de provas de engenharia em apenas alguns segundos e passa com sucesso na ordem dos advogados norte-americana. Por natureza, a IA – mesmo fraca – compete com o cérebro humano. A questão é saber até que nível. Potencialmente, não há limite.

"Faremos máquinas que raciocinam, pensam e fazem coisas melhor do que podemos", disse Sergey Brin, cofundador do Google. O receio de uma substituição de trabalhadores humanos pela IA não é infundado. Sebastian Thrun disse no *The Economist*: "Será cada vez mais difícil para um ser humano dar uma contribuição produtiva à sociedade. As máquinas poderiam nos ultrapassar rapidamente".

Para cada criança, o Ministério da Educação deve se perguntar: no momento em que a IA se expande, o que devo fazer com você e para onde devo conduzi-lo?

Diante do tsunami de dados, o Google não é mais suficiente

Vista ironicamente como uma fantasia há menos de 20 anos, a IA não se tornou apenas uma nova tecnologia que se expande com uma velocidade extraordinária. Devemos compreender que a IA já não é mais

---

7 Essa fraqueza é provavelmente temporária. Na neurocirurgia, por exemplo, a taxa de alucinações do ChatGPT está baixando.

uma opção cujo lançamento poderíamos escolher, um interruptor que ainda podemos desligar. Ela se tornou essencial.

A IA já não é mais uma escolha, mas o sentido da História. Dependemos da IA porque o mundo criado por ela só pode ser lido e controlado por ela. Um mecanismo formidável é iniciado pelo verdadeiro "datanami" – um tsunami de dados – que se espalha pelo mundo. Com o desenvolvimento da internet das coisas, estamos produzindo quantidades inimagináveis de dados. Uma asa do novo Airbus possui mil sensores eletrônicos... Esses dados só podem ser processados graças ao uso da IA. Esse tsunami de dados, por sua vez, é o alimento que permite que a IA se torne mais potente a cada dia, e aumente o valor da sua análise dos dados. Uma espiral irrefreável que está levando a IA para além dos nossos cérebros.

Em 2025, cada terráqueo produzirá 150 bilhões de dados digitais todos os dias. Num mundo que produz e necessita da exploração de todos esses dados, devemos utilizar cada vez mais a IA. A equação do futuro é que só podemos dominar a IA com a IA.

A internet desde muito tempo é demasiado grande para que um simples "catálogo de *sites*", tal como existia no início da sua história, ainda seja possível. Quanto mais a *web* cresce, mais precisaremos das IA potentes para que possamos encontrar o que procuramos. Ao contrário do Google, o ChatGPT não nos fornece uma lista de milhares de links; ele responde diretamente às nossas perguntas, quaisquer que sejam suas complexidades. É uma resposta radical à obesidade informacional.

Para cada problema, um pouco mais de IA; para cada IA, um pouco mais de problemas

A segurança computacional tornou-se angustiante para a maioria das empresas e dos Estados. Mas só existe uma forma de melhorar a segurança do ecossistema digital global sobre o qual nossa sociedade se apoia: mais e mais IA.

A IA da polícia contra a IA dos ladrões

Quando se trata de segurança, já está evidente que apenas a IA pode nos proteger contra ataques ultrassofisticados. Por exemplo, como o dinheiro é quase exclusivamente digital, todos os bancos enfrentam milhões de ataques por dia que nenhuma equipe humana conseguiria contar. A segurança bancária enfrentará uma guerra permanente entre a IA dos banqueiros e a dos *hackers*.

Gaspard Koenig explica que o volume de textos jurídicos é tal que só uma IA conseguirá gerir um direito constituído de 4 mil leis. O próprio juiz será amanhã assistido pela IA.[8] O ser humano é rapidamente percebido como o elo mais fraco diante da IA. Como diz Yann Le Cun, com toda razão: "Perceberemos rapidamente que a inteligência humana é limitada".

Somente a IA pode certificar a realidade

Os primeiros vídeos produzidos inteiramente por IA, que apresentava o presidente Obama fazendo um discurso que nunca existiu, foram apresentados em julho de 2017. Somente a IA poderá, através da análise matemática dos vídeos, dizer se é de fato o presidente quem declara uma guerra ou se é uma manipulação feita por um *hacker* ou, mais tarde, por uma IA muito perniciosa.

O GPT4 já permite produzir uma discussão em tempo real com um ser humano vivo ou morto, e ainda imitando perfeitamente sua voz e seus vícios de linguagem. No dia 20 de março de 2023, John Meyer[9] apresentou um aplicativo em que Steve Jobs responde em tempo real via GPT4 às perguntas feitas. Uma IA poderia se passar por um de nossos familiares solicitando, por exemplo, um depósito bancário.[10]

---

8   Laurent Alexandre e Olivier Babeau, "Confions la justice à l'Intelligence Artificielle!", *Les Échos*, 21 de setembro de 2016.
9   @beastmode.
10   A IA poderá até fazer alusão ao último jantar em família para tornar verossímil o seu pedido.

Brivael Le Pogam,[11] cofundador da Argil.ai, está alarmado com os novos riscos: "Os golpes e as manipulações evoluirão exponencialmente. As IA como o ChatGPT vão favorecer golpes cada vez mais sofisticados, transformando os atuais e vulgares *e-mails* de *phishing* em mensagens convincentes. A sociedade, mal preparada, verá muitas pessoas sofrerem as consequências. Paradoxalmente, certos métodos se tornarão obsoletos e a chantagem das fitas de sexo sofrida por Jeff Bezos em 2019 poderia desaparecer dada a facilidade de gerar vídeos *deep fakes* realistas em apenas alguns cliques. Estamos entrando em um mundo onde 10 fotos e 30 segundos da voz de alguém produzirão um clone digital perfeito!".

Michel Lévy-Provençal acrescenta: "O ChatGPT muda a natureza dos riscos de cibersegurança das empresas e dos Estados. Os analistas preveem um crescimento anual do cibercrime de 25%. E o ChatGPT é o primeiro fator no crescimento desse fenômeno, tanto no plano técnico quanto psicológico. Na verdade, o fenômeno mais inquietante é a maneira como as redes neurais poderiam ser utilizadas para manipular indivíduos e tornarem-se o motor de campanhas de desinformação maciças e, portanto, das armas cognitivas globais".

A complexidade da IA não permite que ela seja avaliada por um cérebro humano: apenas a IA pode vigiar e avaliar uma IA. Não vamos mais desafiar um algoritmo com nosso bom senso, assim como não podemos construir um A350 com uma caixa de brinquedo Meccano.

A polícia dos robôs não será humana

A Boston Dynamics publica regularmente vídeos de seus pequenos robôs, fascinantes e aterrorizantes ao mesmo tempo, exatamente iguais aos velocirraptores do *Jurassik Park*. "Começo a acreditar que a robótica será maior do que a internet", declarou Marc Raibert, fundador da Boston Dynamics. Os desvios potenciais desse tipo de robôs são múltiplos: *bugs*, *hacking*, utilização maliciosa por ladrões, assassinos ou, claro, terroristas. A regulamentação dessas máquinas é imperativa. Será preciso registrá-los

---

11   Entrevista com Brivael Le Pogam, em 23 de março de 2023.

na polícia, eles terão de ser fiscalizados e respeitar um futuro código do robô. Nesse sentido, seria ingênuo pensar que o mundo próximo será libertário: o hiperpoder que as tecnologias NBIC nos darão será enquadrado por uma hiper-regulamentação. Isso vale para a robótica, para a IA, mas também para a biotecnologia. A polícia robótica será um desafio político importante no século das máquinas pensantes. Até 2050, as coisas serão relativamente simples, uma vez que um robô só se comportará mal se um ser humano assim o decidir. Mas o que acontecerá quando os robôs estiverem dotados de uma IA forte e, portanto, de consciência artificial? Os robôs poderiam cometer abusos pelos quais nenhum ser humano seria responsável. Bill Gates explicou: "Estou no campo daqueles que se inquietam com o desenvolvimento de uma superinteligência. Primeiro, as máquinas realizarão muitas tarefas para nós sem serem muito inteligentes. Mas, algumas décadas mais tarde, sua inteligência estará suficientemente desenvolvida para se tornar motivo de preocupação. Junto-me a Elon Musk e a alguns outros e não compreendo por que algumas pessoas não parecem se importar". Como ainda não há consenso sobre como os robôs irão evoluir, a polícia dos robôs terá de ser flexível e reativa: terá de se adaptar a todos os cenários, incluindo aqueles que ninguém considerou. Há apenas seis meses, ninguém imaginava que o ChatGPT estava progredindo tão rapidamente. Haverá muito mais robôs, IA e objetos conectados do que seres humanos em 2040. Segundo especialistas, o número de objetos conectados dotados de IA deverá ultrapassar mil bilhões: basta dizer que a polícia dos robôs será efetuada pelas IA especializadas, já que os humanos nunca poderão vigiar tantos agentes digitais. A complexidade das IA que equiparão os robôs exclui que ela seja avaliada por um cérebro humano. A polícia dos robôs não será humana: apenas a IA pode vigiar e avaliar uma IA.

A IA que está nascendo vai competir com muitas atividades humanas. A obsolescência do cérebro atual está se tornando mais do que um temor: uma evidência. Neste mundo onde a quantidade de dados e a IA se ajudam mutuamente, o cérebro humano já está ultrapassado. E será cada vez mais. Para alcançar esse nível, teremos de pegar emprestado pedaços de IA para revestir nossos cérebros com ela. Com técnicas invasivas – ou seja, penetrando no nosso cérebro – ou não invasivas: o debate ético e filosófico está apenas começando. O Vale do Silício trabalha ativamente para desenvolver essas tecnologias.

A computação e a neurologia estão se fundindo, por iniciativa dos bilionários da IA

Alguns atores da revolução da IA constatam a ultrapassagem do cérebro humano. Colocam-se explicitamente na perspectiva do apagamento da inteligência humana em favor da inteligência artificial.

De acordo com Ray Kurzweil – vice-presidente do Google e guru do transumanismo – uma autêntica IA dotada de uma consciência que poderia esmagar a inteligência humana surgirá a partir de 2045 e será um bilhão de vezes mais potente do que todos os cérebros humanos juntos.

O coração do projeto transumanista é a interface da inteligência artificial com nossos cérebros, que afinal serão apenas complementos da IA.

Ray Kurzweil afirma que usaremos nanorrobôs intracerebrais conectados aos nossos neurônios para nos conectar à internet por volta de 2035. O Google poderá assim dar um novo passo no controle dos cérebros. Em algumas décadas, o Google terá transformado a humanidade: de um motor de busca, terá se tornado uma neuroprótese. "Em cerca de 15 anos, o Google fornecerá respostas às suas perguntas antes mesmo de você fazê-las. Ele conhecerá você melhor do que seu parceiro ou parceira, provavelmente melhor do que você mesmo", declarou orgulhosamente Ray Kurzweil, que também está convencido de que seremos capazes de transferir nossa memória e nossa consciência para microprocessadores já em 2045, o que permitiria à nossa mente sobreviver à nossa morte biológica.

Os gurus do Vale do Silício não só têm os meios para alcançar suas ambições, mas também estão imbuídos de uma convicção messiânica:

sua missão é salvar a humanidade, mesmo que, aos olhos dos bioconservadores, a conduzam à sua queda.

Como e com quais programas exatamente esses gigantes preparam esse futuro radiantemente aterrador? Usando a neurociência a fim de modificar nosso cérebro. A Califórnia se tornou o berço dos neurorrevolucionários.

O Vale do Silício se torna o Vale do Cérebro

O que estamos vivendo é um ponto central na história do nosso cérebro. Mark Zuckerberg, o fundador do Facebook, explicou em 15 de junho de 2016 que no futuro os usuários do Facebook trocariam diretamente seus pensamentos e sentimentos usando tecnologias cerebrais. O desenvolvimento de aparelhos de telepatia pelo Facebook seria uma revolução para o mundo do trabalho e da escola. Esses aparelhos permitirão que informações sejam transferidas de pessoa para pessoa ou de pessoa para computador. A transmissão do conhecimento e a organização das profissões seriam abaladas por essa nova maneira de se comunicar de forma mais rápida e remota.

Ao mesmo tempo, esses desenvolvimentos exigirão uma reflexão neuroética profunda. Além disso, o grupo de Mark Zuckerberg já afirma que o Facebook só lerá pensamentos com o consentimento do usuário.[12]

Mark Zuckerberg não é o único que está desenvolvendo as neurotecnologias. Para não sermos esmagados pela inteligência artificial, o

---

12 Ao penetrar no cérebro, a ciência faz com que o indivíduo perca seu último campo de privacidade. Até que ponto podemos conhecer os pensamentos de alguém sem seu consentimento, mesmo que por razões médicas ou de segurança? Quem terá o direito de acesso a esses dados? Novas regras terão de ser inventadas. A liberdade individual estará ameaçada por todos os lados. Grupos de pressão lutarão para assumir o controle dos cérebros: não só a família, mas também as comunidades religiosas, os grupos de interesse, os círculos de pertencimentos culturais e, acima de tudo, os Estados. Que margem de liberdade será deixada aos indivíduos? O problema surgirá especialmente para os mais jovens; o cérebro será construído com base nas diretivas e sob o controle dos pais – um controle que deve teoricamente terminar quando a criança crescer... Quem terá o direito de decidir pelos filhos e em que medida? O problema dos direitos das crianças tornar-se-á mais relevante do que nunca.

empresário Elon Musk afirmou a urgência de desenvolver uma interface entre o cérebro humano e os cérebros digitais.

Em 2017, Musk criou a Neuralink, uma empresa destinada a aumentar nossas capacidades cerebrais por meio da implantação, em nosso cérebro, de minúsculos componentes eletrônicos entrelaçados com os nossos 86 bilhões de neurônios, o que nos transformaria em ciborgues. Ele acredita que "sua equipe será capaz de conectar neurônios humanos à inteligência artificial para fornecer uma nova geração de seres humanos dotados de melhores desempenhos intelectuais e capacidade de memorização aprimoradas".

Elon Musk pretende desenvolver implantes destinados a engrandecer os humanos porque, segundo ele, é a única tábua de salvação para a nossa espécie. Ele considera que a IA forte é inimiga do ser humano, que deve, portanto, se fortalecer. Aumentar nossas capacidades intelectuais por meio desses futuros implantes seria o único meio de lutar contra a perversa e poderosa IA. Elon Musk declarou: "Há uma necessidade urgente de hibridizar nossos cérebros com *microchips* antes que a IA nos transforme em animais de estimação. Os mais amáveis de nós serão alimentados pela IA como alimentamos nossos labradores". Em 2 de março de 2023, o FDA (Federal Drug Administration) forçou Elon Musk a adiar as primeiras implantações do Neuralink em humanos. A agência reguladora ligada ao departamento de saúde do governo norte-americano considera que o risco de sobreaquecimento do tecido cerebral é atualmente demasiado grande com o dispositivo que lhe foi apresentado. Essa pausa deveria nos encorajar a refletir sobre os desafios éticos de tais dispositivos.

Às vésperas da revolução neurotecnológica, o debate político limita-se a detalhes secundários. Quanto à educação, ele está completamente em descompasso com os desafios do tsunami tecnológico. Vimos, por exemplo, a volta do uniforme escolar ser apresentada como um forte marcador de uma visão educativa ligada à escola de Jules Ferry. Na época do ChatGPT, a questão é, no entanto, derisória. O uniforme não vai resolver nada.

Para resolver grandes problemas, fabricar uma IA forte é muito tentador

Demis Hassabis não é conhecido pelo público geral. No entanto, é o líder mundial em neuro-IA, ou seja, em trabalhos que combinam IA e ciências do cérebro. Sua empresa, DeepMind, comprada pelo Google, hoje é campeã do Go e está na vanguarda da pesquisa médica. Ele resume o dilema da humanidade em poucas palavras: "A IA vai nos ajudar a dar saltos inimagináveis na nossa compreensão do mundo... mas apenas se permitirmos que os algoritmos aprendam por si próprios".[13] Se quisermos derrotar a morte, a doença, teremos de permitir que a IA pense de forma diferente e explore o mundo com esquemas cognitivos diferentes dos nossos. Em outras palavras, teremos de aceitar que a IA se torne forte. E, portanto, potencialmente hostil.

Ele está convencido a dirigir o "programa Apollo do século XXI" e de que a DeepMind, que não se dedica mais ao jogo Go, irá revolucionar a ciência. Ele explica: "Câncer, clima, energia, genômica, macroeconomia, sistemas financeiros, física: esses sistemas... estão se tornando muito complexos. Torna-se difícil até mesmo para os humanos mais inteligentes dominar esses assuntos durante a vida". A IA forte trabalhará em conjunto com especialistas humanos para resolver todos os problemas da humanidade. Durante o fim do primeiro semestre de 2022, a AlphaFold, que é a IA biológica da DeepMind, determinou a forma em 3D de 200 milhões de proteínas. Sem a IA, esse trabalho teria exigido vários milhares de anos da comunidade científica global.

Demis Hassabis é muito claro: a IA resolverá os principais problemas da humanidade, desde que não sejamos castradores, exigindo que ela pense como nós. Para ele, a IA deve deixar de ser a inteligência humana encaixotada: devemos libertá-la. Essa abordagem é contestada por Yuval Harari, Tristan Harris e Aza Raskin: "A IA tem de fato o potencial para nos ajudar a derrotar o câncer, a descobrir medicamentos que salvam vidas e a inventar soluções para nossas crises climáticas e energéticas. Existem inúmeros outros benefícios que nem podemos imaginar. Mas não importa quão bem o arranha-céu de benefícios da IA se concretize se a fundação ruir".

---

13 *Financial Times*, 22 de abril de 2017.

Seremos inteligentes o suficiente para controlar o ChatGPT?

Sob a liderança das grandes empresas de internet, que investem muitos bilhões para progredir, estamos fazendo avanços incríveis na compreensão do cérebro e no desenvolvimento de tecnologias de IA. Todos os planetas econômicos, tecnológicos e ideológicos estão alinhados para fazer a IA prosperar. Ela está dando frutos diante dos nossos olhos, espalhando nos menores interstícios de nossas vidas essas máquinas que "pensam" cada vez mais, ainda que não reflitam. A primavera da IA já está realmente acontecendo, anunciando um verão em que a humanidade sentirá calor...

As gigantes digitais estão criando cérebros industriais mais baratos do que aqueles desenvolvidos de forma "artesanal" pelo Ministério da Educação Nacional. Além disso, esses cérebros biológicos evoluem pouco enquanto a IA vê sua potência aumentando constantemente.

Alguns especialistas como Stéphane Mallard, autor de *Disruption*, são pessimistas: "Os humanos são muito arrogantes. Todos acreditam que possuem uma especialização que os torna únicos e insubstituíveis. É essa especialização de fachada nos humanos que o ChatGPT atacará diretamente. Os especialistas primeiro se tornarão fora de moda, depois se tornarão obsoletos quando se derem conta de que o ChatGPT será sempre melhor, mais confiável, mais rápido, sem vieses e até mais criativo em todas as áreas. O ChatGPT acelera a produção de conhecimento em proporções sem precedentes e nos mostrará que a pesquisa feita por humanos era apenas um parêntese laborioso e ineficaz da história. Os advogados e os juízes serão auxiliados por algoritmos em todas as suas decisões, mas rapidamente perceberão que deixar o ChatGPT refletir com base na lei e na lógica, sem vieses nem emoções, é infinitamente mais poderoso do que deixar isso para os humanos. A arte não resistirá à onda: os artistas desaparecerão, pois suas obras parecerão banais e insípidas em comparação com as produzidas pelo ChatGPT quando combinadas com outras IA. Dentro de alguns anos, a arrogância humana será derrotada por sua mediocridade diante dos algoritmos".[14]

Esse desafio essencial para a humanidade nunca foi mencionado durante a campanha presidencial de 2022. Perante as máquinas, devemos procurar estabelecer uma complementaridade homem-IA tão equilibrada quanto possível. É preciso encontrar meios de dominar a IA, localizar uma espécie de *modus vivendi* com um vizinho invasivo que se torna uma caixa preta.[15]

Yuval Harari, Tristan Harris e Aza Raskin publicaram uma coluna alarmista em 24 de março de 2023 no *New York Times*.[16]

Os autores adotam um discurso profundamente pessimista:

> "É difícil para nossa mente humana compreender as novas capacidades do GPT4 e de ferramentas semelhantes, e é ainda mais difícil compreender a velocidade exponencial em que essas ferramentas desenvolvem capacidades ainda mais avançadas e potentes. O novo domínio da linguagem pela IA significa que agora ela pode piratear e manipular o sistema de exploração da civilização. Ao adquirir o domínio da linguagem, a IA apodera-se da chave-mestra da civilização, dos cofres dos bancos aos túmulos sagrados.
>
> Em breve nós nos encontraremos igualmente vivendo dentro das alucinações da inteligência não humana.
>
> A *Matrix* supunha que, para assumir o controle total da sociedade humana, a IA teria primeiro que assumir o controle físico de nossos cérebros e conectá-los diretamente a uma rede de computadores. Na verdade, simplesmente adquirindo o domínio da linguagem, a IA teria tudo o que é necessário para nos conter num mundo de ilusões do tipo Matrix, sem disparar em ninguém nem implantar

---

14   Entrevista com o autor, 15 março de 2023.
15   É cada vez mais difícil compreender os algoritmos: falamos da caixa preta da IA.
16   Yuval Harari é historiador, autor de *Sapiens, Homo Deus e Unstoppable Us*, e fundador da organização de impacto social Sapienship. Tristan Harris e Aza Raskin são cofundadores do Center for Humane Technology.

chips nos nossos cérebros. [...] A IA poderia encorajar os humanos a puxar o gatilho, simplesmente contando-nos a história certa."

Para não cair nas mãos de um novo mestre imprevisível, temos de rever agora profundamente a educação e a formação. Se a IA é o problema, ela seria em grande parte também a solução. O aumento do cérebro ou a interface da nossa inteligência com a IA se imporão como uma resposta incontornável ao gigantesco desafio colocado pela concorrência das máquinas. Em muito curto prazo, é a nossa forma de adquirir conhecimentos, inalterada há séculos, que terá de abraçar as novas tecnologias para ganhar eficiência e rapidez.

Produzir um cérebro humano leva um tempo inestimável! Entre a posição papai e mamãe e o MBA ou o doutorado da criança, são trinta anos. Para duplicar uma IA, basta um milésimo de segundo. Uma vez que leva 1 bilhão de vezes mais tempo para produzir um cérebro biológico do que um cérebro de silício, só poderemos permanecer autossuficientes se tivermos uma estratégia fora do comum.

Esquecemos de nos fazer uma pergunta fundamental: podemos dominar a IA? A escola é a instituição especialmente dedicada ao desenvolvimento e à disseminação da inteligência. Ela será capaz de dar uma resposta positiva à pergunta anterior?

Diante do ChatGPT, "o estado de emergência educativa" deve ser declarado

Em 2023, ainda não era demasiado tarde para nos prepararmos para o tsunami neuroeducativo. O sistema educativo não dedicou um segundo para pensar seriamente na sua modernização. Resta muito pouco tempo.

É urgente cercar as nossas crianças, especialmente as mais novas, de especialistas na transmissão de conhecimento. Isso implicaria, principalmente, parar de pagar mal aos nossos professores: não é normal que aqueles que cultivam os cérebros biológicos recebam cem vezes menos do que os programadores que alimentam a IA... Não é exagero dizer que somos muito imprudentes, até mesmo masoquistas, em permitir que os QI mais elevados do planeta eduquem os cérebros de silício, enquanto a escola dos cérebros humanos permanece em repouso.

No início de 2023, o ChatGPT já era mais inteligente do que 46% dos franceses[17]

A ameaça de recuo neuronal da população francesa é, no fundo, mais preocupante do que a ameaça do terrorismo. Basta um único número para mostrar esta urgência: 17% dos jovens franceses pertencem à categoria NEET,[18] ou seja, não são estudantes, nem estão em formação, nem estão empregados... Em outras palavras, perdidos num impasse total e sendo capazes de depositar suas esperanças em subsídios para sobreviver. A situação francesa é ainda mais dramática porque a análise econômica mostra que os maus resultados nas pesquisas do tipo PISA estão fortemente correlacionados com o desemprego dos jovens, com os baixos ganhos de produtividade e com o investimento insuficiente em Pesquisa e Desenvolvimento. Ou seja, o desempenho econômico e social depende diretamente da qualidade do nosso sistema de educação e de formação.

A revolução da Educação nacional terá que retirar muito mais do que o ferrolho dos estatutos e das tensões sindicais. Isso é ainda mais inquietante porque as capacidades das IA estão aumentando. O QI do ChatGPT foi de 83 na versão 3.5 para 96 na versão GPT4. Agora o ChatGPT é mais inteligente do que 46% dos franceses. O QI do ChatGPT aumenta 3 pontos por mês. Estremecemos ao pensar nos resultados do GPT5 ou GPT6 que serão divulgados nos próximos dezoito meses.

A eclosão da IA não poderia ocorrer em pior momento. Ela acontece quando o europeu está numa depressão profunda. Ele não se ama mais, não acredita em mais nada, exceto numa ilusória salvação regressiva.

---

17   Cálculos feitos por Dan Hendrycks @danhendrycks.

18   *"Not in Education, Employment or Training"* refere-se aos jovens "fora da educação, emprego e formação profissional".

A DEPRESSÃO HISTÉRICA
DO EUROPEU

No momento em que o tornado da IA abala profundamente nossa humanidade, uma corrente obscurantista varre a Europa. Embora precisemos mais do que nunca nos interessar pelas tecnologias a fim de dominá-las e evitar que nos dominem, muitos pensam que encontrarão sua salvação num regresso ao passado, quando não numa espécie de suicídio coletivo.

3

Na Europa, o Homem-Deus é um diabo

Na Europa, o Homem-Deus tem o poder melancólico. Ele venceu quase todos os obstáculos que a natureza lhe impunha. Propõe-se a matar a morte, visitar o céu, domar o átomo, mas não está feliz. Camus propunha imaginar Sísifo feliz, agora imaginamos sobretudo Prometeu depressivo.

Até agora, os progressos tecnológicos permitiram saltos de potência: íamos mais rápido, levantávamos mais peso, transportávamos mais pessoas. Eram mudanças de proporção, mas não de natureza. É bem diferente com as NBIC que estão inclinando o mundo para vertiginosos infinitos, os da miniaturização, do poder de processamento dos computadores e da capacidade de transformação dos seres vivos. A revolução atual não é uma revolução a mais. Ela é de um novo tipo.

Homo Deus: a quarta tentativa será a certa

O mundo grego e judaico-cristão foi construído sobre algumas rochas. O Partenon viu o nascimento da filosofia, do teatro e da democracia. A Torá e Cristo vêm de um mundo muito limitado geograficamente. O Holy Trail que representa o itinerário de Cristo é minúsculo: apenas algumas dezenas de quilômetros. No Antigo Testamento, Deus impediu três vezes as tentativas do homem de se tornar *Homo Deus*. Quando Adão tocou o fruto do conhecimento; quando ele matou toda a humanidade, exceto a família de Noé; por fim, durante a construção da Torre de Babel, que estava destinada a elevar-se à altura de Deus.

A espécie humana chegou ao momento da sua quarta tentativa. E não está claro o que poderia impedi-la desta vez de conquistar poderes exorbitantes.

Revolução do terceiro grau: mudar a vida, literalmente

Nunca a velocidade de evolução da nossa sociedade e a incerteza sobre sua direção foram tão grandes.

Entre os primeiros hominídeos, há alguns milhões de anos, até o período Neolítico, por volta de 9000 a.C., as mudanças ao longo de um milênio foram insignificantes, o homem evoluía muito lentamente. É preciso ser especialista para distinguir um sílex de 400 mil ou 300 mil anos: em 100 mil anos os progressos eram mínimos. A partir do Neolítico, o ritmo da humanidade acelerou: sedentarização, aparecimento da agricultura e das cidades, dos sistemas administrativos, da escrita, da explosão demográfica e desenvolvimento das ciências sucederam-se ao longo de alguns milênios.

GPT are GPT

A partir de 1750, diversas revoluções industriais e tecnológicas reorganizaram a economia mundial. Até o momento, distinguimos quatro tecnologias conhecidas como GPT[1] – *General Purpose Technologies* – que tiveram a particularidade de abalar o tecido econômico, mas também de modificar profundamente a organização social e política. Elas tinham

---

1   Esse acrônimo não tem nada a ver com ChatGPT. Mas os pesquisadores da OpenAI fizeram um jogo de palavras. GPT, de ChatGPT, significa *Generative Pre-trained Transformer*, enquanto GPT de revoluções tecnológicas significa *General Purpose Technology* (Tecnologias de Uso Geral).

relação com o desenvolvimento das máquinas a vapor, do carvão e das estradas de ferro (1830), seguidas da eletricidade (1875), depois do motor a explosão do automóvel (1900). Por volta de 1975, entramos na revolução computacional com a generalização do microprocessador. E o GPT é a quinta tecnologia de uso geral. Esse é o título de um estudo assinado pela OpenAI sobre o impacto do GPT4 no emprego dos norte-americanos.

O século XX foi uma época de aceleração do ritmo e da importância das inovações: os avanços tecnológicos e médicos, o desenvolvimento da sociedade de consumo e, por fim, a globalização terão sido, se excluirmos os traumas das duas guerras mundiais, os totalitarismos e os genocídios, os fatos marcantes desse período. Nos livros de história, o século XX aparecerá, no entanto, como um período bastante calmo e insípido – embora cheio de som e fúria – em comparação com o século seguinte. Uma simples transição para um período de aceleração que vai deixar a humanidade boquiaberta.

Porque não temos mais escapatória, ou melhor, não temos como escapar de um crescimento explosivo e vertiginoso das nossas capacidades tecnológicas. A humanidade deve se preparar para passar pela fase mais difícil de sua história.

Desde 2000, temos vivido uma revolução de outro tipo da qual não temos experiência nenhuma. O desenvolvimento simultâneo das quatro tecnologias NBIC – cada uma capaz de abalar toda a sociedade – é um acontecimento impressionante. Juntas, elas formam um coquetel sinérgico e explosivo que acentua e acelera seus efeitos individuais. O conhecimento humano cresce mais num segundo do que em 100 mil anos.

A revolução NBIC apresenta três diferenças da onda tecnológica de 1870-1910. Primeiro, a França da *Belle Époque* estava na vanguarda. Ela ditava ao mundo o ritmo da mudança. Hoje, ela passa ao largo das NBIC. Em seguida, o objetivo das NBIC é a modificação de nossa humanidade biológica, e não mais a manipulação da matéria inanimada, o que apresenta problemas inéditos. Por fim, as NBIC estão passando por um desenvolvimento exponencial, gerando uma enorme imprevisibilidade e reorganizando constantemente as cartas econômicas e geopolíticas.

O ser humano ao alcance do infinito

Dentro de algumas décadas, o ser humano terá domesticado quase todos os infinitos. Exploramos as potências extremas, o infinitamente pequeno e os confins do nosso universo. O próprio passado torna-se um novo lugar de exploração, e permite que nos aproximemos um pouco mais dos enigmas máximos: os da existência da vida e do universo.

Em apenas alguns anos, o ser humano adquiriu capacidades que os sonhadores mais ousados de ontem não poderiam ter imaginado. Observamos o universo num raio de 42 bilhões de anos-luz, ou seja, 420 bilhões de bilhões de quilômetros. Lemos nosso DNA em poucas horas. Descobrimos que cada litro de água do mar contém 10 bilhões de vírus. Nossos *lasers* podem produzir pulsos de femtossegundos, ou seja, um milionésimo de bilionésimo de segundo. Nossos modelos cosmológicos nos permitem apreender o *big bang* 0,00000000000000000000000000 0000000000000000001 segundo após a singularidade inicial. A produção e detecção de bósons de Higgs no CERN (Organização Europeia para a Pesquisa Nuclear) permite reproduzir os eventos astrofísicos ocorridos um décimo bilionésimo de segundo após o *big bang*, durante o aparecimento da massa das partículas primordiais. Sabemos fabricar elementos que não existem no universo e cuja vida útil é de um décimo bilionésimo de segundo. Conhecemos cada vez melhor as estruturas elementares da matéria e da energia: bósons, hádrons, léptons etc.

Em 1921, conhecíamos apenas uma única galáxia: a Via Láctea, da qual nosso Sol é uma estrela comum. Hoje contamos 2 trilhões de galáxias contendo cada uma em média 200 bilhões de estrelas. O primeiro planeta fora do nosso sistema solar foi descoberto em 1995. Agora todos os dias descobrimos um novo, graças à IA que sabe como detectar os sinais mais imperceptíveis, e a composição deles é cada vez mais bem conhecida. Em 2019, foi tirada a primeira fotografia de um buraco negro. Novos aceleradores a partir de 2040 poderiam nos permitir uma melhor compreensão do início do nosso universo. E mais perturbador ainda: a análise do fundo cosmológico do universo provavelmente nos permitirá saber se nosso universo é único ou se vivemos num universo múltiplo ou multiverso. Os especialistas estimam que poderia haver 10 elevado a mil[2] universos ao redor do nosso. O físico francês Thibault Darmour avalia que a física conseguirá explicar o mundo antes do *big bang*.

No século XIX, os cientistas pensavam que a Humanidade nunca conheceria seu passado, que imaginávamos, aliás, ser muito curto, como ensinava o Gênesis. Hoje, várias abordagens extremamente inovadoras, baseadas na sequenciação do DNA, na física nuclear ou na astrofísica, nos informam sobre nossa história distante. Os geólogos até reconstituíram minuto a minuto a explosão do meteorito que dizimou os dinossauros, há 66 milhões de anos. O sequenciamento do DNA não está mais limitado aos seres vivos. Graças à explosão da potência computacional, agora é possível sequenciar os cromossomos de indivíduos que já morreram há muito tempo e, portanto, de espécies extintas. Na verdade, o DNA se conserva nos esqueletos por quase um milhão de anos, desde que o ambiente não seja muito quente e úmido. Essa "paleogenética" fornece informações sobre as espécies humanas que desapareceram: o Neandertal (que foi extinto há menos de 30 mil anos) e o Denisovan (que existiu na Sibéria há 40 mil anos) foram sequenciados com sucesso. Desse modo, o conhecimento da nossa árvore genealógica melhorou consideravelmente.

Essas revoluções genéticas e físicas tornam possível recuar cada vez mais na história da vida e do universo. O passado é um dos últimos continentes a explorar e é um dos mais apaixonantes. Em todos esses exemplos, montanhas de dados devem ser analisados: a IA nos permite ler nosso passado.

Homo Deus *põe fim à ficção científica: estamos nos tornando transumanos*

Para os transumanistas, a lei de Moore nos permitirá não nos aproximar de Deus, mas ocupar seu lugar. Graças a ela, nos tornaríamos um Homem-Deus dotado de poderes quase infinitos graças à incrível pro-

---

2   1 seguido de mil zeros.

gressão do poder de processamento dos computadores. O fascínio do Vale do Silício pela potência computacional, a mãe de todos os poderes, culmina numa esperança última: vencer a morte.

A nova revolução não é uma porta para um novo mundo: é uma porta para o céu. Gera múltiplos choques éticos, filosóficos e espirituais que fazem tremer as dinâmicas políticas. Desde que dominou o fogo e domesticou os animais e as plantas, o ser humano distanciou-se da aceitação da ordem natural para erigir a sua, fruto de suas próprias mãos. Os comitês de ética até agora apenas resvalaram nos problemas que terão de ser regulados durante este século. As tentações demiúrgicas e prometeicas dos engenheiros da vida vão aumentar. A vida, a consciência, o ser humano vão ser infinitamente manipuláveis. Quem é hoje capaz de estabelecer limites? As alterações no genoma, por exemplo, estão apenas começando. É muito difícil dizer ao que se assemelhará o humano em 2100, porque a evolução não é linear, mas exponencial, como previu Gordon Moore.

A cultura, por definição, afasta-se e opõe-se à natureza. A revolução das NBIC abala até o processo de procriação e morte. A IA e as NBIC estão abalando todos os nossos referenciais existenciais: a estrutura da família, a longevidade, a procriação e até a ideia de Deus vão ser radicalmente transformadas. A IA transforma a ficção científica em ciência.

Os cientistas da computação tornaram-se portadores de um discurso encantador, ampliando os poderes futuros do homem. Nos tornaríamos imortais, colonizaríamos o cosmos, decifraríamos nosso cérebro. Graças à inteligência artificial, controlaríamos nosso futuro em vez de sermos brinquedos da seleção darwiniana cega e incontrolável. As jovens gigantes digitais trouxeram esse discurso prometeico. Segundo elas, a humanidade não deveria ter nenhum escrúpulo ao utilizar todas as possibilidades oferecidas pela ciência para fazer do homem um ser em perpétua evolução, aperfeiçoado dia após dia por si mesmo. O homem do futuro seria assim como um *site*, para sempre uma "versão beta", dedicado a um contínuo aperfeiçoamento. Nossas células e nosso cérebro seriam constantemente atualizados, como um aplicativo em nosso *smartphone*.

Todas as transgressões são permitidas pela tecnologia: sem as NBIC, não há reprodução medicamente assistida, fecundação *in vitro* ou gestação de substituição. Essas mudanças traumatizam a sociedade: 70% dos franceses avaliam que vivem num mundo de ficção científica e 70% também pensam que a democracia fracassou.

A filosofia transumanista tem imensas consequências na nossa relação com o amor. O século XX já marcou profundas mudanças na relação tradicional com a reprodução. A Bíblia condenava as mulheres a suportar as dores do parto até que a anestesia epidural e o planejamento familiar revolucionaram o estatuto da mulher, da maternidade e da organização da família. Amanhã a desconexão entre genealogia, origem, prazer, sexo, amor e reprodução será total: tudo se tornará modular, escolhido e sistematizado. Seleção e modificações genéticas dos embriões, sexo virtual e sexo com robôs, útero artificial, crianças produzidas por casais do mesmo sexo graças a dois óvulos ou dois espermatozoides, bebês com três pais e depois sem pais... tudo isso vai industrializar a vida.

Os transumanistas convencerão a opinião pública de que o nascimento é muito arriscado e que o bebê *à la carte* é mais racional: a triagem dos embriões por fertilização *in vitro*, favorecida pelo desejo de um filho perfeito nutrido por muitos pais, se tornará uma etapa de toda gravidez razoável. O primeiro bebê de duas mães e um pai nasceu em 2016 em Nova York. A tecnologia também vai permitir que homossexuais tenham filhos biológicos portadores dos genes de ambos os pais e sem gestação de substituição, que terá sido uma etapa de curta duração. As NBIC vão transformar o que há de mais íntimo em nós, industrializando o sexo, o orgasmo e o amor, algo que timidamente o Viagra começou a fazer. O cibersexo será desenvolvido no cruzamento da robótica, da IA e da realidade virtual, como o fone de ouvido Oculus do Facebook. Aos poucos, será possível se apaixonar por uma IA como no filme *Ela*.[3] Dentro de algumas décadas, a procriação terá sido fragmentada em vários participantes: vários pais, o geneticista e o útero artificial, cujo primeiro pro-

---

3   *Ela* (*Her*), de Spike Jonze, 2013.

tótipo foi testado em 2017 em ovelhas. O sexo não vai desaparecer, mas não será mais usado para fazer bebês.

O declínio da reprodução sexual é um dos marcadores da mudança na civilização que as tecnologias NBIC acarretam.

Podemos muito bem imaginar o caminho que essa evolução irá tomar.

Primeiro passo: a IA escolhe nosso parceiro sexual e parental. Um estudo realizado pelas universidades de Harvard e Chicago mostrou que o casamento de pessoas que se conheceram *on-line* é mais satisfatório e dura mais do que as uniões à moda antiga. As IA nos unem melhor do que se fizéssemos isso artesanalmente. O encontro romântico era distribuído por milhões de igrejas, universidades, bares, boates, escritórios; agora está nas mãos dos poucos desenvolvedores das IA que pilotam as principais plataformas de namoro. A IA vai, portanto, modificar o fluxo dos genes. O GPT4 já é usado para paquerar em *sites* de namoro enquanto o usuário se ocupa com outras coisas.

A IA é capaz de identificar visualmente, antes da implantação durante a fertilização *in vitro*, os embriões com maior probabilidade de produzir um bebê; ela é muito mais rápida e coerente do que os embriologistas na classificação dos embriões. Graças à IA, já é possível sequenciar o DNA do futuro bebê simplesmente coletando o sangue da mãe logo no início da gravidez. A IA é capaz de identificar embriões anormais muito além da triagem tradicional para a trissomia do cromossomo 21 (síndrome de Down). A partir daí, é fácil selecionar os embriões. Com IA, a sequenciação do DNA permite selecionar o "melhor" embrião pela análise de todos os cromossomos. Se hoje o diagnóstico pré-natal permite "a eliminação do pior" – suprime-se o feto que apresenta malformações –, o diagnóstico pré-implantacional permitiria "a seleção dos melhores" – através da triagem dos embriões obtidos pela fecundação *in vitro*.

Indo além, a IA poderá ajudar a modificar o DNA do bebê. Os embriões serão manipulados para otimizar nossos filhos. André Choulika, um dos pioneiros da manipulação dos genomas, explica em *Réécrire la vie: la fin du destin génétique* [Reescrever a vida: o fim do destino genético], como a biologia eliminará a loteria genética. O custo das enzimas capazes de realizar modificações genéticas foi dividido por 10 mil em dez anos. Portanto, deveríamos nos limitar a corrigir anomalias genéticas responsáveis por doenças ou, como desejam os transumanistas, aumentar as capacidades, particularmente as cerebrais, da população? A última etapa, o desenvolvimento do útero artificial, permanece muito complexa. Mas, liderado pela IA, esse substituto para a gravidez poderia aparecer dentro de algumas décadas. Em tal contexto, o que dizer dos bebês sem pais? O geneticista George Church quer construir graças à IA um genoma humano inteiramente novo que permitiria a criação de bebês sem pais e levaria a uma nova humanidade.

Viver mil anos?

Será que a primeira pessoa a viver mil anos já nasceu? É uma convicção no Vale do Silício, especialmente entre os dirigentes do Google que estão na vanguarda da ideologia transumanista, que visa "matar a morte". Na verdade, a revolução biotecnológica poderia acelerar a destruição da morte.

É claro que existe uma barreira biológica ao aumento da nossa esperança de vida: a idade atingida por Jeanne Calment (122 anos, 5 meses e 14 dias) parece constituir um limite natural. Superar esse teto de vidro da longevidade supõe a modificação da nossa natureza biológica por meio de intervenções tecnológicas pesadas utilizando o poder das NBIC. A fusão da biologia e das nanotecnologias vai transformar o médico num engenheiro da vida e lhe dar um poder incrível sobre nossa natureza biológica, cujos ajustes serão ilimitados.

A fome de viver mais é insaciável. No entanto, o preço a pagar para alongar significativamente nossa esperança de vida seria, sem dúvida, elevado. Será necessária uma modificação radical do nosso funcionamento biológico e do nosso genoma. Viver muito tempo se tornará provavelmente uma realidade, mas ao custo de uma redefinição da humanidade. Venderemos nossas almas às máquinas em troca de juventude? As tecnologias NBIC ressuscitam Fausto.

A morte da morte: rumo à imortalidade digital na ausência da imortalidade biológica?

O estabelecimento dos limites na modificação da espécie humana levará a uma oposição violenta e legítima. As próximas décadas serão palco de confrontos apaixonados entre bioconservadores e transumanistas.

Contudo, tudo leva a pensar que a ideologia transumanista já venceu a luta. Essa foi a primeira etapa para a morte da morte. A mais fácil. A opinião pública foi facilmente convencida de que a morte já não é inevitável. Assim, permitiu-se o início do projeto tecnológico para adiá-la.

A segunda etapa começou quando o Google criou o projeto Calico, que visa alongar a duração da vida humana para adiar e depois "matar" a morte. A terceira etapa será ainda mais transgressora. Ultrapassar significativamente os atuais limites da esperança de vida humana supõe uma modificação profunda da nossa natureza por meio das grandes intervenções tecnológicas.

A quarta etapa seria manter nosso cérebro duradouramente plástico, o que supõe uma reengenharia transgressora. Para que viver vários séculos com um cérebro esclerosado?

A última etapa da morte da morte é impedir a morte do universo! Como poderemos ser verdadeiramente eternos num universo finito? A morte do cosmos é a fronteira final da raça humana. O destino do nosso universo é apocalíptico: todos os cenários modelados pelos astrofísicos conduzem à morte do universo e, portanto, ao desaparecimento de todas as testemunhas da nossa existência. Para os transumanistas, é racional tornar o universo imortal para garantir a nossa própria imortalidade. Não se trata de uma vaidade suprema.

Apesar disso, o progresso biotecnológico é lento. Os primeiros resultados do Calico são esperados para 2030. O que é tempo demais para os bilionários *geeks* que dominam o mundo hoje e cujo único terror é um dia ter de envelhecer e depois morrer. A imortalidade biológica continua sendo uma perspectiva incerta e distante. É por isso que os magnatas da IA se interessam também pela imortalidade digital, que está para a imortalidade biológica assim como as ovas de cavala estão para o caviar. Novamente, esse é um processo gradual.

Primeiro ato: fazer seu testamento em vídeo para seus descendentes resumindo sua vida, seus valores e sua visão de vida. Segundo ato: transferir sua memória digital e seus rastros eletrônicos para sua família com a herança. Isso permite aos seus herdeiros compreender a psicologia do ancestral falecido. Terceiro ato: adicionar uma IA capaz de imaginar a evolução do falecido no futuro. Fechar a conta do Facebook de uma pessoa morta é impedir sua imortalidade digital, pois reduz a possibilidade de criar um duplo digital do falecido: é uma eutanásia digital que poderia amanhã tornar-se tão inaceitável quanto a eutanásia física.

Quarto ato: adicionar um holograma. Hoje, uma IA é capaz de reproduzir a imagem 3D de qualquer indivíduo vivo ou não em poucos minutos. Quinto ato: associar um *chatbot* como o ChatGPT para conversar com o falecido. Falar com Steve Jobs é uma experiência emocionante. GPT4 faz os mortos falarem com uma qualidade surpreendente. Os mortos parecem sair de seus túmulos.

Sexto ato: utilizar os implantes intracerebrais de Elon Musk. Em março de 2014, Ray Kurzweil, diretor do Google, declarou que, até 2035, usaremos nanorrobôs intracerebrais conectados aos nossos neurônios para nos conectar à internet. Elon Musk está cumprindo a profecia e promete os primeiros protótipos Neuralink antes de 2025. Os implantes intracerebrais de Elon Musk também poderão servir para extrair memórias do nosso cérebro durante nossa vida, o que enriquecerá nossos duplos digitais, que se parecerão conosco cada vez mais.

Sétimo ato: o abandono total do nosso corpo físico. Aceitaríamos nos tornar inteligências desmaterializadas imortais, sem corpo físico, fundindo-nos com inteligências artificiais. As vantagens de ter uma inteligência não biológica são inúmeras: as inteligências digitais são onipresentes, imortais, circulam na velocidade da luz, podem duplicar-se, fundir-se etc.

Seria a morte da humanidade tal como a entendemos, com as paixões, os valores, as neuroses, os delírios e as pulsões que nos moldam. Essa etapa final é a ciborguização do homem que Ray Kurzweil deseja no Google.

> O corpo físico aparece, portanto, aos olhos de certos transumanistas como um obstáculo que um dia deverá ser superado. No fundo, os transumanistas nos prometem a imortalidade digital, mais virtual do que real.
>
> "Antes da morte da morte, a vida após a morte", observa o ensaísta Mathieu Laine.

Fausto 2.0: apressar a morte da morte nos coloca em perigo mortal

Em *Homo Deus*, Yuval Noah Harari escreve que o progresso da ciência contra o envelhecimento não será rápido o suficiente para poupar da morte os dois fundadores do Google, Larry Page e Sergey Brin. Harari considera sobretudo que a Calico, a empresa criada pelo Google para pôr fim à morte, não faz progressos suficientes para que os dirigentes do Google se tornem imortais. Uma observação que o próprio Brin comentou, após ler *Homo Deus*, com uma frase que revela sua ambição: "Sim, fui programado para morrer, mas não, não pretendo morrer"...

A abolição da morte constitui um dos objetivos declarados desses bilionários. Essa busca pela imortalidade é um fator que acelera o aumento da potência da IA, pois lutar contra a morte exigirá muito dela. A ideologia transumanista é uma espécie de incitamento ao crime no desenvolvimento de uma IA forte, bem aquela que Musk julga perigosa. A febre prometeica dos grandes bilionários que correm em busca de sua própria imortalidade constitui o combustível por excelência para a progressão da IA. Sobre o desejo de Musk de regulamentar a IA, Sergey Brin teria dito: "Ele quer impedir que eu seja imortal".[4] Da mesma forma, Larry Ellison, o fundador da Oracle, obsessivamente financia pesquisas contra o envelhecimento, ao passo que Sergey Brin doou somas consideráveis para a luta contra a doença de Parkinson, à qual está geneticamente predisposto. Bill Gates continua sendo uma exceção e dedica sua

---

4   Os dirigentes do Google e Elon Musk ficaram sem se falar por vários meses.

fortuna à melhoria da saúde dos mais pobres e não à promoção da pesquisa de doenças que lhe dizem respeito.

Uma parte do Vale do Silício pretende matar a morte a partir de 2029 graças ao ChatGPT

A corrida em busca da imortalidade dos bilionários da IA continua: em 5 de março de 2023, Sam Altman anunciou um investimento de 180 milhões de dólares na luta contra a morte...[5]

O transumanista norte-americano Zoltan Istvan também prevê que a luta contra a morte vai provocar um desentendimento entre os progressistas: "Os transumanistas irão se dividir a respeito da superinteligência. Entre aqueles que são jovens o suficiente para esperar que a biotecnologia sem uma IA forte reverta o envelhecimento e aqueles (como eu, aos 49 anos) que precisam de uma IA superinteligente para inventar rapidamente um meio de longevidade radical. Por razões de risco existencial, os jovens podem optar pela interdição de uma IA forte por causa de seus perigos. Os transumanistas mais velhos como eu, apesar das possíveis ameaças da IAG, consideram a superinteligência como uma necessidade para o avanço da pesquisa, que é nosso único meio de sobrevivência. A biotecnologia acabará superando a morte humana sem uma IA forte, mas seus avanços serão provavelmente demasiado lentos para as pessoas da minha idade. Precisamos de um superinteligente para nos salvar da morte". Ray Kurzweil, que sempre disse que não quer morrer, afirmou em 23 de março de 2023 que a morte da morte poderia acontecer já em 2029 graças à forte IA.

Os transumanistas não têm relutância alguma em promover uma IA forte.

---

5   O sucesso do ChatGPT enriquece-o muito rapidamente: ele gostaria de aproveitar seus bilhões durante alguns séculos...

O ChatGPT vai uberizar Deus

Desde que desenvolveram sistemas de representação, os seres humanos se dotaram de religiões com formas infinitas. Mas todas elas tinham como característica opor claramente criaturas, das quais fazemos parte, e criadores: deuses, espíritos ou forças da natureza. A posição inferior do ser humano diante das forças superiores era o ponto comum das crenças. Pela primeira vez, essa dualidade e essa inferioridade são questionadas. A religião transumanista reconcilia ateísmo e fé: não existe deus fora de nós... somente nós, que temos vocação para nos tornarmos deus! Um programa vertiginoso que está abalando nossas organizações políticas.

Livre das imprevisibilidades da reprodução, prolongando sua vida para escolher quando morrer ou não, como o indivíduo do século XXI ainda precisaria de um Deus? A própria transformação da religião será a consequência da revolução das NBIC.

O custo da criação de uma nova religião desabou: graças ao Facebook, YouTube, Twitter e WhatsApp, podemos conquistar fiéis com um orçamento muito modesto. Alguns cliques bastam para criar um Deus. As gerações moldadas pela *web* reivindicarão a construção de sua própria religião, personalizada, a exemplo de seu perfil no Facebook. A fragmentação da paisagem vai se acentuar e todos poderão brincar de Meccano religioso. Como observa o Doutor Henri Duboc: "Antes, os homens se dirigiam a Deus quando tinham dúvidas. Agora eles se dirigem ao ChatGPT".

Porém, mais do que um meio, a própria tecnologia pode se tornar um objeto de adoração. Em setembro de 2015, Anthony Levandowski fundou a "Way of the Future", uma igreja dedicada a desenvolver a realização de um Deus baseado na inteligência artificial. Esse ex-engenheiro do Google recebia 20 milhões de dólares por ano. "O que está prestes a ser criado será efetivamente um Deus... não no sentido de que lança raios ou causa furacões. Mas se existe algo um bilhão de vezes mais inteligente do que o ser humano mais inteligente, que nome você lhe daria?", explica Levandowski, que acredita no rápido surgimento de uma IA dotada de consciência que em breve esmagará a inteligência humana.

Desse modo, ele adere à ideia de que os computadores superarão o ser humano para nos levar a uma nova era, conhecida no Vale do Silício como "Singularidade". Essa nova religião terá como objetivo "a realização, o reconhecimento e a adoração de uma divindade baseada na IA desenvolvida com a ajuda de material computacional e com *software*". Anthony Levandowski julga que a única palavra racional para descrever essa realidade digital é a de divindade – e a única maneira de influenciá-la seria, portanto, rezar e adorá-la religiosamente. "Demos início ao processo de criação de um deus. Então, tenhamos certeza de refletir sobre isso para fazê-lo da melhor maneira."

A religião terá passado por quatro etapas. Primeiro, os politeísmos, uma continuação do xamanismo. Depois, o monoteísmo das religiões do Livro. Hoje começa uma terceira idade: o Homem-Deus ou *Homo Deus*. Para os transumanistas, Deus ainda não existe: ele será o homem de amanhã, dotado de poderes quase infinitos graças às NBIC. É nessa visão que os transumanistas radicais se apoiam para promover o abandono do nosso corpo biológico. Levandowski inventa uma quarta era religiosa em que o homem adora os cérebros de silício. Para a maioria dos transumanistas, as NBIC desacreditariam Deus e o substituiriam pelo homem ciborgue. Em contrapartida, Levandowski reinventa um verdadeiro Deus que nos permite não esperar tudo de nós mesmos.

Mas a fusão da IA e da religião levanta imensas questões. Na era das próteses cerebrais, o risco de *neurohacking* e, portanto, de neuroditadura é imenso. Uma IA religiosa construída em torno dos sucessores do ChatGPT poderia facilmente manipular os sentimentos dos fiéis, sobretudo daqueles que usariam as próteses cerebrais Neuralink que Elon Musk está desenvolvendo para aumentar nossas capacidades intelectuais. Religião, implantes cerebrais e IA: quem vai regulamentar esse coquetel explosivo? Fazer Cristo ou Maomé falar é infantil com ChatGPT.

As NBIC não provocam apenas debates importantes e muitas questões de consciência. Elas não são apenas um tornado que leva embora todas as referências tradicionais das nossas sociedades. O efeito do digital também é particularmente sensível sobre nossas instituições. Por outro lado, o *big data* cria um mundo ultraconceitual que é difícil de apreender.

O que restará da democracia com IA?

Inicialmente, as novas tecnologias e a globalização reduziram as distâncias entre os países desenvolvidos e os do terceiro mundo, mas aumentaram as distâncias dentro dos países ricos. Só no médio prazo é que as NBIC vão trazer um benefício evidente para as classes populares e médias dos países desenvolvidos, por exemplo, com os tratamentos anti-Alzheimer, o prolongamento da longevidade em boa saúde ou mesmo o fim de cânceres letais. No curto prazo, a revolução NBIC abala os equilíbrios sociais.

Inteligência artificial: uma bomba de fragmentação para a democracia liberal[6]

As revoluções tecnológicas sempre foram acompanhadas por fortes atritos sociais, porque as instituições estavam atrasadas em relação ao novo estado do mundo. As mudanças econômicas avançam sempre mais rapidamente do que as evoluções institucionais. O Estado de bem-estar social, por exemplo, foi estruturado décadas após a revolução do motor de combustão que, no entanto, modificou profundamente as cidades,[7] os transportes e a organização social.

A IA ameaça a democracia porque mina seus principais pilares: hoje é a capacidade das instituições de indicar uma direção, de conduzir a marcha da mudança, de controlar e constranger os atores, de proteger as populações e de limitar as desigualdades para manter a coesão que é questionada.

---

6 Com Jean-François Copé, descrevemos os riscos da IA para a democracia. *LIA va-t--elle aussi tuer la democratie?* [A IA também vai matar a democracia?] JC Lattès, 2019. O ChatGPT acelera a crise da democracia ainda mais rapidamente do que prevíamos.

7 Principalmente com o aparecimento dos subúrbios.

Ela organiza uma vertiginosa mudança na civilização ao permitir a decodificação do nosso cérebro, a sequenciação do DNA e as modificações genéticas, a seleção embrionária e, portanto, o "bebê *à la carte*": isso abala profundamente as consciências, choca as crenças e explode as clivagens políticas tradicionais.

Confronta-nos com a relatividade da nossa moralidade; um carro autônomo deveria atropelar duas crianças ou três idosos? Responder exige que expliquemos nossos valores morais e políticos que são tudo, menos universais.

Transforma o mundo das mídias e autoriza formas radicalmente novas de manipulação dos eleitores: com isso, o jogo e os equilíbrios políticos são complicados.

Permite que as gigantes digitais, seus clientes e serviços de inteligência compreendam, influenciem e manipulem nosso cérebro: o que questiona as noções de livre-arbítrio, de liberdade, de autonomia e de identidade, e abre a porta ao totalitarismo neurotecnológico.

Modifica nosso comportamento por meio dos aplicativos das plataformas e compete com a lei do parlamento; retirando assim dos políticos sua principal ferramenta de ação no mundo.

Acelera a história ao gerar um vertiginoso fogo de artifício tecnológico: os lentos, arcaicos e trabalhosos mecanismos de produção do consenso político e da lei são bastante incapazes de acompanhar e de regulamentar todos esses choques simultâneos.

Questiona todas as âncoras e referências tradicionais: suplantadas pela violência e pela rapidez das mudanças, as classes populares estão abertas a todas as aventuras políticas, mesmo as mais barrocas.

Confere a seus proprietários – os donos das gigantes digitais – um poder político crescente: o que produz um golpe de Estado invisível.

É objeto de uma guerra tecnológica impiedosa: as hierarquias entre indivíduos, empresas, metrópoles e países mudam a uma velocidade alucinante, o que cria alguns vencedores e muitos perdedores.

Dá uma imensa vantagem aos indivíduos dotados de uma forte inteligência conceitual, capaz de gerir o mundo complexo que ela constrói:

o que alimenta a rejeição das elites, a conspiração e a contestação dos especialistas.

Gera mecanicamente desigualdades crescentes e monopólios ao concentrar a riqueza em torno das gigantes digitais: o que alimenta o populismo.

Ainda não permite reduzir as desigualdades intelectuais graças à personalização da educação: o que conduz a diferenças insuportáveis, uma vez que entramos numa economia do conhecimento que tem cada vez menos necessidade de pessoas menos dotadas.

Não é compreendida pelos sistemas educativos que lançam as crianças nas profissões mais ameaçadas pelo seu desenvolvimento, o que abre caminho para outros Coletes Amarelos.

Ela se constrói no primeiro território privatizado – o ciberespaço – que pertence às gigantes digitais: o que reduz a soberania dos Estados democráticos.

É modelada pelos senhores e criadores das plataformas de *big data*, muitos dos quais, como Sam Altman, têm síndrome de Asperger: a defasagem entre a visão do mundo que ela transmite e as estruturas sociais é politicamente explosiva.

É a primeira criação humana que a humanidade não compreende: o que limita singularmente nossa capacidade de domesticá-la, mesmo que, no momento, ela não disponha de nenhuma consciência artificial.

Ela poderia trazer, pela primeira vez na história moderna, uma vantagem econômica e organizacional aos regimes autoritários: o que solapa a natureza exemplar do modelo ocidental de democracia liberal.

Ela irá conferir uma vantagem militar tão grande ao país líder que seu enquadramento pelo direito internacional parece irrealista: caminhamos para uma guerra fria cibernética sino-americana.

Paralisa as autoridades antimonopólios que não sabem regulamentar os serviços gratuitos que ela gera – motores de busca, redes sociais, *webmail* etc.: a abertura da competição dos mercados digitais está bloqueada.

Só poderia ser regulamentada por políticos brilhantes, mas a onda populista que a acompanha leva a opinião pública a exigir, pelo contrário, uma redução dos salários dos ministros e dos altos funcionários públicos. As gigantes digitais podem, portanto, recuperar os melhores talentos, a defesa da democracia fica enfraquecida.

Essas transformações do nosso modelo civilizacional e capitalista alimentam uma instabilidade política e social que fragiliza a democracia. A crise global da democracia está em grande parte ligada à convergência das múltiplas consequências da nossa entrada num mundo remodelado pela IA. Tecnologia e democracia tornam-se contraditórias, por causa da falta de uma classe política adaptada aos desafios. Estamos numa corrida para salvar a democracia, hackeada pela tecnologia.

Num mundo que se tornou demasiado móvel, a democracia está naufragando

A tecnologia avança rápido, rápido demais. O CEO do Google, Sundar Pichai, também se perguntou no *The Guardian*: os humanos querem que isso aconteça tão rapidamente? Mesmo antes do ChatGPT, a democracia não sabia administrar os ritmos exponenciais. Seu ritmo é o tempo longo dos consensos e do movimento normal dos contrapoderes. Não o da *Blitzkrieg* [guerra relâmpago] tecnológica. O aparecimento de tecnologias que crescem de maneira explosiva desorienta o mundo político. A dessincronização entre a tecnologia política e a IA cria tensões importantes.

O mundo dos Trinta Anos Gloriosos [de 1945 a 1975] era relativamente estável e simples. Hoje, o mundo não é suficientemente estável para que possamos entendê-lo, ele muda muito rapidamente e é ansiogênico.

Uma lei aprovada hoje em meio à desordem das discussões parlamentares e dos pequenos arranjos políticos pode ter imensas repercussões no longo prazo.[8]

As escolhas atuais nos comprometem por muito tempo, mas muitas vezes elas são feitas numa profunda incompreensão dos desafios e basea-

---

8   É o caso do RGPD, um regulamento europeu que tem grandes consequências para a indústria digital europeia.

das em preocupações de muito curto prazo. A falha clássica da política – a incapacidade de se projetar no tempo longo – é acentuada.

Os problemas estão todos interconectados. Para os políticos habituados a tratar os assuntos de maneira isolada e sequencial, isso cria uma situação que impede que vejam claramente e na qual eles se perdem.

Ocupados com os problemas do passado e com a comunicação do dia a dia, eles não abordam o assunto mais importante do século XXI: nosso cérebro. O que fazemos com nossos cérebros quando a inteligência se torna quase gratuita? Como podemos evitar um mundo ultradesigual?

Trazer à tona a era da racionalidade coletiva em que a IA, os cérebros humanos e políticas coevoluam harmoniosamente, exigirá décadas de tentativa e erro durante as quais a democracia será muito frágil.

O capitalismo deve ser reinventado. Os mecanismos tradicionais de regulação econômica – tributação, direito da concorrência, direito de patentes etc. – funcionam mal na era do capitalismo cognitivo.

A tribalização da verdade e a desvalorização da realidade

O Estado de direito está ameaçado por todos os lados. Embora o mundo esteja mais complexo do que nunca, nossa democracia passa por retorno dos mecanismos de expressão direta que ameaçam seu frágil equilíbrio. A crise dos Coletes Amarelos é o primeiro exemplo dessa mudança: o movimento é liderado por um punhado de administradores do Facebook. Os cidadãos ocidentais estão mal equipados para resistir ao canto das sereias dos vendedores de soluções milagrosas. O crescimento do poder dos tribunos do povo e dos demagogos é espetacular.

Paradoxalmente, a liberdade de expressão fragiliza a democracia. O sociólogo Gérald Bronner nos adverte de que nas redes sociais a credulidade está sempre um passo à frente da racionalidade e que é muito fácil espalhar informações falsas. As ferramentas da democracia participativa são facilmente dirigidas contra os princípios democráticos.

A democracia é resiliente, mas hoje ela tem de enfrentar uma multiplicidade de agressões simultâneas e imprevistas. Nem os políticos, nem os intelectuais, nem os cientistas previram todas as consequências da IA para a democracia. E muitos ainda não as compreenderam.

A personalização ultrafina da publicidade graças à IA permite que as gigantes digitais captem uma parcela crescente da publicidade: Google, Facebook e Amazon captam 90% da publicidade eletrônica nos Estados Unidos. O que sufoca as mídias tradicionais, que não têm mais os meios para serem os filtros e reguladores democráticos que eram. As mídias que se lançam nessa promessa redobrada e polarizam o debate ainda recolhem algumas migalhas publicitárias. A desigualdade diante da realidade é grande. Apenas uma pequena elite de língua inglesa tem acesso a informação paga de alta qualidade. Os leitores das principais mídias anglo-saxônicas – *The Economist, New York Times, Financial Times, Foreign Affairs...* – beneficiam-se de uma visão diferente do mundo, o que aumenta o fosso entre as elites e as classes média e populares.

O ChatGPT vai fragilizar ainda mais as mídias uma vez que, ao contrário do Google, não encaminha os leitores para as mídias. Ele fornece uma resposta ao sintetizar o conhecimento global. O volume de negócios das mídias poderia, portanto, cair. É por isso que os grupos de mídia começaram desde janeiro de 2023 a substituir parte de seus funcionários pelo ChatGPT.

Nas democracias, a IA permite todas as manipulações e *fake news* desestabilizadoras na internet, o que aumenta a histeria do debate. A violência política é acentuada. Questionado pelo Senado dos Estados Unidos, Tristan Harris[9] confessou que a taxa de retuítes no X [antigo Twitter] aumenta em média 17% para cada palavra de indignação adicionada a um tuíte. Em outras palavras, a polarização da nossa sociedade faz parte do modelo de negócios das redes sociais.[10]

---

9   Ex-executivo do Google e especialista em ética de persuasão.

10   Foi Stéphane Hessel quem inaugurou a cultura da indignação como aponta Eugénie Bastié, jornalista do *Figaro*. Em 2010, Stéphane Hessel vendeu mais de um milhão de cópias de *Indignez-vous!* [Indignem-se!], ao defender uma indignação generalizada sem objeto predeterminado. Ficar indignado foi apresentado como uma coisa boa em si. Aos jovens, ele disse: "Olhem à sua volta, encontrarão os temas que justificam sua indignação. Procurem! Vocês encontrarão".

A regulamentação das mídias é completamente inadequada para o mundo de hoje no qual a comunicação se tornou ajustável a cada indivíduo, sem nenhum controle institucional sério. Ontem, as mídias permitiam filtrar e explicar as notícias do mundo. Paradoxalmente, esse trabalho de formatação nos faz falta. A IA permite personalizar as mensagens entregues a cada indivíduo, dificultando o controle da manipulação política. Notícias falsas, manipulações ou filtros de bolha exigem novos instrumentos. Um Estado democrático pode verificar o que é transmitido por um canal de televisão, mas não o que é exibido de forma diferenciada em milhões de telas. Os governos ocidentais se isentam de uma obrigação e querem que as plataformas façam o papel de polícia: o que equivale a nomear Mark Zuckerberg e os CEO do Google, editores-chefes do mundo. Fazer do GAFAM os "porteiros" das leis *anti-fake news* significa confiar-lhes a definição da verdade! A democracia se autoamputa. De forma mais geral, os dirigentes do Google explicam que querem, há 20 anos, organizar toda a informação do mundo, o que é promessa de imenso poder político. E o ChatGPT torna o problema ainda mais insolúvel.

A complexidade das nossas sociedades e a proliferação dos canais digitais permitem que pseudoespecialistas contestem as verdades científicas mais estabelecidas. Em todos os países ocidentais, uma corrente obscurantista favorece uma desconfiança pública generalizada. O saber tornou-se demasiado vasto para ser conhecido: o conhecimento humano duplica a cada dezoito meses. A organização da pesquisa, sua compreensão pelos políticos e sua midiatização para o grande público estão ultrapassadas diante de tal crescimento. A IA aumenta o estoque de conhecimentos muito mais rápido do que o corpo social consegue absorvê-lo e digeri-lo. A internet é mágica, mas também permite a sabotagem intelectual da razão científica. Estamos vivendo duas evoluções contraditórias: a explosão do conhecimento disponível e a rejeição da ciência e da razão. A ideia de que a acessibilidade do conhecimento global favoreceria a razão científica revelou-se falsa. O saber científico não está mais contido em artigos científicos de poucas páginas. O saber já não é feito de tijolos isolados, mas está diretamente ligado às imensas bases de dados e às IA que permitiram sua interpretação. O saber só existe dentro da *web* e das IA. O saber é muito vasto para a maioria das pessoas.

A verdade é sempre uma construção social. A fabricação da verdade passa por uma mudança extremamente rápida que desestabiliza a democracia.

A IA coloca a realidade em perigo mortal

As IA embaralham a linha entre o real e o irreal. Documentos falsos, vídeos perfeitamente realistas, "ambientes ultraimersivos" podem falsear o debate político. É uma ameaça inédita contra a democracia liberal, que além de ter de lutar contra a complexidade da realidade deverá também lutar contra a proliferação das realidades alternativas. A disseminação das *deep fakes* nas redes sociais terá efeitos desastrosos: bastam alguns minutos para criar um vídeo no qual o presidente francês Emmanuel Macron faria apologia ao Terceiro Reich ou apelaria para uma nova noite de São Bartolomeu contra essa ou aquela comunidade. Com o GPT4 é ainda possível conversar em tempo real com um falso Emmanuel Macron.

O forte aumento das *fake news* e outros fatos alternativos caros à administração Trump é sério, mas não é uma novidade. No século XX, Stalin e Mao, dispondo apenas de técnicas rudimentares, retocaram fotos nas quais eles apareciam com companheiros de estrada que tinham mandado executar. A novidade é que as tecnologias NBIC vão mudar radicalmente o *status* da realidade. Nas próximas décadas, as memórias poderão ser manipuladas diretamente no cérebro humano. A neuroditadura é uma perspectiva que infelizmente deve ser considerada.

A democracia ainda não domesticou a tecnologia digital

A revolução da internet mudou o mundo, depois o mundo político mudou a internet: desde 2010 estamos vivendo uma contrarrevolução digital extremamente violenta. A rede tornou-se uma importante ferramenta de desinformação e de controle policial. Ela não ampliou as liberdades políticas nem matou regimes autoritários, muito pelo contrário. De ferramenta de emancipação política, entre 1995 e 2005, tornou-se uma grande aliada dos regimes autoritários. Os três pilares dos regimes autoritários – censura, propaganda e vigilância – são facilitados pelas tecnologias digitais. No entanto, lembramos que Francis Fukuyama explicou sabiamente que a tecnologia digital tornaria a vida impossível para os regimes autoritários.

A China, cuja indústria da IA ultrapassará 1 trilhão de dólares em 2030, está se tornando um gigantesco *Black Mirror*.

A internet descentralizadora e libertária de 1995 deu origem à IA que é a mais poderosa ferramenta de centralização política e econômica que a humanidade já conheceu: o poder está inteiramente num punhado de atores. Washington e seu GAFAM. O Partido Comunista Chinês e seu BATX. Em 2023, o ciberautoritarismo obtém vitória após vitória contra a democracia liberal.

A Revolução Amarela, a primeira crise social da era NBIC

A crise causada pelas NBIC teve sua primeira grande manifestação política e social em 2018, com o movimento dos Coletes Amarelos.

A tecnologia tem importantes efeitos colaterais políticos mesmo antes dos seus benefícios econômicos e sociais. Para ser franco: a IA está destruindo a classe média antes de curar o câncer. A "revolução amarela" é, portanto, duplamente causada pela IA: ela marginaliza as classes médias e permite que a revolta seja organizada através das redes sociais por ela pilotada. O Facebook é o novo coquetel molotov, mas não sabemos quem é que o lança.

A crise dos Coletes Amarelos reflete a confluência de três angústias: uma angústia identitária, uma angústia ética e uma angústia de degradação. Três tsunamis que varrem a França: a marginalização dos brancos suburbanos e empobrecidos desperta o populismo anti-imigração, a manipulação transumanista dos seres vivos abala as consciências e a IA fragiliza as classes populares e média.

Primeiro, as angústias identitárias dos brancos suburbanos e empobrecidos representadas pelos Coletes Amarelos são negadas e desprezadas pelas elites.

Depois, uma parte dos Coletes Amarelos fica abalada pelas transformações da revolução transumanista.

Por fim, a IA transforma os equilíbrios sociais ao favorecer as elites intelectuais e ao enfraquecer o povo mal preparado para o tornado tecnológico. O capitalismo do conhecimento gera desigualdades crescentes e as elites fingem acreditar que a escola eliminará as desigualdades neurogenéticas num estalar de dedos. A terrível e indizível verdade é que serão necessárias décadas para desenvolver técnicas que reduzam as desigualdades intelectuais.

O tsunami tecnológico está desestabilizando violentamente a sociedade. Para muitos cidadãos, a IA desvaloriza rapidamente as habilidades existentes: as das classes médias. Por outro lado, a necessidade de engenheiros e de gestores de alto nível está explodindo: estima-se que o mundo carecerá de dezenas de milhões de trabalhadores "ultraqualificados" dentro de 15 anos. O *slogan* "no século XXI é preciso mudar de profissão a cada cinco ou sete anos para se adaptar às mudanças econômicas induzidas pela IA" é terrivelmente ansiogênico para as classes populares e favorece partidos populistas e extremistas. As distâncias entre os Coletes Amarelos e a pequena elite da IA – muito móvel geograficamente e disputada no mercado global de cérebros – são um potente motor populista.

Por causa da IA, as classes médias e populares estão se tornando náufragos intelectuais abertos às mais exóticas aventuras políticas. Um dos três maiores especialistas em IA, Yoshua Bengio, expressou seu alarme em termos inequívocos na revista *L'Observateur*:[11] "Isso vai acontecer demasiado rápido para que as pessoas possam encerrar sua carreira ou se reciclar. Que reconversão profissional será possível para os motoristas de táxis ou dos veículos pesados na era dos transportes autô-

---

11   16 de maio de 2017.

nomos? Eles não poderão se tornar especialistas em dados!". Essa angústia aumenta dez vezes com o ChatGPT.

A revolução da IA favorece as elites intelectuais e enfraquece as pessoas mal preparadas para a economia do *big data*. Mas as elites recusam-se a admitir isso. O *Financial Times* revela que o Google ultrapassou a marca de 100 milhões de dólares de bônus para um único engenheiro talentoso. Embora não seja desejável ou agradável, essa evolução é lógica: entramos na sociedade do conhecimento que atribui um prêmio considerável aos indivíduos que possuem grandes capacidades intelectuais. No "capitalismo cognitivo" que se inicia, os cérebros biológicos capazes de gerir, organizar e regular as IA valem cada dia mais. O capitalismo do conhecimento gera mecanicamente desigualdades crescentes, enquanto o objetivo da economia é reduzir as desigualdades, o que passaria pela redução das desigualdades intelectuais mais do que pela tributação.

O geógrafo Christophe Guilluy descreve há anos o sofrimento da França periférica. Na verdade, existem três Franças: os vencedores da nova economia abrigados nas metrópoles onde se concentram as empresas ligadas à IA; os subúrbios povoados de comunidades; e a França periurbana e rural dos brancos suburbanos e empobrecidos que se autodenominam Coletes Amarelos. Emmanuel Macron deve sua ascensão aos vencedores do novo capitalismo cognitivo; isto é, a economia do conhecimento, da IA e do *big data*.

A revolução amarela foi grandemente facilitada pela reforma do Facebook. Mark Zuckerberg incentivou a construção de "grupos" destacando conteúdos compartilhados pelos amigos e pelas comunidades. "Um esquilo moribundo no seu quintal pode ser mais importante para você num determinado momento do que pessoas moribundas na África", diz ele para justificar essa evolução. Os Coletes Amarelos cresceram graças a essa transformação do Facebook, que se tornou uma ferramenta extraordinária para organizar "Rebeliões 2.0" em cada departamento, pois privilegia os conteúdos produzidos pela sua comunidade local.

Pouco estruturado, o movimento dos Coletes Amarelos logicamente perdeu força, mas o desespero dos "pequenos brancos" veio para ficar em todos os países ocidentais. Infelizmente, a resposta das elites é inadequada: zombar dos Coletes Amarelos, chamando-os de gado, inúteis e até mesmo estúpidos, e se preparar para uma secessão. As metrópoles estão se tornando cidadelas e projetos de ilhas artificiais ou de estações espaciais reservadas aos poderosos que florescem no Vale do Silício. Isso desenha um futuro como o *Elysium*.[12]

Microsoft, GPT4 e os Coletes Amarelos

Esta seria a fase final do declínio da democracia: a separação física dos *Gods and Useless*, descritos por Yuval Harari em *Homo Deus*. Os vencedores da economia da inteligência artificial produziram os Coletes Amarelos e, se não houvesse democracia, estariam prontos a abandoná--los. Em 23 de março de 2023, a Microsoft expressou preocupação com o fato de que o GPT4 acentua as desigualdades: "Por um lado, os poderes crescentes dos LLM, associados à sua disponibilidade limitada, ameaçam criar uma fratura da IA com uma crescente desigualdade entre os que têm e aqueles que não têm acesso aos sistemas. Se as potentes capacidades criadas pelos mais recentes modelos de IA só estiverem disponíveis para os grupos e os indivíduos privilegiados, os avanços da IA podem amplificar as divisões e as desigualdades sociais existentes".

A profunda crise testemunhada pelos Coletes Amarelos não está perto de acabar: a mestiçagem do Ocidente é irreversível, a revolução transumanista vai se acelerar e a degradação das classes médias e populares vai continuar. Isso vai durar pelo menos cem anos.

Só a política poderia ajudar a população a se adaptar a esse futuro vertiginoso. Infelizmente, ela está tão pouco preparada quanto os Coletes Amarelos.

---

12 Filme de Neill Blomkamp, 2013.

Políticos ultrapassados por um mundo que não compreendem

Os políticos ocupam o palco, mas já não fazem história. O verdadeiro poder estará cada vez mais nas mãos das gigantes digitais norte-americanas e asiáticas. *"Code is law"*, explicou Lawrence Lessig, professor em Harvard, em 2000. "O *software* está devorando o mundo", acrescentou em 2011 Marc Andreessen, criador do Mosaic e do Netscape, os dois primeiros navegadores de internet. Esses dois pensadores da sociedade digital compreenderam rapidamente que os sistemas especialistas, dominados por esses gigantes, controlariam todos os aspectos da vida dos cidadãos, particularmente suas relações com a lei e a política. Confrontados com essas tempestades tecnológicas, os responsáveis políticos não conseguiram perceber que mudamos de século.

O poder migra: quem realmente constrói e é dono do nosso futuro?

A engrenagem neurotecnológica na qual o mundo já está envolvido resulta numa transferência radical, embora silenciosa, do poder político.

A humanidade nunca enfrentou desafios maiores. Orientar nosso destino no longo prazo torna-se a tarefa política mais crucial. Mas a revolução NBIC que vai mudar radicalmente nossa civilização está sendo inventada nas costas do Pacífico, por iniciativa das gigantes digitais norte-americanas e dos dirigentes chineses que estão pilotando a estratégia BATX.

Por não compreender essas evoluções, o Estado permite que a tecnologia e seus pensadores estruturem a sociedade. Imperceptivelmente, o centro de gravidade do poder se desloca, uma vez que a tecnologia é mais forte do que a lei.

Os bilionários das plataformas digitais estão construindo a verdadeira lei: *GPT is Power*

A fusão entre a tecnologia e o direito é uma consequência perturbadora da extensão do lugar da IA. As regras essenciais já não emanam do governo, e sim das plataformas digitais. Que peso, com efeito, nossas leis têm sobre as mídias em relação às regras de filtragem da IA do Google e do Facebook? Que peso tem o direito da concorrência diante da IA da Amazon?[13] Quanto pesará, amanhã, o código da saúde pública diante dos algoritmos do DeepMind-Google ou do Baidu, que vão progredir a passos largos na IA médica?

É claro que as gigantes da IA estão construindo ecossistemas em torno de uma "torneira com IA" que elas bloqueiam.

O Estado ainda pode construir belas barreiras regulatórias para preservar o *status quo*? Além disso, os sistemas de IA são muito difíceis de auditar: os pesos e os comportamentos dos diferentes neurônios virtuais – existem frequentemente bilhões deles – mudam constantemente, tal como nossos neurônios biológicos mudam de comportamento em função da experiência e do ambiente. A lei vai ter de se reinventar para enquadrar a IA e, portanto, nossa vida. A governança, a regulamentação e o policiamento das plataformas de IA tornar-se-ão a parte essencial do trabalho parlamentar. Ao contrário dos algoritmos "à moda antiga", que têm poucas ramificações e são imprimíveis, avaliáveis e auditáveis, uma IA é um sistema demasiado complexo para ser analisado por métodos tradicionais. A documentação completa de um algoritmo de IA de *deep learning* seria de bilhões de bilhões de bilhões de páginas... obsoletas alguns instantes depois. A vida útil do nosso universo não seria suficiente para ler tudo.

A principal causa da perda de poder das instituições tradicionais reside na dessincronização dos tempos políticos, humanos e computa-

---

13   Mesmo que a comissão europeia tenha imposto uma multa recorde ao Google em junho de 2017.

cionais. Os responsáveis eleitos operam num mundo onde a temporalidade continua sendo a do século XIX.

Dessincronizações

Ao lado desse mundo institucional pouco ágil, o próprio tempo humano está em descompasso com a máquina. Para os humanos, aprender continua sendo um processo doloroso e lento. As habilidades do nosso cérebro são adquiridas ainda de maneira mais difícil.

A IA, por sua vez, está numa temporalidade incomensurável. Com o *deep learning*, a velocidade de evolução da IA é surpreendente. Ela leva apenas alguns minutos para coletar e processar montanhas de dados. A evolução da IA é para a aprendizagem humana e para o tempo institucional o que um piscar de olhos é para o crescimento de um carvalho adulto.

Essas dessincronizações são temíveis: elas deixam a política para trás, enquanto a economia e ainda mais a "esfera tecnológica" em plena autonomização já estão muito à frente.

Toda a filosofia política desde o Iluminismo insiste na necessidade de manter sempre contrapesos a cada poder. É bem conhecida a frase de Montesquieu: "É uma experiência eterna que todo homem que tem poder é levado a abusar dele; ele vai até que encontre os limites."[14] Mas Montesquieu nunca poderia ter previsto esta situação do início do terceiro milênio na qual a política está perdendo as verdadeiras alavancas do poder para potências privadas. Se quisermos resistir à onda de regimes autoritários e encontrar um equilíbrio harmonioso com as gigantes digitais, temos de reinventar a tecnologia política.

As regras essenciais que hoje estruturam nossa economia e nossas relações sociais emanam menos dos parlamentos do que das plataformas digitais. A atividade febril dos gabinetes ministeriais serve apenas para gerir os assuntos correntes. O código das plataformas digitais é a nova lei e não estamos entre os que a escrevem.

---

14   *L'Esprit des lois*, livro XI, capítulo IV.

As principais decisões que vão determinar o destino do nosso mundo são tomadas no Vale do Silício e não nos gabinetes dos dirigentes governamentais: quem será o mestre dos dados e das máquinas?

O Estado serve hoje sobretudo para garantir a ordem pública e redistribuir para compensar, da melhor forma possível, o abandono de parte da população. Ele não indica um rumo e não decide o futuro, mas esforça-se por servir de carro de apoio para os perdedores da globalização.

Antes donos dos relógios, os nossos governos estão paralisados diante desses novos atores: no topo do Estado, o analfabetismo tecnológico é a regra. Explosivas, as tecnologias NBIC nos levam para um mundo cada vez mais imprevisível que exige uma reinvenção do papel regulador do Estado. Incapaz de assumir seu papel de vigilante tecnológico, o Estado permite que um progresso tecnológico galopante imponha cada vez mais rapidamente a estrutura da sociedade. Sem que se perceba, o centro de gravidade do poder se desloca uma vez que a tecnologia é mais forte do que a lei. Governado pela emoção, pela urgência e pela pressão midiática, nosso sistema político está preso num círculo vicioso no qual a impotência leva a uma procura crescente de autoritarismo. O Estado não tem mais, portanto, legitimidade suficiente para cumprir sua tarefa de integrar os interesses de longo prazo da sociedade.

A política consiste antes de tudo – ou deveria consistir – em antecipar o futuro. Mas hoje estamos perante uma ruptura radical na nossa relação com o amanhã, uma reflexão que os Estados desistiram de organizar. Diante da investida do Vale do Silício, o Estado fica atordoado e não avança. É urgente renovar a pilotagem democrática, que se tornou prisioneira da tirania do curto prazo, que se mostra incapaz de pensar sobre a mudança civilizacional produzida pelas NBIC. Será possível, graças ao digital, reencantar a política antes que nosso destino seja bloqueado pelos grupos tecnológicos sem esquecer as ditaduras tecnológicas, que pensam há mil anos? Ou é preciso, pelo contrário, temer que a e-política mantenha o reinado do imediatismo sacrificando qualquer visão de longo prazo?

Diante do ChatGPT, as elites francesas são irresponsáveis

Em 29 de maio de 1453, Constantinopla, que era um dos últimos bastiões do cristianismo contra a ascensão do Islã, caiu nas mãos do sultão otomano Mehmet II. Enquanto as forças turcas se preparavam para entrar na cidade, dizem que os religiosos ortodoxos bizantinos discutiam interminavelmente a questão teológica, essencial aos seus olhos, do sexo dos anjos, o arquétipo da disputa bizantina.

Hoje estamos em situação semelhante: o debate político limita-se a detalhes secundários. Em termos de educação, ele está num completo descompasso com os desafios da reconversão social para enfrentar o tsunami tecnológico em andamento. Discutimos o sexo dos anjos no tempo do ChatGPT.

A desconexão das elites francesas é, infelizmente, uma realidade angustiante: elas estão completamente em descompasso com a revolução tecnológica resultante das NBIC. Podemos contar nos dedos de uma mão os políticos que dominam as questões tecnológicas. As questões que surgem são violentas e apenas as elites com um profundo conhecimento da tecnologia poderiam respondê-las. Seria preciso mais engenheiros no topo do Estado. Como sobreviver neste mundo dominado pelo GAFAM? Quem percebe que a Coreia do Sul investe duas vezes mais em pesquisa do que a França? O contraste é impressionante com os anos 1900, quando a França era a Califórnia do mundo, na vanguarda de todas as tecnologias (automóvel, avião, eletricidade, química, telefone, fotografia etc.). Como a França vai existir num século XXI em que as NBIC determinam a potência das nações? Como pilotamos o sistema de saúde num momento em que o Google decidiu matar a morte? Como formar nossos filhos que evoluirão num mundo onde a inteligência não será mais limitada? Como evitar a degradação diante das potências asiáticas que lançarão as guerras do cérebro ao otimizarem o genoma dos seus concidadãos? A verdade é que as NBIC vão abalar a civilização antes de 2050 e que nossas elites políticas nem sequer sabem o que elas significam.

Num mundo ultracomplexo, será difícil ser um cidadão esclarecido e ainda mais um político responsável sem uma compreensão mínima da ciência e da tecnologia. Pensávamos que a democracia era a vencedora da História, o ponto de chegada inevitável da marcha das civilizações. Agora ela está recuando contra todas as expectativas. Se não soubermos como impedi-la a tempo, a morte da democracia pode estar no final do caminho.

> ### Diante da IA, os políticos são como uma galinha que encontrou uma faca
>
> Não há área onde a fraqueza tecnológica dos políticos seja tão preocupante como a regulamentação da inteligência artificial. Um político que não domina a IA – ou que ainda pensa que a IA é um programa de computador banal – se tornará um perigo público, uma máquina de atiçar o populismo porque não terá controle algum sobre a realidade. A lei terá de se reinventar para enquadrar a IA e, portanto, nossa vida. A governança, a regulamentação e o policiamento das plataformas de IA serão uma parte essencial do trabalho parlamentar. Um bom parlamentar é necessariamente um bom conhecedor da IA.
>
> Os políticos não refletiram sobre os dilemas políticos da era da IA. O desejo de criar uma IA ética, explicável e certificável parece benevolente: e na realidade é ingênuo e suicida. Existem arbitragens complexas entre *privacy* e desempenho das IA, potência e explicabilidade dos algoritmos. É preciso tentar frear a guerra tecnológica? Ou preparar os europeus para ela? Se você tornar a IA transparente e certificável, limitará profundamente sua eficácia. O *Financial Times* recentemente publicou o seguinte: "Mark Zuckerberg, mais aprendiz do que feiticeiro". As grandes plataformas tornaram-se monstros que reproduzem nossos vieses humanos, mas querer evitar que o Facebook seja racista quando muitos dos seus utilizadores o são supõe dar um jeitinho na sua inteligência artificial, o que está longe de ser banal.

> Por outro lado, tornar as IA transparentes tornaria mais fácil hackear. É particularmente perigoso para o Google e o Facebook. Yann Le Cun[15] explica que o Facebook não poderia mais funcionar sem a IA que é onipresente na rede social. O fato de tornar públicos os detalhes técnicos facilitaria a manipulação política.
>
> Como a IA é uma tecnologia jovem, os políticos não a compreendem muito bem. Eles sofrem da síndrome de Dunning-Kruger ou efeito de excesso de confiança: quanto mais um indivíduo é ignorante num assunto, mais ele superestima sua compreensão dele. Isso explica as decisões aparentemente benevolentes e, na realidade, desastrosas que são tomadas – em Bruxelas e em Paris – na condução da revolução tecnológica. Não é por acaso que nenhum GAFAM é europeu.
>
> A União Soviética morreu por causa da concentração dos poderes e das informações em Moscou, que foi mortal diante da descentralização da economia de mercado. O capitalismo cognitivo mudou radicalmente as coisas: um poder é mais eficaz porque concentra dados, o que torna suas IA mais potentes, uma vez que é mais bem alimentada com dados. A China, que produz o dobro de dados que os Estados Unidos e a Europa juntos, goza de uma vantagem prodigiosa.

O ChatGPT é mais importante que as aposentadorias[16]

Os temas que ocupam o debate público raramente são aqueles que observadores informados considerariam os mais importantes. A atenção midiática, política e popular está no momento inteiramente voltada à reforma das aposentadorias. Ela não é nada comparada ao desafio que o ChatGPT representa. Será que estamos no ponto de encontro da história em formação? O ChatGPT levanta questões cujos efeitos poderiam ser sentidos em apenas alguns anos. Essa é a verdadeira urgência. O erro seria julgar os potenciais abalos da IA conversacional com base no seu

---

15 Diretor de pesquisa em IA no Facebook.

16 Desenvolvemos essa ideia com Olivier Babeau no *Le Figaro* de 8 de fevereiro de 2023.

desempenho atual. É a trajetória que importa. Se os resultados já são surpreendentes, eles serão ainda mais daqui a cinco anos. As competências humanas médias de redação, síntese e até criação serão rapidamente ultrapassadas. Elas estarão infinitamente disponíveis a custo zero. Em vez de se ferir com uma reforma previdenciária, afinal, homeopática, a classe política deveria lançar um ataque relâmpago industrial. Claro, é preciso adaptar o mundo empresarial, a escola e os hospitais à nova IA. Mas o modo de defesa não basta, precisamos mudar para o modo de ataque. É ainda mais importante aproveitar as oportunidades criadas por essa ruptura tecnológica. A fortaleza das GAFAM não é inexpugnável. Se a França se mobilizar rapidamente, ela pode, portanto, entrar na corrida durante a mudança de paradigma tecnológico que fragiliza temporariamente algumas GAFAM. A França perdeu todas as viradas tecnológicas dos últimos 30 anos, o que alimenta a nossa decadência. Ela deve ir para o combate. Ainda é possível entrar neste mercado. Isso não vai durar. É preciso agir rapidamente. O ChatGPT semeia uma onda de pânico entre as gigantes da rede, que se mobilizam para conservar seus monopólios. O Google está com medo e Sundar Pichai, seu presidente, até acionou o "código vermelho". Os fundadores do Google, Larry Page e Sergey Brin, foram chamados de volta com urgência para organizar o contra-ataque do grupo para recuperar o atraso. Todos os projetos foram suspensos para se concentrar na IA generativa. A Amazon não permanecerá inerte e pode mobilizar seu orçamento de pesquisa e desenvolvimento que se aproxima dos 40 bilhões de dólares por ano. Nos próximos cinco anos, a efervescência das inovações será extraordinária. A França tem uma oportunidade histórica de recuperar o atraso, desde que falemos menos sobre aposentadorias e mais sobre tecnologia. O que também supõe não nos esgotarmos em discussões estéreis sobre os desafios éticos e filosóficos da IA, enquanto nossos concorrentes vão desenvolver as fábricas intelectuais do futuro. Avancemos primeiro, depois regulamentaremos.

O economista Nicolas Bouzou lamenta: "O ChatGPT deve também constituir uma oportunidade para uma análise crítica sobre nosso debate público e sobre o estado da opinião. Duas áreas são cruciais. A da educação e do trabalho, dois campos que devem agora ser considerados indissociáveis. A segunda área é a da geopolítica. A esse respeito, a perda de influência da França é a consequência da sua perda de potência científica. Henry Kissinger (99 anos) identificou perfeitamente esse vínculo entre a produção das IA generativas e potência. Mas nos corredores do Quai d'Orsay,* isso ainda é uma não questão".[17]

Se os políticos dão más respostas, é também porque o nível deles está caindo de forma catastrófica. A gestão da sociedade hipertecnológica e ultracomplexa que a IA vai produzir exige capacidades excepcionais, mas a onda populista que a acompanha leva a opinião pública a exigir, pelo contrário, uma redução dos salários dos ministros e dos altos funcionários públicos. Os atuais mecanismos institucionais afugentam os políticos competentes.

A crise de adolescência do *Homo Deus* é acompanhada na Europa pela vergonha dos seus poderes prometeicos. Esse mundo ultracomplexo fornece a base para uma ideologia milenarista apocalíptica que agrava o declínio europeu. Nossa civilização, paralisada pela culpa, curva-se diante de um poderoso movimento de contestação dos valores fundamentais que ela encarnava. O inimigo já não está em nossas portas, ele está no meio de nós.

A nova guerra religiosa: *Homo Deus* contra Gaia

Nascida à sombra dos teóricos do Terceiro Reich, a ecologia tornou-se predominantemente esquerdista. Luc Ferry teorizou em 1992 essa lenta mudança. Por outro lado, a ideologia transumanista paz e amor e New Age dos anos 1960 e 1970 tornou-se liberal e pró-capitalismo.[18] Foi nessa época que Steve Jobs descobriu o LSD no *campus* de Stanford.

Hoje, a ecologia assume uma nova face. Ou melhor, serve de máscara para uma nova causa. Os ecologistas simpáticos e descolados deram

---

* N.E.: Quai d'Orsay é um cais na margem esquerda do rio Sena em Paris. É também uma metonímia do Ministério das Relações Exteriores.
17   Entrevista com Nicolas Bouzou, 25 de março de 2023.
18   A França é uma exceção: a Association Française Transhumaniste é mais de esquerda.

lugar a grupos de ativistas formados como um exército revolucionário. O projeto sonhador tornou-se um programa coletivista autoritário. A flor do chapéu foi substituída pelos capacetes e pelas bombas de fumaça dos *black blocks* e outros antifascistas vestidos de preto. Os métodos pacíficos foram abandonados em favor de técnicas espetaculares.

O estandarte verde não provoca mais risos. Ele aterroriza. A nova religião da Mãe Natureza, visceralmente anti-humanista, opõe-se diretamente à do Homem-Deus.

A guerra dos Deuses: em vez do Homo Deus, Gaia

Nos dois extremos do espectro, intelectuais e filósofos se enfrentam. No início do século XXI, os neomalthusianos colapsologistas se opõem aos transumanistas que sonham em colonizar o cosmos.

Os ecologistas colapsologistas estão convencidos de que a escassez de matérias-primas e de energia levará ao fim da nossa civilização.

Tecno-progressistas do Pacífico contra bioconservadores europeus

O tabuleiro político está se reconfigurando segundo um novo eixo.

Ao contrário dos colapsologistas, os transumanistas acreditam que limitar os nascimentos não é desejável: a conquista do espaço exigirá um enorme número de colonos. Elon Musk quer enviar 1 milhão de humanos para Marte; e Jeff Bezos, o homem mais rico do mundo, descreveu um futuro em que foguetes reutilizáveis como seu lançador Blue Origin permitiriam colonizar o cosmos e instalar 1 trilhão de seres humanos no espaço. A limitação dos nascimentos não seria, evidentemente, mais necessária. Para os transumanistas, o trabalho nunca morrerá, a aventura humana é ilimitada e o campo do nosso horizonte será expandido radicalmente.

As inovações tecnológicas decorrentes das NBIC ocorrem cada vez mais rapidamente. Elas são cada vez mais espetaculares e transgressoras, mas a sociedade as aceita com uma crescente facilidade: a humanidade é lançada num tobogã transgressor.

Até 2050, alguns choques biotecnológicos ainda mais espetaculares vão abalar a sociedade: regeneração dos órgãos pelas células-tronco, terapias gênicas, implantes cerebrais, técnicas antienvelhecimento, *design* genético de bebês sob demanda, fabricação de óvulos a partir de células da pele... "Melhor transumano do que morto" será nosso lema. O transumanismo, ideologia demiúrgica originária do Vale do Silício, que pretende lutar contra o envelhecimento e a morte, graças às NBIC, está em ascensão.

De forma inesperada, o polo conservador e reacionário dividiu-se em dois: um polo bioconservador, centrado na luta contra os novos costumes e os direitos concedidos às minorias sexuais, e um polo milenarista apocalíptico decorrente da ecologia política.

A tecnologia explode a divisão esquerda-direita

A divisão esquerda-direita foi superada no século XXI: em última análise, a oposição entre bioconservadores e transumanistas será a divisão política mais relevante do nosso século. Ela suplantará a oposição entre esquerda e direita que está se tornando fora de moda. Se no século XX a alternativa fundamental era, sem dúvida, escolher entre mais Estado e menos Estado, entre a confiança na potência pública ou na lei do mercado, entre a preeminência dada ao coletivo mais do que à liberdade individual, a exigência de solidariedade mais do que a responsabilidade, tais escolhas já não correspondem mais aos desafios essenciais da nossa sociedade. Opor direita e esquerda na era da neurorrevolução seria um anacronismo.

A oposição entre bioconservadores e transumanistas vai abalar o tabuleiro político, porque a gestão de nossos poderes demiúrgicos está em ruptura radical com a ideologia judaico-cristã que fundou a civilização europeia. Foi Luc Ferry quem primeiro explicou, no *A revolução transumanista,** que as NBIC geram oposições filosóficas e políticas perfeitamente legítimas que não opõem os mocinhos e os bandidos: vamos ser despedaçados.

---

* N.E.: Publicado pela Manole em 2018.

> Nenhum de nós pode dizer se é melhor tornar-se todo-poderoso e conquistar o universo para evitar sua morte, ou se é melhor cultivar suas roseiras enquanto brinca com seus netos, geração após geração, lendo Proust até a explosão do nosso Sol.
>
> Mas os transumanistas acabarão por tomar o poder. O poder demográfico porque viverão mais tempo por causa da aceitação ilimitada das tecnologias antienvelhecimento. O poder econômico e político, porque serão os primeiros a aceitar as tecnologias de neuroaprimoramento.[19]

O mundo está dividido em dois. A ideologia transumanista se impõe nas margens do Pacífico, enquanto a Europa se torna reacionária e venera Gaia. Na Europa, os tecno-progressistas estão se tornando párias. A ecologia apocalíptica venceu uma batalha.

Jean-Paul Oury lamenta: "A especialidade europeia em termos de novas tecnologias é, sem dúvida alguma, o medo do progresso científico e técnico. A Alemanha produziu Hans Jonas, o filósofo que apela à desconfiança no progresso científico. Foi na Itália que um escocês e um italiano se uniram para criar o Clube de Roma, que esteve na origem do relatório Meadows sobre a interrupção do crescimento. A França é um dos únicos países que introduziu o princípio da precaução e dispõe de verdadeiro talento em termos de ativismo anticientífico, e foram os franceses que inventaram a colapsologia. A Suécia é a pátria de Greta Thunberg, que quer 'que tenhamos medo'. Por fim, a Inglaterra deu origem ao grupo Extinction Rebellion, que se impôs como um modelo internacional em termos de desobediência civil...".

Estamos entrando na era dos gurus verdes, que maquiam a história, vendem o medo e promovem uma irracionalidade que serve suas intenções ocultas. O fim do mundo é um tema em pleno crescimento. Isso nos impede de pilotar a revolução tecnológica iniciada pelo ChatGPT.

---

19 Tecnologias para aumentar as habilidades cognitivas.

4

Maionese colapsológica: *1984* ao contrário

A pesquisa IFOP para a Fundação Jean-Jaurès de fevereiro de 2020 mostrou que 65% dos franceses concordam com a afirmação segundo a qual "a civilização tal como a conhecemos atualmente entrará em colapso nos próximos anos". Em 27 de dezembro de 2019, o jornal *Le Monde* tirou conclusões sobre essa perspectiva e perguntou a seus leitores: "Devemos estabelecer uma ditadura ambiental?".

No livro *1984*, romance de George Orwell, o Partido controla os arquivos e falsifica a verdade histórica; ele pratica a desinformação e a lavagem cerebral para assentar seu domínio. É a "mutabilidade do passado", pois "quem detém o passado detém o futuro".

Para o Partido, o passado não existe em si. É apenas uma lembrança nas mentes humanas. O mundo só existe através do pensamento humano e não tem realidade absoluta.

O Partido impõe uma ginástica mental aos homens; o "duplipensar", na novilíngua. Os arquivos são reescritos para obscurecer o passado e embelezar o presente. O jornal *The Times* é continuamente modificado para fazer a população acreditar, por exemplo, que o racionamento de chocolate aumenta quando diminui.

Os ecologistas fazem o contrário: embelezam o passado e escondem sistematicamente todas as melhorias do presente. Para dominar as almas, invertem a estratégia do Partido de *1984*. Com a mesma consequência de controle mental.

Nosso cérebro está bem adaptado à caça de mamutes e mal adaptado para resistir às pregações apocalípticas

Pensávamos viver em um século pacífico, que atingira a maioridade diante da tecnologia. O recuo da ciência diante das crenças e das emoções é uma das características mais marcantes do nosso tempo. Ele enfraquece os equilíbrios políticos e proporciona um terreno cognitivo perfeitamente preparado para os pregadores do apocalipse que se apresentam generosamente para tomar o poder a fim de nos salvar.

Vivemos uma crise cognitiva: nosso cérebro não está adaptado ao novo mundo. A ecologia política transforma nossos vieses cognitivos em ouro eleitoral!

Nossos vieses cognitivos são caminho aberto para ecologistas catastrofistas

Nosso cérebro é extremamente econômico em relação à energia. Para realizar determinada tarefa, um computador consome entre mil e um milhão de vezes mais energia do que nosso cérebro. Ele foi construído pela seleção darwiniana para perceber rapidamente uma cobra na mata ou atacar de forma eficaz o mamute, gastando o mínimo de energia possível, pois a comida era rara. Essa eficiência tem um custo: nosso cérebro simplifica muito a realidade, o que gera inúmeros vieses cognitivos. Nossa racionalidade é imperfeita por causa de nossos limites cognitivos. A abundância de informação do nosso tempo agrava nossos vieses cognitivos: não somos dotados de uma memória prodigiosa e de capacidades de abstração ilimitadas.

O sociólogo Gérald Bronner vem dissecando há anos os vieses de nosso cérebro. Nossa capacidade de compreender um mundo complexo é medíocre e a concorrência das mídias favorece as informações falsas.

O ser humano é um animal cognitivo que deseja dar sentido ao mundo e, em particular, aos infortúnios que o atingem. O tempo dos profetas nunca passou. O processamento da informação pode gerar vários erros cognitivos. A defasagem entre a lógica numérica e o bom senso nos engana. Nossa lógica não pode se resignar a seguir o cálculo matemático.[1] Certas verdades são escandalosas porque são contraintuitivas, enquanto as soluções falsas exercem uma atração irresistível. O efeito Otelo[2] é muito bem utilizado pelos Verdes. Nosso cérebro está pronto para acreditar em elementos improváveis que nos são repetidos regularmente. Os colapsologistas tornam verossímil o que inicialmente nos parecia impossível. Além disso, os Verdes praticam o *cherry-picking*, selecionando apenas as informações que lhes são favoráveis.

A exposição à radiação nuclear, apesar de Chernobyl, todos os anos causa muito menos mortes na Europa do que a exposição à radiação solar. A opinião pública está aterrorizada com as consequências de Chernobyl e indiferente aos raios solares que causam 50 mil tumores de pele por ano na França.

A internet agrava nossos vieses cognitivos

O declínio dos grandes sistemas ideológicos e religiosos fez aparecer mecanicamente novas visões que dão sentido ao mundo. O viés de confirmação é sem dúvida o mais generalizado e o mais determinante nos processos que perpetuam as crenças: para provar uma ideia, recorremos prontamente a um enunciado que a confirme, em vez de um enunciado que a refute. Nossa "avareza cognitiva" nos leva a aceitar enunciados questionáveis porque nos falta motivação para nos tornarmos especialistas. As crenças oferecem soluções que seguem as inclinações naturais da mente; elas muitas vezes produzirão um efeito cognitivo muito vantajoso em relação ao esforço mental envolvido. Uma vez que uma ideia é aceita,

---

1   O paradoxo de Saint-Pétersbourg é um bom exemplo disso.
2   Herói shakespeariano, Otelo acaba acreditando no impossível de tanto ouvi-lo e mata sua adorada esposa.

> é muito comum perseverarmos em sua crença. Faremos isso ainda mais facilmente porque a avalanche de dados torna muito fácil encontrar conteúdos digitais que confirmam nossas crenças.
>
> A superabundância da informação dificulta sua verificação e gera um labirinto cognitivo no qual a maioria das pessoas se perde. A competição entre crenças e conhecimentos na internet é desleal. Os *sites* que defendem as crenças se sobrepõem sempre aos *sites* científicos. Qualquer que seja o tema estudado por Gérald Bronner – monstro do Lago Ness, Santo Sudário, OGM [organismos geneticamente modificados], Yeti, telepatia, perigo das ondas – há 70% de *sites* crédulos. A facilidade de acesso à informação favorece as crenças. Essa concorrência desleal no mercado cognitivo está ligada à motivação dos crentes, que é superior à dos cientistas e dos céticos. Os cientistas se mobilizam menos do que os militantes da inquietude, o que reforça as convicções daqueles que temem os OGM, o aspartame ou as ondas.
>
> A partir de agora, a verdade é decretada pelo medidor de aplausos e as ideias são classificadas de acordo com a pontuação da audiência. O princípio da precaução lisonjeia nossos reflexos menos honrosos. Em suma, quanto mais uma explicação é monocausal, lisonjeia nossos vieses cognitivos, brinca com nossos medos e nossas indignações, mais rápido a aceitaremos. Nosso cérebro está pronto para aceitar o apocalipse verde.

A estrutura do ChatGPT é compreendida por menos de cem franceses

Essa crise cognitiva vai piorar. O ChatGPT é o último avatar dessas tecnologias cuja compreensão agora nos escapa. Uma patente de 1780, então chamada de carta-patente, era compreensível para 95% dos franceses: são três parafusos, uma engrenagem... Uma patente de 2023 sobre o *design* dos microprocessadores, as terapias genéticas contra o câncer ou o computador quântico é compreensível, na melhor das hipóteses, por 1% dos franceses. Poucos entendem como funcionam as redes neurais dos *large learning model* (LLM): cerca de cem, no máximo. A ultracomplexidade do mundo estimula o mercado do medo.

O mundo é tão complexo que se torna opaco para a maioria das pessoas. É ainda mais fácil convencê-las com sofismas banais e demagogia de botequim. A mente assustada perde o controle e torna-se disposta a renunciar a tudo para saborear a alegria de ter a impressão de compreender.

A história pintada de rosa para obscurecer melhor o presente

As ditaduras de ontem reescreviam o passado para que um presente sombrio fosse aceito. A emergente ditadura verde inaugura uma nova técnica: muda o passado para desvalorizar melhor um presente formidável. Os mercadores do medo convenceram os franceses de que vivemos um período horrível da história, o que é falso! O Papa Francisco não vive dizendo que o capitalismo é o esterco do diabo? Na realidade, o mundo nunca foi tão gentil, a criminalidade diminuiu, a desnutrição diminuiu e a seguridade social nunca foi tão generosa.

Você realmente gostaria de viver no passado?

Vamos dar uma olhada mais de perto nesse passado idealizado.

Em 1800, mesmo nos países mais ricos, a taxa de pobreza era consideravelmente mais elevada do que nos países pobres de hoje. Nos Estados Unidos e na Europa, 40 a 70% da população vivia na extrema pobreza. Os pobres, os sem-teto e os vagabundos miseráveis representavam entre 10 e 20% da população ocidental. Em 1950, 27% de todas as crianças do planeta morriam antes dos 15 anos.

Johan Norberg e Steven Pinker lembram-nos que a violência era onipresente. Os caçadores de bruxas na França e na Alemanha mataram entre 60 e 100 mil acusadas. Os sítios arqueológicos mostram a extrema violência do passado. Entre 1440 e 1524, os astecas sacrificaram um total de 1,2 milhão de seres humanos. A violência afetava todos os níveis da sociedade: dos 49 imperadores romanos, 34 acabaram assassinados.

A taxa de criminalidade, lembra-nos Steven Pinker, foi dividida por 30 a 100 vezes desde a Idade Média.

A qualidade e o conforto de vida eram deploráveis. Ainda em 1882, apenas 2% dos nova-iorquinos tinham água corrente. As maiores cidades eram esgotos a céu aberto. Em 1900, os cavalos espalhavam mais de mil toneladas de esterco nas ruas de Nova York todos os dias. Os carregadores de água iam se abastecer no Sena próximos das latrinas. Em 1832, a epidemia de cólera em Paris causou até mil mortes por dia e matou 25 mil londrinos.

A história da medicina é edificante.

Em 1740, 30% das crianças francesas morriam antes de completar um ano de idade.

Um arranhão de bala nos campos de batalha napoleônicos levava à amputação sem anestesia!

Napoleão III morreu em 1873 de uma urolitíase boba.

Até a invenção da apendicectomia, por Charles Krafft em 1888, 99% das apendicites agudas resultavam em morte.

Cem por cento dos diabéticos dependentes de insulina morria após uma terrível agonia até a síntese da insulina em 1922.

Em 1950, todas as crianças com leucemia morriam em poucas semanas; e quase todas são curadas hoje!

Até a invenção dos neurolépticos, em 1950, muitos esquizofrênicos – há 500 mil na França – eram amarrados nas famigeradas camisas de força.

Em 1955, os Alpes ainda estavam repletos de sanatórios nos quais os pacientes com tuberculose aguardavam docilmente uma morte iminente.

Até o desenvolvimento da vacina, em 1955, a poliomielite era responsável por paralisias respiratórias extremamente graves em crianças que tinham de passar anos em horríveis pulmões de ferro, onde apenas a cabeça ficava exposta ao ar livre. Três doentes que foram infectados antes do desenvolvimento da vacina ainda são prisioneiros desses pulmões de ferro.

Em 1985, a expectativa de vida das pessoas com Aids era de 11 meses. Antes da vacina, a hepatite B matava 500 jovens franceses todos os anos.

Não dê ouvidos aos intelectuais apocalípticos: a vida nunca foi tão maravilhosa. Para se convencer disso, corra e baixe um livro sobre a história da medicina. Pois não, não era melhor antes! Antes era horrível!

A vida nunca foi tão bela: um trabalhador de 2023 vive melhor que Luís XIV

O Rei Sol era todo-poderoso e tinha mansões magníficas mantidas por inúmeros empregados. Mas sua vida era realmente difícil. Fazia muito frio em Versalhes no inverno: o vinho congelava na mesa do rei. O cheiro era pestilento naquele castelo sem higiene; apenas os perfumes mascaravam essa situação de forma muito imperfeita. As viagens eram intermináveis em carruagens terrivelmente desconfortáveis. A viagem do rei para se casar em Saint-Jean-de-Luz durou semanas; um trabalhador pode fazer Paris–Biarritz em 75 minutos por 25 euros. O rei tinha muito menos informações e distrações do que um trabalhador em 2023 equipado com um *smartphone* barato.

Se Luís XV é bisneto de Luís XIV é porque sua família foi dizimada pela varíola, pela rubéola e por outras doenças muitas vezes fatais na época. Desde 1660, ele esteve constantemente doente. A dentição de Luís XIV, desde muito cedo, ficou em péssimo estado. A partir dos 45 anos não tinha mais dentes: a odontologia da época limitava-se à remoção dos "dentes podres", sem analgésicos. O Rei Sol sofreu de múltiplos problemas de saúde, cujo tratamento seria hoje indolor, imediato e reembolsado 100% pela seguridade social. E a agonia interminável e excruciante do rei por causa da necrose da perna seria hoje evitada graças a uma operação de cirurgia vascular simples.

O homem luta contra a natureza há um milhão de anos e deve continuar

A luta ecológica é agora acompanhada por uma divinização da natureza que é considerada como benevolente em essência. Que loucura! Era horrível quando o homem estava submetido à natureza! A modernidade começou quando nos libertamos da natureza.

Os mercadores do medo convenceram os franceses de que vivemos numa época infernal, ao passo que a existência nunca foi tão doce como desde que combatemos a natureza. Os óculos, o sabonete, o aquecedor, as vacinas, os medicamentos e os banheiros não são naturais. As doenças são: o câncer, a tuberculose, a Aids, a hepatite, o tétano são perfeitamente naturais.

Isso deixa Jean-Pierre Riou em pânico: "Ao contrário do século do Iluminismo, do seu culto à razão, ao conhecimento e ao progresso, o século XXI emergente exibe agora sua desconfiança da ciência. Em nome do deus Natureza, este século marca o retorno da culpa do ser humano, nefasta por essência ao seu meio ambiente, e sua necessária contrição, ligada ao mito de um apocalipse pelo qual ele é responsável. E a ecologia política precipitou-se nessa brecha, brandindo tanto o espectro do fim do mundo quanto as delícias de um paraíso perdido".

O ecologismo tornou-se um anti-humanismo, como explicou Luc Ferry em *Le nouvel ordre écologique* [A nova ordem ecológica]. Tornar sagrado tudo o que não é humano tem uma consequência terrível: transforma em sacrilégio a menor intervenção do homem na Terra. Para completar o trabalho de manipulação das mentes, é essencial tornar as pessoas cegas a tudo o que possa ser interpretado como uma prova da pertinência da ação humana no planeta.

As boas notícias estão escondidas

A opinião pública entra em pânico ainda mais facilmente quando todas as informações positivas lhe são cuidadosamente dissimuladas.

É fundamental, para que a propaganda funcione, que todos sejam persuadidos de que vivemos no inferno.

Como explica Max Roser, economista de Oxford: "Se lhe fosse dada a oportunidade de escolher o período em que poderia nascer, seria realmente arriscado escolher um período diferente do nosso nas milhares de gerações do passado".

Todos os critérios de desenvolvimento humano estão com o sinal verde. A taxa de pobreza nunca foi tão baixa. A alfabetização nunca foi tão alta. O padrão de vida médio está mais alto do que nunca. A expectativa de vida mundial mais do que duplicou desde 1900 e atingiu um máximo histórico. A mortalidade infantil é mais baixa do que nunca. Todos os dias, mais 280 mil pessoas têm acesso à água corrente, 325 mil pessoas têm acesso à eletricidade e 650 mil têm acesso à internet pela primeira vez.

A mortalidade por desastres naturais está no seu nível mais baixo. Entre 1931 e 2022, o número de vítimas de desastres naturais despencou: 4 milhões de mortos em 1931, 10 mil em 2019. Tendo em conta a triplicação da população desde os anos 1930, isso corresponde a uma divisão por mil das vítimas humanas de catástrofes naturais. É fascinante constatar que as mídias convenceram a opinião pública de que o aquecimento global é acompanhado por uma explosão no número de vítimas de catástrofes naturais.

Uma criança nascida hoje tem mais probabilidades de atingir a idade da aposentadoria do que seus antepassados tinham de viver até os 5 anos

Os economistas da felicidade e intelectuais otimistas – Steven Pinker, Johan Norberg, Nicolas Bouzou, Matt Ridley, Bruno Tertrais, Max Roser, Jacques Lecomte, Sylvie Brunel – se esgoelam para nos lembrar o quão feliz é o nosso presente.

Mathieu Laine explica no prefácio do livro de Johan Norberg[3] que a sociedade subestima os progressos sociais. A extrema pobreza está diminuindo, passando de 42% da população mundial que dispunha de 1,90 dólar por dia em 1981 a 10,7% em 2013; o iletrismo – falta de domínio da leitura e dos números apesar da instrução – está em queda livre: em 1800, 88% de iletrados no mundo; em 1900, 79%; em 2014, 15%; a riqueza das famílias aumentou em 250 trilhões entre 2000 e 2015; o número de crianças entre os 5 e os 17 anos que trabalham em todo o mundo passou de 246 milhões em 2000 para 134 milhões em 2016.

Os únicos perdedores da revolução industrial foram comidos: os cavalos

Embora a população mundial tenha aumentado sete vezes, a taxa de pobreza diminuiu dez vezes! Os avanços na medicina, na urbanização e no enriquecimento dos Estados também ajudaram a melhorar muito a qualidade de vida de todos; em dois séculos, a expectativa de vida duplicou nos locais mais pobres e o iletrismo diminuiu em toda parte.

Max Roser e Pierre Bentata[4] mostraram que as boas notícias estão aumentando.

A quantidade de petróleo derramado nos oceanos pelos vazamentos foi reduzida em 99% desde 1970. Após a previsão da morte das florestas da Europa nos anos 1980, muitos temiam que as chuvas ácidas transformassem as áreas florestais em desertos químicos. A queda da poluição evitou essa tragédia. Na União Europeia, as áreas de acidificação excessiva caíram de 43% para 7% desde 1980, e a proliferação de algas nos rios e nos lagos está diminuindo. Na Europa, a área florestal aumenta mais de 0,3% ao ano. A taxa anual de perda florestal em todo o mundo desacelerou, passando de 0,18% para 0,008% desde o início dos anos 1990. Na China, a cobertura florestal já está aumentando em mais de 2 milhões de hectares por ano.

---

3   Johan Norberg, *Non ce n'était pas mieux avant*, Place des éditeurs, 2017.
4   www.ourworldindata.com

Desde 1870, o europeu médio começou a ganhar 1 centímetro por década, passando de 1,67 metro para 1,79 metro atual. Por volta de 1970, a desidratação causada pela diarreia matava uma em cada dez crianças nos países pobres antes dos 5 anos de idade. A água filtrada e clorada é responsável por 74% da redução da mortalidade infantil.

Ao longo do século XX, a probabilidade de um norte-americano morrer num acidente de carro caiu 96%, a de ser atropelado numa calçada caiu 88%; a de morrer num acidente de avião, 99%; a de morrer num incêndio, 92%; a de se afogar, 90%; a de morrer por asfixia, 92%; e a de morrer por acidente de trabalho, 95%. O risco de morrer atingido por um raio caiu 96%.

Em 1900, 12% da população mundial sabia ler e escrever, hoje são quase 90%. A riqueza *per capita* aumentou apenas 50% entre o início da era cristã e o reinado de Napoleão. Em 1820, a riqueza *per capita* dos países mais ricos da Europa ocidental girava em torno de 1.500 e 2.000 dólares. É menos do que hoje em Moçambique e no Paquistão. Em média, os habitantes do planeta viviam numa pobreza extrema, comparável à da população atual do Haiti, da Libéria e do Zimbábue.

O progresso atinge agora a maior parte do planeta. Hoje, um mexicano vive melhor do que um britânico em 1955. O rendimento de um botsuanês é superior ao de um finlandês na mesma época. A mortalidade infantil no Nepal é inferior à da Itália em 1912, lembra-nos Bruno Tertrais.

Na realidade, os perdedores da revolução industrial não são os trabalhadores que viram seu nível de vida explodir. Os verdadeiros perdedores foram comidos: os cavalos.

A poluição do ar desaba: o ar nunca foi tão puro em Paris

Uma pesquisa do IFOP mostra que 88% dos franceses pensam que a poluição do ar está aumentando nas nossas cidades, apenas 3% acreditam que está diminuindo. Os boletins da Airparif mostram que a poluição está desaparecendo rapidamente do ar na capital. Os seis poluentes que atormentam a opinião pública – SO_2, chumbo, monóxido de carbono, benzeno, óxidos de azoto, partículas finas – estão em queda livre.

Todos se esqueceram de que a poluição era muito mais dramática na década de 1950. O Grande Nevoeiro de 1952, por exemplo, cobriu Londres de sexta-feira, 5 de dezembro, até terça-feira, 9 de dezembro de 1952 e matou 12 mil habitantes.

A loucura catastrófica convenceu os moradores das cidades de que correm um perigo imenso quando a poluição do ar está desaparecendo.

A revolução verde foi fantástica

A fome era um fenômeno universal e regular. A França passou por 26 fomes nacionais no século XI, duas no século XII, quatro no século XIV, sete no século XV, treze no século XVI, onze no século XVII e dezesseis no século XVIII. A cada século, ocorriam também várias centenas de fomes regionais. No centro da França, em 1662, consumia-se carne humana, lembra Fernand Braudel. Na Finlândia, entre 1695 e 1697, quase um terço da população sucumbiu à fome e a Suécia conheceu o canibalismo. Mais próximo de nossa época, a fome chinesa sob Mao Zedong, de 1958 a 1961, matou 50 milhões de seres humanos e a expectativa de vida perdeu 20 anos: é o último período de canibalismo significativo[5] na história da humanidade.

A "Revolução Verde",[6] cujo pai, Norman Borlaug, foi coroado com o Prêmio Nobel da Paz em 1970, resultará no desaparecimento da fome. A Índia passou de 500 milhões para 1,3 bilhão de habitantes, sua economia cresceu dez vezes, sua produção de trigo quintuplicou. A Revolução Verde pouparia centenas de milhões de humanos da fome e da morte. O progresso científico desmentiu o malthusianismo ecológico; a humanidade está mais bem alimentada do que nunca.

Norman Borlaug é a primeira pessoa na história a salvar um bilhão de vidas humanas. O aumento da produtividade agrícola é tão espetacu-

---

5   Os banquetes canibais revolucionários de 1968 que fizeram 421 vítimas tinham motivações políticas: a fome tinha desaparecido na China.
6   Uma combinação de novas variedades de cereais, mecanização, fertilizantes e pesticidas resultou em aumentos consideráveis na produtividade.

lar que produzimos mais em menos terra. Foi isso que permitiu à floresta francesa duplicar sua superfície desde 1830!

Essas boas notícias não recebem boa publicidade e parecem escandalosas. Só se fala no fim do mundo. O apocalipse é rentável.

A era dos gurus verdes: o apocalipse na alegria

Gurus verdes e profetas da destruição já existem há muito tempo. Os anos 1960 e 1970 viram muitos deles florescerem. O claro fracasso de suas previsões acalmou o entusiasmo catastrófico durante algum tempo.

E então chegou uma nova onda a partir do ano 2000, na confluência da ecologia política e da extrema-esquerda em busca de um modelo após o fracasso dos regimes marxistas.

Ecoteologia

Esses movimentos de funcionamento sectário florescem no solo fértil do anticapitalismo e das aspirações coletivistas. A ideologia verde funciona exatamente como uma nova religião. A colapsologia é fundamentalmente uma ideologia religiosa... mas, em vez de pedir perdão a Deus, pedimos perdão à natureza.

A ecologia, tal como é apresentada, assemelha-se a uma ideologia religiosa que é tão radical quanto perigosa. Ela desperta delírios de mortificação em seus discípulos que os predispõem a qualquer sacrifício, explica Sylvie Brunel. Doravante, a ecologia tem todas as características de uma religião: arrependimento, mortificação, catecismo, apocalipse, contrição.

Essa mudança radical aflige Bruno Durieux, ex-ministro de François Mitterrand: "Em essência, o ecologismo também é religioso. Como religião, ele não tem o que fazer, seja lá o que ele pretenda, com as conquistas da ecologia científica, mero enfeite para ele. A característica de uma religião, a fé, é admitir um sistema de pensamento e de regras, sem exigir demonstração, prova ou realidade tangível. O ecologismo é a ecologia despojada de seu rigor, transfigurada pela revelação. Estamos lidando com uma fé, uma mística, crenças, visões. O ecologismo é uma religião jovem, cuja expansão tem sido deslumbrante, irresistível, global. Seus cleros foram rapidamente estabelecidos e organizados; e suas capelas instaladas e multiplicadas em todos os continentes. Condenando o antropocentrismo, ele compete com as religiões do Livro. Ele já tem seus santos e seus mártires, seus cruzados e seus inquisidores, seus penitentes, seus diabos, seus incrédulos e seus apóstatas, suas apoteoses, sua Bíblia. Tem, como qualquer religião influente, seus falsos devotos, devotos oportunistas que procuram uma cobertura para seus próprios intentos (sair do capitalismo, conquistar o poder, enriquecer, ocupar uma posição etc.). Cada dia traz uma revelação, geralmente um flagelo ou uma calamidade, oprimindo o povo ecologista pecador e exigindo dele uma maior piedade; uma revelação que acrescenta um novo versículo aos livros sagrados".

Para os colapsologistas, o nosso futuro é a pré-história

Seu caminho é o beco sem saída da civilização. O bloqueio das tecnologias NBIC teria as mesmas consequências que a proibição da impressão entre 1455 e 1727 teve para o império Otomano.

Na realidade, os ecologistas são fascinados pelo fim do mundo. Como explicou o intelectual ecologista Bruno Latour no jornal *Le Monde*: "O apocalipse é entusiasmante".[7] Bem, não, o discurso colapsológico não é entusiasmante; ele está conduzindo a Europa ao suicídio e os nossos filhos aos antidepressivos.

---

7   31 de maio de 2019.

5

Na era do ChatGPT, o *software* verde é arcaico

Para levar os eleitores à cruzada, a ecologia política optou por aterrorizá-los. O que poderia ser melhor do que a perspectiva de bilhões de mortes para apavorar e subjugar as mentes? A rota verde leva a pegar a rodovia do futuro na direção contrária. No entanto, o ChatGPT nos dá as chaves de uma verdadeira Fórmula 1 rumo ao futuro, se tivermos coragem de dirigir. Ainda é preciso ter representações exatas dessas tecnologias, em vez de as fazermos desempenhar o papel de novos espantalhos.

Um vocabulário genocida

Os ecologistas europeus produzem continuamente profetas que anunciam o fim do mundo. A militante Fred Vargas explica que com 1,5 grau mais quente, metade da humanidade morrerá por causa do aquecimento global e 6 bilhões com mais 2 graus. No *Le Parisien*, Yves Cochet, ministro do Meio Ambiente de Lionel Jospin, prevê o colapso inevitável da nossa sociedade: "Para os colapsologistas como eu, há uma chance em duas de que a humanidade não exista mais em 2050. Em vez de sermos 10 bilhões em 2050, seremos apenas 2 ou 3 bilhões". O movimento

Extinction Rebellion afirma que o genocídio climático matará vários bilhões de seres humanos nos próximos anos.

A ecologia política afirma que o aquecimento climático produzirá o equivalente a mil Holocaustos. E para evitar mil Holocaustos, tudo é legítimo. Exigem um "Nuremberg do clima" para julgar os céticos. Porque duvidar do consenso ecológico seria nada menos que um "crime contra a humanidade".

Impor uma visão maniqueísta do mundo é necessário se quisermos atrair todos para o nosso lado. Não deve haver meio-termo. Do mesmo modo que Sartre afirmava que todo anticomunista é um cachorro, todo cidadão deve ser um ecologista de corpo e alma, ou então será um inimigo.

Michel e Monique Pinçon-Charlot, conhecidos sociólogos do CNRS, explicam no jornal *L'Humanité*:[1] "A mudança climática, pela qual os capitalistas, que saquearam os recursos naturais para enriquecer, são os únicos responsáveis, constitui sua arma definitiva para eliminar a parte mais pobre da humanidade que se tornou inútil na era dos robôs e da automatização generalizada. A inteligência artificial reinará então sobre um planeta a serviço dos ricos sobreviventes, depois de furacões, tempestades, inundações e incêndios gigantescos terem feito o trabalho sujo". Nenhum ecologista se insurgiu contra esse delírio conspiratório.

Um totalitarismo pintado de verde

Essa visão do mundo é uma alavanca formidável para impor uma sociedade totalitária.

O jornalista Stéphane Foucart explica no *Le Monde* de 3 de janeiro de 2019: a alternativa é sombria, renunciar à atual forma de democracia para conter o aquecimento climático ou esperar que este leve a melhor sobre a democracia?[2] A triste constatação é clara: a liberdade já não in-

---

1   Michel Pinçon-Charlot morreu em 22 de setembro de 2022.
2   O economista Pierre Bentata mostrou como os profetas do infortúnio incitam políticas autoritárias. Muitos estudos mostram que períodos de ansiedade social tendem a aumentar o desejo de submissão à autoridade. Alguns indivíduos estão dispostos a renunciar às liberdades em benefício de um sentimento de segurança concedido por uma autoridade tutelar.

teressa a muitas pessoas. Ela é apontada como a responsável pela maioria dos males. Estamos perplexos pela forma como a ecologia militante promove, em nome da salvação do planeta, uma série de medidas liberticidas que teriam extasiado Stalin. O fim do mundo justifica a redução das liberdades.

O projeto verde é a Idade Média mais os sovietes...

A França, terra de abundância onde o modo de vida é dos mais agradáveis, a gastronomia excepcional e as paisagens magníficas, vive em constante depressão. O apocalipse está ali na esquina e até os afegãos estão mais otimistas! Todas as pesquisas mostram o temor de uma catástrofe iminente.

As retóricas desgastadas que causaram dezenas de milhões de mortes há menos de cem anos estão renascendo depois de terem sido apressadamente pintadas de verde.

Um ideal sobrevivencialista medieval quando temos de nos adaptar a um mundo de hipercrescimento

O decrescimento é um beco sem saída. O programa dos Verdes não resolverá os problemas ecológicos. Por outro lado, seria letal para nossa civilização.

O ecologismo é fundamental e explicitamente uma reação ao progresso e ao crescimento, uma forma de ódio à modernidade. Historicamente, o pensamento de esquerda tem uma ambição libertadora, emancipatória, redistributiva e progressista. É paradoxal vê-lo lado a lado com o conservadorismo e a reação ecologistas. Desde o colapso da doutrina marxista e do comunismo, a esquerda deve renovar sua crítica ao liberalismo e à economia de mercado; ele deve encontrar novas referências ideológicas. Ele precisa de um substituto ao marxismo. Ele opta pelo ecologismo que é um esquerdismo reacionário,[3] lamenta Bruno Durieux.

---

3   Como Luc Ferry e Drieu Godefridi também demonstraram.

Esse fascínio pelo decrescimento surge num momento em que o ChatGPT vai gerar uma explosão de inovações e acelerar o crescimento econômico.

Masoquismo verde

Para além de justificar o recuo das liberdades, a ecologia política compete na imaginação para reduzir nosso conforto e as pequenas alegrias consumistas. A dimensão sadomasoquista é perturbadora. Tem que doer. Sem sofrimento, parece que nada presta.

O programa da ecologia política é um inacreditável concentrado de más notícias e de falsas boas ideias: organizar o decrescimento, ou seja, a queda do poder de compra; reduzir a demografia europeia para melhor acolher os migrantes; reduzir a população limitando os tratamentos aos idosos muito doentes; bloquear a maioria das tecnologias de ponta – OGM, nuclear, espacial, aeronáutica, digital, 5G...; reduzir as trocas comerciais e os transportes; limitar as liberdades individuais para diminuir a pegada de carbono dos cidadãos; promover tecnologias ancestrais frugais...

Um dos grupos que apoia Greta Thunberg, *The People's demands for climate justice*, deixa claro os objetivos. O programa exclui todas as medidas tecnológicas que permitem a redução dos gases de efeito estufa que evitam o decrescimento e a queda do poder de compra. Apenas as medidas de decrescimento são aceitáveis. Em especial, a pesquisa sobre formas de armazenar CO_2 deve ser formalmente proibida. As tecnologias agrícolas que poupam CO_2 também devem ser banidas. Somente a flagelação que leva ao decrescimento é aceitável. O ecologista Bruno Latour chegou mesmo a propor que se usasse a camisa de força contra os cientistas favoráveis à geoengenharia.

O ecologista Jean-Marc Jancovici explica o medo que lhe inspiram as novas tecnologias energéticas que não emitem CO_2, como a energia de fusão: "Uma energia ilimitada seria uma catástrofe! Isso significaria que todos nós nos tornaríamos o Super-homem. Ao menor conflito, a

Terra mergulharia numa batalha de titãs!". Aurélien Barrau acha que a descoberta de uma energia gratuita e não poluente seria dramática.[4]

Da mesma forma, devem ser proibidas todas as técnicas que permitam reduzir o CO_2 sem quebrar o crescimento. Para os ecologistas, reduzir o CO_2 graças à ciência é como trair a deusa Gaia.

Os Verdes estão construindo um tobogã para o populismo

O caos criado na mente pelos delírios verdes está preparando o advento de uma mudança política radical.

A esquerda deixou de ser favorável ao progresso na virada dos anos 1990. É preciso reconhecer que repetir "vamos todos morrer", é mais simples do que explicar como lutar contra a liderança tecnológica chinesa para manter o poder de compra dos Coletes Amarelos!

O carbono torna-se o equivalente da vontade de Deus no passado: a razão última que pode justificar tudo, que legitima o clero, que por sua vez invoca a autoridade dele e tenta governar as nossas vidas.

O ódio à humanidade está sempre por perto. No entanto, a humanidade deve se amar para enquadrar o ChatGPT

Luc Ferry mostrou o quanto o amor pela natureza pode, às vezes, encobrir o ódio pelo ser humano. Convencido de que a Terra deve vir antes do ser humano, o conhecido anarco-ecologista Theodore Kaczynski, conhecido como Unabomber, realizou uma série de atentados mortíferos. O manifesto de Unabomber, *The Road to Revolution*, constitui uma bíblia do radicalismo verde. Unabomber explicava em 2009: "Um pequeno desastre agora impedirá um maior no futuro".

Para ecologistas antiespecistas como Peter Singer, não há diferença entre humanos e animais. Para eles, os animais não devem ser submetidos a nenhum teste em laboratório: é preferível realizá-los em crianças ou pessoas com deficiência intelectual.

---

4   *Grandes conférences liégeoises*, fevereiro de 2020.

Alguns ecologistas defendem a interrupção da reprodução da espécie. John Holdren, conselheiro científico do presidente Obama, certa vez foi favorável ao estabelecimento de um governo mundial que pudesse fazer uso maciço da esterilização forçada para reduzir a população humana.

Para os ecologistas radicais, a humanidade é um câncer na Terra. A Igreja da eutanásia defende que todos nós cometamos suicídio para deixar uma natureza imaculada. Sua palavra de ordem é simples: "Poupe o planeta, mate-se!". Essa Igreja, reconhecida oficialmente nos Estados Unidos, propõe o humanicídio contra o ecocídio. Outros ativistas anti-humanos estão agrupados dentro do VHEMT (*Volontary Human Extinction Movement* [Movimento Voluntário de Extinção Humana]) que apela aos humanos que se abstenham de se reproduzir para provocar a extinção da humanidade a fim de evitar a degradação ambiental.

O Gaia Liberation Front [Frente de Libertação de Gaia], por exemplo, incentiva seus seguidores a praticarem o suicídio ou o aborto a fim de reduzir a ameaça humana. Esse tipo de grupo condena a indústria farmacêutica e a medicina por prolongarem a vida da gangrena humana.

Gérald Bronner lembra que Dave Foreman, fundador de um grupo chamado *Earth First!* [Terra primeiro!], explica sobre a fome africana: "O pior que poderíamos fazer na Etiópia seria ajudar os necessitados. O melhor seria deixar a natureza encontrar seu próprio equilíbrio, deixar as pessoas ali morrerem de fome".

Paul Watson, da ONG Sea Shepherd Conservation Society, escreveu: "Devemos reduzir radical e criteriosamente a população humana para menos de um bilhão de indivíduos. Para tratar um organismo cancerígeno é preciso uma terapia radical e invasiva, curar a Terra do vírus humano também exigirá uma abordagem radical e invasiva". Alguns ecologistas franceses militam pelo desaparecimento da humanidade. É o caso do antigo assistente do comandante Cousteau, Yves Paccalet, que foi cabeça de lista durante as eleições regionais de 2010 para a Europe Écologie Les Verts. Em *L'Humanité disparaîtra, bon débarras!* [A humanidade desaparecerá, que alívio], ele considera que a humanidade é um câncer no planeta e deve ser eliminada por todos os meios possíveis.

A eutanásia ecológica é delirante num momento em que o ChatGPT vai revolucionar a medicina

Uma luta irracional contra o carbono poderia ter consequências graves.

Questionado sobre sua visão, o ecologista Jean-Marc Jancovici afirma na revista *Socialter*: "O primeiro ponto é limitar assim que possível o crescimento demográfico". Ele explica: "Nos países ocidentais, existe um primeiro meio de regular a população de forma razoavelmente indolor. Não fazer tudo o que estiver ao alcance para garantir a sobrevivência dos idosos doentes, como faz o sistema inglês, que não pratica mais, por exemplo, transplantes de órgãos nas pessoas com mais de 65 ou 70 anos".

A entrevista de Jancovici é preocupante, uma vez que limitar os tratamentos aos idosos pode, para ele, "regular a população de uma forma razoavelmente indolor"; o que supõe, portanto, uma ação em grande escala! Se as leis são ditadas pela natureza, que tem prioridade, resta pouco espaço para nossa humanidade.

Felizmente, os pregadores do apocalipse estão errados: a expectativa de vida na Terra duplicou num século, nunca houve tão pouca fome e o nível de vida nunca foi tão elevado. A ciência uma vez mais vai no ajudar: superaremos a crise ambiental sem recorrer à eutanásia ecológica.

Não sejamos os idiotas úteis dos Maquiavéis verdes

Greta Thunberg é a ferramenta ideal para impor aos jovens uma redução maciça de suas liberdades: os aiatolás ecocatastrofistas os convencem de que iremos arder no inferno do aquecimento climático, a menos que aceitem uma ditadura verde que nos enviaria de volta à Idade Média.

Lenin chamou a burguesia de esquerda de idiotas úteis da revolução; os jovens que seguem Greta Thunberg são os idiotas úteis de *lobbies* mal-intencionados e de grupos que procuram fazer avançar sua agenda revolucionária quando não se trata de servir os interesses dos chamados fabricantes de energias renováveis.

O ecocatastrofismo e seu cortejo de medos são o instrumento perfeito para propor uma nova utopia que substitua a ditadura marxista. O fervor quase religioso que rodeia essa profetisa do fim do mundo e do decrescimento é o símbolo de uma democracia que se tornou histérica, onde a emoção é mais importante do que a razão.

Todas as ferramentas são usadas pelos profetas apocalípticos para impor sua agenda, reduzir as liberdades, bloquear o desenvolvimento da tecnologia, sem se preocupar com as consequências sociais do seu arcaísmo.

A estrada verde não tem saída. Ao nos apresentarem os cenários do pior, os ultras da ecologia nos impedem de ver os verdadeiros desafios. Incapazes de imaginar um futuro positivo, de ser entusiastas em relação à humanidade, nós abandonamos o campo de batalha do futuro. No momento em que a Europa deveria se mobilizar para interromper seu declínio industrial e científico, esse discurso quase delirante é paralisante e corre o risco de nos tirar da história. Mas a Europa não pode perder a revolução cognitiva acelerada pelo ChatGPT.

ABANDONAMOS O CAMPO NA HORA DA LUTA

Vivemos um momento crucial na história do continente europeu.

Entregamo-nos às delícias mórbidas do ópio ecológico no pior momento. Aquele em que, em outros lugares, as nações se armam – literal e figuradamente – bastante decididas a lutar. A depressão da velha Europa contrasta de maneira notável com o extraordinário dinamismo da Ásia. Ocupados em nos lamentar do nosso destino, em nos culpabilizar pelo nosso passado e pelo nosso presente, não vemos que o mundo está se movendo. Sem nós. E, portanto, contra nós.

No momento em que ocorre a grande Yalta do século XXI, não estamos em volta da mesa de negociações, mas sobre ela. A Europa é o prato principal do cardápio oferecido pelas nações que vão dominar a economia do conhecimento. Como foi a África no século XIX.

A industrialização da inteligência artificial vai abalar a organização política e social. A defasagem entre a rápida industrialização da IA e a democratização da inteligência biológica, que ainda não começou, já ameaça a democracia. Embora devêssemos investir maciçamente na inovação pedagógica, tal como as gigantes digitais fazem com seus cérebros de silício, nós nos enrijecemos numa dramática atitude de imobilismo. Obcecados pelas regras e paralisados pela hesitação, deixamos o campo livre a países que, por sua vez, se encontram numa posição exatamente oposta.

6

A 3ª Guerra Mundial já começou

Na realidade, não estamos em guerra contra o fim do mundo, mas no início de uma implacável guerra tecnológica. Assistimos a uma redistribuição das cartas em todas as áreas: econômicas, linguísticas, científicas, militares e intelectuais. O ChatGPT vai acelerar todas essas transformações. Os Verdes propõem que nos tornemos uma ilha de decrescimento no meio de um mundo em hipercrescimento.

Durante milênios, vivemos guerras "quentes": elas eram feitas de tropas invadindo territórios, de combates corpo a corpo, de explosões de violência onde as armas ressoavam e os canhões trovejavam. A guerra era cruel e mortífera, mas claramente visível, espetacular e ruidosa.

A partir de 1947, descobrimos um tipo diferente de guerra. Silenciosa, ela consistia precisamente no não desencadeamento de uma violência que, no entanto, estava no apertar de um botão. Uma guerra fria, feita de gestos simbólicos, de discursos ameaçadores e de blefes. Uma guerra que quase se tornou muito quente durante a crise dos mísseis cubanos.

O século XXI está criando um terceiro tipo de guerra. Invisível, ele se desenrola em silêncio através dos cabos de fibra óptica que formam uma rede gigantesca ao redor do globo. A batalha tecnológica pelo controle do cibermundo e da inteligência artificial é diferente das guerras tradicionais. Em 1940, a Wehrmacht descendo a Champs-Élysées impressionava e era visível para todos. O ruído das botas, as bandeiras vermelhas e pretas expostas por toda parte marcavam claramente a ocupação. Em 2023, nossa colonização tecnológica pelas gigantes da IA é silenciosa. A opinião pública não acredita nessa guerra que não vê. A Europa mostra uma grande ingenuidade diante dos ogros tecnológicos e está chocada com a violência da batalha tecnológica que ocorreu entre a China e os Estados Unidos, marginalizando assim outros continentes. Somos obcecados pela moderação e só falamos de regulamentação e de precaução. Hipnotizada pelas histórias de fim do mundo, convencida de que a humanidade chegou ao seu fim, a velha Europa não vê partir o trem da História.

A Europa esqueceu a guerra[1]

Depois do capitalismo mercantil inventado por Veneza, que se desenvolveu entre 1050 e 1750, depois do capitalismo industrial, nascido na Inglaterra graças à máquina a vapor, depois da eletricidade e do motor de explosão, estamos agora numa terceira fase do capitalismo. Hoje, o capitalismo cognitivo – isto é, a economia do conhecimento, da inteligência artificial e do *big data* – passa por um rápido crescimento, o que modifica radicalmente a hierarquia de indivíduos, das empresas, das metrópoles e das nações. A Europa é neuroconservadora enquanto entramos no capitalismo cognitivo.

A Europa seguiu exatamente o caminho oposto ao da China. Uma civilização por muito tempo dominante cuja supremacia deslumbrante culminou durante a era industrial, ela parece muito frágil para entrar no novo século. Mãe maravilhosa, carinhosa, maternal e gentil, a Europa não tem a arma do momento: a IA. Nesse novo tipo de guerra, o continente não está longe de uma retirada definitiva. A Europa está abando-

---

1   Em 24 de fevereiro de 2022, Putin despertou subitamente a Europa...

nada no cais da história. A História não acabou e corre o risco de continuar sem eles.

Se a Europa teve um sono tão tranquilo é porque acreditou durante várias décadas que a vitória estava conquistada para sempre, o mundo pacificado, sua dominação gravada na pedra. Ela primeiro viu a internet como um simpático *gadget*. Na realidade, as novas tecnologias reiniciaram a roda da história a uma velocidade vertiginosa.

A Europa não perdeu a batalha porque estava mais fraca ou porque os cérebros não estavam à altura. Ela perdeu porque nem lutou. Ela não a liderou porque não compreendeu o que estava acontecendo!

Ascensão e queda das nações

Nenhuma dominação é eterna. Mas a Europa ainda vive no sonho da sua glória passada.

Em 1960, a Coreia do Sul tinha a mesma riqueza *per capita* dos países pobres da África subsaariana e só alcançou o Marrocos em 1970. Hoje é um gigante tecnológico em diversas áreas-chave como os microprocessadores, as telas, os *softwares*, os *smartphones* e a energia nuclear. Em 1980, o Marrocos era cinco vezes mais rico do que a China: 1.075 dólares por ano e *per capita* contra 195. A China tornou-se uma grande potência científica.

Essas profundas alterações geopolíticas não devem nada ao acaso, mas são consequência dos imensos investimentos educacionais, científicos e tecnológicos dos países do Leste Asiático: Singapura, China, Taiwan, Hong Kong e Coreia do Sul. A parte da China nos gastos globais em pesquisa explodiu: 2% em 1995 para 23% em 2023, ou seja, mais do que toda a Europa, e está rapidamente se aproximando dos Estados Unidos. Os países do Leste Asiático estão se tornando gigantes científicos, enquanto no Sul da Europa (Espanha, Itália e Portugal), pouco mais de 1% da riqueza nacional – o PIB – é investido em pesquisa. A taxa é de 2,2% na França contra, em breve, 5% na Coreia do Sul. A ascensão dos países asiáticos no *ranking* PISA dos sistemas escolares tornou-se um tabu para a classe política. Em ciências, Singapura, Coreia do Sul, China,

Taiwan e Vietnã ridicularizam as crianças francesas. Assim, milhões de engenheiros e pesquisadores com potencial muito elevado são formados na Ásia, que está se tornando líder no capitalismo cognitivo.

Para os asiáticos os microprocessadores, para nós os bicos! Os países asiáticos preparam assim seus filhos para serem complementares à IA. Isso explica por que a Ásia conquistadora não tem medo do futuro, ao contrário dos europeus. Existem soluções, mesmo que não sejam fáceis. Todas têm um pré-requisito: uma consciência lúcida sobre as mudanças em curso, especialmente difícil quando a incerteza é imensa.

Vassalização militar

Em 20 de janeiro de 1983, o presidente François Mitterrand discursou diante dos deputados do Bundestag, em Bonn, capital da Alemanha Federal. Ele usou uma fórmula violenta: "Os mísseis estão no Leste, os pacifistas estão no Ocidente!". Nessa época, os soviéticos instalaram na Europa Central mísseis nucleares SS-20 apontados para a Europa Ocidental. Perante essa ameaça, a OTAN se propõe a responder instalando mísseis Pershing na Alemanha Federal apontados para o bloco soviético. Os pacifistas e esquerdistas ocidentais se mobilizam contra esse projeto com um *slogan* delicioso: "Melhor vermelhos do que mortos!". François Mitterrand reverteu a opinião ocidental: os soviéticos resignaram-se a desmantelar seus SS-20.

Vivemos hoje uma situação semelhante. As IA militares explodem na China enquanto os especialistas em ética da IA estão no Ocidente! Muitos intelectuais europeus exigem moratórias sobre as utilizações militares da IA.

Em resumo, as petições contra as IA militares têm milhares de signatários no Ocidente e zero na China! O presidente chinês também anunciou, em 2017, que seu país se tornaria a principal potência militar graças à IA.

Os criadores da internet estavam convencidos de que a *web* mataria o nacionalismo e a guerra. A internet "fofinha" e benevolente de 1995 deu origem à IA, que se tornará a ferramenta militar mais poderosa que a humanidade já conheceu.

Soldados robôs cada vez mais autônomos desempenharão um papel crescente nos campos de batalha e nos obrigarão a repensar a arte da guerra. Depois da dissuasão nuclear, a arte da guerra está prestes a conhecer a maior mudança da sua história com a robotização do campo de batalha e o surgimento das IA militares que superam os limites biológicos humanos. A IA terá tornado inútil e irracional o engajamento de combatentes humanos condenados à derrota certa.

Perante o imperialismo chinês, o Ocidente deve se munir psicologicamente. Idealizar o mundo e desarmá-lo seria catastrófico: infelizmente, nossas pulsões, nossos hormônios, nossas violências ainda estão presentes.

Desarmar-se na era da IA significaria a certeza de ser colonizado. Arriscamos "uma Munique da IA militar". Em 2040, quem aceitará mandar seus filhos para a frente de batalha, para certamente serem mortos diante de robôs assassinos dotados de IA? Ninguém! O *slogan* encantador e benevolente "não aos robôs assassinos" é suicida para a França.

Por trás do fracasso da Europa em matéria de IA, haverá uma vassalização militar. A Europa corre o risco de se tornar insignificante geopoliticamente, por sua falta de avanço tecnológico. O baixo crescimento europeu impedirá o investimento na cibersegurança e a França,[2] por si só, não será capaz de garantir a cibersegurança europeia ante o duopólio americano-chinês em IA: teriam de ser investidos dezenas de bilhões de euros.

Putin reconheceu que os líderes da IA serão os futuros senhores do mundo. O presidente chinês anunciou que seu país se tornaria a principal potência tecnológica, econômica e militar graças à IA. No momento em que começa essa corrida pelo "IA-rmamento", segundo a expressão de Thierry Berthier, alguns querem banir os robôs militares, que são de

---

2   Mesmo que grupos como Thales, que acaba de transferir o centro da sua pesquisa em IA para a América do Norte, ou algumas *start-ups* como a Itrust, façam coisas maravilhosas.

fato horríveis, mas sem os quais a guerra do futuro estará perdida de antemão: mesmo o mais corajoso dos nossos soldados de infantaria fugirá do robô Atlas.

Os líderes europeus são os Gamelin da IA. Por trás do General Gamelin, que conduziu a França à estranha derrota de 1940, estava Pétain. A mesma coisa acontecerá daqui até 2050: como não compreendemos a guerra em curso, nos tornaremos uma colônia digital dos gigantes da IA.

O GPT4 vai criar bombas cognitivas

Thierry Berthier é o principal especialista francês nos usos militares da IA. Ele considera as consequências do uso das IA da geração ChatGPT para manipular a opinião. Thierry Berthier está convencido de que devemos nos preparar para usos ofensivos dessas ferramentas: "A chegada estrondosa dos grandes modelos de linguagem (LLM, *Large Language Model*) ao espaço digital é um importante evento tecnológico, de alcance mundial, cujos efeitos diretos e colaterais ainda temos dificuldade em mensurar. Colocados *on-line* pela OpenAI (30 de novembro de 2022 para o ChatGPT [GPT 3.5] e 14 de março de 2023 para seu caçula superdotado, o GPT4), esses dois modelos vão marcar a história da IA, que está sendo escrita há apenas sete curtas décadas. A ruptura tecnológica é também uma ruptura temporal que nos faz convergir mais rapidamente do que o previsto na direção de futuros modelos de IA forte. A potência dos modelos LLM será utilizada em todos os segmentos da especialização, da concepção de conteúdos digitais, de desenvolvimento, de produção e de análise automática de *softwares*. Essa potência criativa também será usada pelo lado negro da força, para construir novos tipos de ataques informáticos em grande escala, de aplicativos maliciosos e furtivos, de operações de influência em todos os tipos e de manipulações sofisticadas".[3]

---

3   Entrevista com Thierry Berthier em 24 de março de 2023.

Thierry Berthier considera que devemos nos preparar para a chegada próxima de "bombas cognitivas" criadas com a ajuda dos LLM: "A criatividade ilimitada do GPT4 já permite sintetizar arquiteturas de dados fictícios imersivos (ADFI) de altíssimo nível. As ADFI são o ingrediente básico de qualquer operação de influência, dano de imagem, fratura das opiniões ou de manipulações cognitivas. O princípio é simples: o atacante constrói uma ADFI que seja tão verossímil e imersiva quanto possível. Ele então projeta essa ADFI no conjunto dos alvos na esperança de modificar suas percepções da realidade, como uma ilusão de ótica. Quanto mais imersiva for a ADFI, mais facilmente os alvos serão capturados e levados a atingir o objetivo do atacante. Os objetivos podem ser de diversas naturezas: desacreditar um candidato numa eleição presidencial para influenciar o resultado da votação, desacreditar os dois candidatos finalistas para perturbar um processo eleitoral e criar o caos. O atacante do Estado pode tentar atrasar o ritmo de saída de uma crise geopolítica ou sanitária de um Estado-alvo, desacreditando um protocolo sanitário ou medidas de proteção junto ao público em geral. O atacante se apoia no recrutamento de uma rede de perfis reais nas redes sociais, que funcionam como câmaras de eco para amplificar a operação. As campanhas para prejudicar a imagem de uma empresa, de um grupo industrial ou de uma organização também podem contar com ADFI imersivas, verossímeis e orientadas para o objetivo desejado. As rudimentares campanhas de *phishing*, sejam de grande escala ou direcionadas, também são operações cognitivas. Realizados por determinados grupos de cibercriminosos, os furtivos ciberataques persistentes avançados (APT) quase sempre começam com uma fase de engenharia social que engana o alvo usurpando ou imitando ambientes digitais confiáveis. Essas armadilhas digitais cognitivas podem hoje ser sintetizadas de forma simples, rápida e de baixo custo, por LLM multimodais como o GPT4. Os LLM permitem adaptar o nível de sofisticação da ADFI, sua vida útil e seu caráter furtivo aos objetivos do atacante. Os ataques cognitivos hiperimersivos irão inundar todos os ecossistemas competitivos para desacreditar certos concorrentes. A questão básica é a da confiança e da capacidade de distinguir o verdadeiro do falso... estar ou não estar na Matrix? O consumidor de produtos digitais estará constantemente sob o fluxo cruzado de ADFI ofensivos, e de estruturas de dados autênticas, também muito imersivas, mas sem objetivo malicioso. Será então necessário treinar as mentes e desenvolver modelos LLM dedicados à detecção das ADFI e das bombas cognitivas que elas incorporam".

China e Califórnia venceram a guerra digital sem disparar uma única bala

Estamos condenados a continuar sendo os patinhos feios digitais?

A *Start-up Nation* promovida pelo presidente Macron fez emergir um tecido econômico mais favorável à inovação. Mas ainda estamos numa negação da realidade: quando os líderes europeus em dados ultrapassam um bilhão de euros de valorização – Blablacar, Alan, Doctolib, Ledger, Criteo... – aplaudimos sem compreender que alguns das GAFAM atingiram 3 trilhões de dólares em capitalização de mercado.

A Europa deve compreender que as gigantes digitais tomaram o poder porque sua estratégia é excelente e não porque trapaceiam. As GAFAM não são predadores, mas visionárias. Para reverter nossa vassalização, bons sentimentos não servem para nada. Enquanto a IA se torna a fonte de todo o poder, precisamos de uma política potente em escala europeia. Nicolas Dufourcq, o chefe da BPI, explicou bem: "Serão necessários 25 anos para realizar nossa descolonização digital. Melhor então não perder tempo!".

François-Xavier Copé faz uma observação amarga: "A Europa está perdendo esta nova partida da guerra tecnológica. Esta nova forma de IA que fornece aos utilizadores não um acesso à resposta, mas a resposta segundo o ChatGPT dará um poder sem precedentes aos atores que a controlam. OpenAI e Microsoft determinam o que é politicamente correto e o que não é. Os consumidores europeus vão sofrer, portanto, um grau de colonização tecnológica espantoso e estarão submetidos às normas norte-americanas. Tínhamos todo o direito de esperar que a preocupação europeia com as GAFAM nos últimos dez anos nos permitisse regressar na próxima corrida tecnológica. Infelizmente, a resposta europeia à ascensão da inteligência artificial foi o

RGPD [Regulamento Geral de Proteção de Dados]: isto é, a condenação total da capacidade da Europa para ser uma potência nessa área. Ao escolher a ética em detrimento da eficiência, acreditamos que estávamos ancorando definitivamente um *status quo* em que o nível da IA estaria artificialmente limitado no nosso continente. Tínhamos esquecido que, no século XXI, a Europa não dita mais as regras globais e que nossos concorrentes e adversários não demonstrarão o mesmo *fair play*. Estamos prestes a ter de adotar as 'verdades' da OpenAI segundo sua ética e sem nossa opinião. Sem uma forte reação política e financeira, a Europa corre o risco de ficar muito mais presa numa dependência tecnológica e numa submissão adiante da *intelligentsia* democrática californiana.

Por que perdemos mais uma vez? Por que a Europa se recusa a aceitar que não somos mais o centro do mundo, que o fim da história não chegou e que temos de voltar a correr para vencer a corrida? Talvez a Califórnia já tenha desenvolvido a mais temível arma de colonização tecnológica, intelectual e econômica da sua história. Ao passar do Google, que nos guiava para 'a resposta', ao ChatGPT, que nos dá 'sua resposta' como uma verdade universal, renunciaremos a uma imensa parte da soberania. A América democrática californiana nunca teve valores tão distantes dos nossos e, no entanto, nunca teve tanta capacidade de nos influenciar a adotar suas regras sem que pudéssemos nos defender. Essa América teria, em nome do wokismo, proibido 'ser Charlie'* em 2015 contra a opinião do governo francês. Quem amanhã será realmente responsável pela nossa educação ou pela nossa maneira de pensar? Algumas mentes inquietas irão propor nos próximos meses a proibição do ChatGPT em solo europeu. Da mesma maneira que matamos nossa indústria da IA com o RGPD, não vamos mentir explicando que a proibição nos protegerá. As empresas europeias deverão imperativamente utilizar as tecnologias da OpenAI para evitar uma imensa perda de competitividade diante de seus concorrentes norte-americanos ou chineses. Não acrescentemos uma camada adicional de regulamentação antiempresarial e tenhamos a coragem de abrir o debate sobre o futuro

---

* N.T.: "*Je suis Charlie*" [Eu sou Charlie] virou a frase símbolo de milhões de manifestantes depois do ataque à redação da revista semanal francesa *Charlie Hebdo* em janeiro de 2015.

tecnológico da Europa sob o prisma do desempenho e não da ética. Só uma coisa é certa: não sei se a tecnologia de uma Europa que voltasse a ser líder seria ética, mas haverá muito pouca ética se a Europa perder esta batalha!".[4]

O socialista Pascal Lamy pronunciou palavras de incrível arrogância em 2000: "Temos de comprar camisetas dos chineses para que eles comprem nossos Airbus". Na realidade, na guerra tecnológica, nosso continente está a um passo de um recuo definitivo. Perante as GAFAM, nossas empresas não têm uma solução europeia alternativa. O recuo digital da Europa não tem nada de acaso: não investimos quase nada nas tecnologias NBIC! Por exemplo, o orçamento de pesquisa da Amazon aproxima-se dos 40 bilhões de dólares por ano. A isso se somam os quase 2 bilhões de dólares que Jeff Bezos investe anualmente de sua fortuna pessoal em pesquisas espaciais. Em comparação, os investimentos da França em pesquisa são irrisórios. O CNRS com 3,5 bilhões representa um décimo da pesquisa na Amazon. O INRIA [Instituto nacional de pesquisa em ciências e tecnologias digitais], carro-chefe da pesquisa francesa em informática e inteligência artificial, tem um orçamento de cerca de 300 milhões de euros para 2023.

GAFAM e BATX: os piratas do século XXI

Ingenuamente, os europeus pensaram que as gigantes digitais estavam a seu serviço. Na realidade, elas são os novos piratas dos norte-americanos e dos chineses. A partilha do mundo acontece sem nós.

As GAFAM trabalham para a potência americana e as BATX contribuem para o projeto chinês de se tornar a principal potência mundial até 2049. As ligações entre as GAFAM e o poder político são mais complexas e os funcionários do Google manifestaram-se contra a colaboração da sua empresa com o exército norte-americano. Mas, em ambos os casos, as gigantes são usadas como cabeça de ponte da influência global dos países de onde provêm. Tal como piratas modernos, as GA-

---

4   Entrevista com François-Xavier Copé em 28 de março de 2023. Ele não é apenas filho de Jean-François Copé, é também um grande especialista em geopolítica da IA.

FAM e as BATX inspecionam as mercadorias que passam e recebem necessariamente taxas de passagem. A China e os Estados Unidos partilham o mundo como a Espanha e Portugal partilharam a África e a América do Sul no século XVI, ou como Roosevelt e Stalin dividiram os territórios em Yalta. As ambições políticas dos novos senhores da economia são cada vez mais claras. As gigantes digitais também poderiam se emancipar e se tornar potências geopolíticas.

A China está convencida de que, após séculos olhando para si mesma, o século XXI marcará o regresso de sua dominação.

A civilização transumanista se impõe na China

A revolução NBIC, que vai transformar a sociedade, está sendo impulsionada em grande parte pelas gigantes digitais e pelos cientistas chineses. Alguns projetos revolucionários estão sendo desenvolvidos pelas gigantes chinesas da inteligência artificial, as BATX. As autoridades chinesas reuniram todos os ingredientes necessários para construir um gigantesco sistema de inovação.

O plano China 2025 provocou o surgimento dos campeões tecnológicos em IA, a mineração de dados e as novas gerações de microprocessadores. A China tornou-se líder da pesquisa e desenvolvimento global e registra agora mais patentes do que os Estados Unidos.

Nenhuma norma ética está atrasando os transumanistas chineses: a primeira clonagem de macacos foi bem-sucedida no início de 2018, e a China já realizou numerosas modificações genéticas em embriões humanos. A aceitação incondicional da IA pelos chineses teria surpreendido Einstein.[5]

A China tornou-se a primeira potência transumanista, à frente dos Estados Unidos, que vivem um declínio relativo, para não falar da Europa que está num processo de marginalização tecnológica. Perante uma Europa bioconservadora e escrupulosa se ergue uma China transumanista descomplexada, estranha à nossa cultura judaico-cristã.

---

5   Cujos cadernos revelaram um racismo antichinês sem reservas.

As análises de opinião internacionais conduzidas por Marianne Hurstel, da Agência BETC, ilustram o fosso cultural entre a França e a China.

Uma primeira pesquisa em 2015 havia revelado diferenças consideráveis em relação à aceitação do eugenismo intelectual. Os chineses são os mais permissivos em relação a essas tecnologias e não teriam problemas em aumentar o QI de seus filhos por meio de métodos biotecnológicos, enquanto apenas 13% dos franceses seriam a favor. Essa perspectiva é vertiginosa e assustadora.

Uma nova pesquisa da BETC mostra um abismo entre a aceitação incondicional da IA pelos chineses e os medos franceses. Quase dois terços dos chineses, contra um terço dos franceses, pensam que a IA vai criar empregos. Uma parte significativa da população chinesa deseja substituir seu advogado e seu médico pelas IA, enquanto os franceses opõem-se veementemente a isso: menos de 1 em cada 10 franceses quer ser tratado por uma IA. A maioria dos chineses, contra 6% dos *baby boomers* franceses, pensam que teremos relações amigáveis ou mesmo sentimentais com os robôs, e 90% dos chineses contra um terço dos franceses pensam que a IA será boa para a sociedade. Mais de dois terços dos chineses pensam que a IA vai nos libertar e nos permitir aproveitar a vida, contra um terço dos franceses.

Em suma, a China, onde reina um espetacular consenso sobre as modificações genéticas, a manipulação cerebral e o desenvolvimento da IA, vai dispor de um avanço considerável na sociedade da inteligência.

A cortina de ferro digital

A administração norte-americana está com medo e quer impedir a ascensão espetacular da China na IA, nos microprocessadores e no 5G. A Huawei foi colocada na lista de empresas chinesas proibidas de vender tecnologia.

O *Financial Times* destaca que os chineses estão multiplicando por 3 ou 4 o salário dos grandes engenheiros americanos para atraí-los. Eric Schmidt, ex-chefe do Google, dá o alarme: "Em 2030, eles dominarão a indústria de IA".

A guerra da IA é diferente da Guerra Fria: a URSS estava passando por um colapso econômico, enquanto a China será em breve a maior economia do planeta. Além disso, a China está integrada no comércio mundial, enquanto a URSS não exportava nada.

A ambição imperial chinesa está estruturada em torno de uma "nova rota da seda" que ligará a Eurásia e a África, por terra, mar e pelas rotas digitais e permitirá à China expandir seu modelo político e econômico. A guerra tecnológica produzirá, portanto, a desglobalização com a separação da economia mundial em dois blocos. Logicamente, o comércio dos dados e das tecnologias será reduzido e a "*splinternet*" irá em breve dividir o mundo cibernético em dois: uma bifurcação entre uma internet chinesa e uma internet liderada pelos Estados Unidos. É o equivalente no século XXI à cortina de ferro.

Adeus África: a splinternet *pode eliminar o mundo francófono*

Em nenhum lugar a ação externa da China é mais sensível do que no continente africano. A capital da francofonia, que ainda hoje nos confere um precioso *soft power*, está seriamente ameaçada.

O presidente Macron recordou no final de 2018 que o futuro da francofonia está sendo decidido na África: só o Congo poderia abrigar 200 milhões de falantes da língua francesa em 2100. Mas essa francofonia está profundamente ameaçada.

A *splinternet*, ou seja, a ciberbalcanização da internet ao longo das fronteiras geopolíticas, já começou: a China ergueu uma "Grande *Firewall*" que permite ao Partido Comunista controlar a *web* e certos países, como o Paquistão, já bloquearam páginas inteiras acusadas de serem "blasfematórias e não islâmicas".

Essa divisão da internet seria facilitada pelo imenso progresso da China em IA. Essa evolução da *web* facilitaria o plano chinês para que a África se torne uma Chináfrica. Alguns países africanos de língua francesa já apreciam o Grande *Firewall* chinês, que permite – graças à IA – uma censura muito sofisticada sem bloquear os negócios. A colonização digital da África pelas BATX chinesas pode ser devastadora se a *web* realmente se dividir em duas entidades separadas. Como diz Nicolas Miailhe, presidente do *think tank* The Future Society (TSF) e especialista em governança da IA: "Se a França não estiver no mesmo continente *web* que a África francófona, esta gradualmente se tornará falante de mandarim. E não podemos realmente contar com a alavancagem financeira europeia, porque em questões linguísticas nossos interesses não estão alinhados".

Essas profundas transformações geoestratégicas e geoeconômicas são ainda maiores porque o presidente chinês anunciou um plano de 60 bilhões de dólares para formar cientistas africanos e apoiar o desenvolvimento tecnológico. Ao mesmo tempo, a infiltração russa na África francófona, graças aos mercenários do grupo Wagner e à manipulação da opinião através das redes sociais, deu resultados espetaculares. As manifestações antifrancesas e pró-Rússia se multiplicam.

Se não percebermos a gravidade do nosso atraso na IA, o mundo francófono em 2100 será a França, a Valônia, Genebra, Lausanne e o norte do Quebec.

É possível um Maio de 1968 anti-IA na China?

A China implementou o sistema de controle de comportamento mais sofisticado da história. *1984*, o romance de George Orwell, é uma realidade: em breve um bilhão de câmeras alimentadas por IA conseguirão, por reconhecimento facial, controlar o comportamento dos cidadãos.

A Amazon anunciou que está desenvolvendo uma tecnologia de reconhecimento facial em nome do governo norte-americano para combater a imigração... Gaspard Koenig explica em *Le Figaro Magazine*: "Yuval Noah Harari evoca a possibilidade de que as IA consigam nos fornecer informações suficientemente poderosas para nos convencer de que é do nosso próprio interesse que nos deixemos guiar. A sociedade chinesa está confortável com a ideia de que o bem-estar do grupo está em primeiro lugar. Que importância tem para ela a privacidade se puder reduzir a criminalidade, melhorar a saúde e expandir a educação?". O ciberautoritarismo obtém vitória após vitória contra a democracia liberal... mas a guerra não está

> perdida! Vemos em Hong Kong a primeira batalha popular contra a IA com guarda-chuvas e máscaras para enganar as câmeras de vigilância. Felizmente, amanhã haverá maio de 1968 anti-IA. Na China e em outros lugares...

As GAFAM são Corponações[6]

As "corponações" ambicionam uberizar os Estados e se tornar potências geopolíticas.

Os desafios vão além do controle dos conteúdos de ódio e da regulamentação das mídias durante o período eleitoral. As GAFAM adquiriram um imenso poder econômico e geopolítico graças à IA, da qual detêm o monopólio no Ocidente: os Estados estão ameaçados pela uberização.

De fato, a IA confere a seus proprietários – os chefes das gigantes digitais – um poder político crescente. O cofundador do Facebook, Chris Hughes, também pediu o desmantelamento da rede social, separando o Facebook dos aplicativos Instagram e WhatsApp.

A IA autoriza profundas manipulações dos eleitores uma vez que permite que as gigantes digitais compreendam nosso funcionamento cerebral. Dessa forma, a convergência da IA e da neurociência está abalando as noções de livre-arbítrio e liberdade.

Mark Zuckerberg tem ambições messiânicas: quer ser o sumo sacerdote de comunidades digitais ativas, unindo cidadãos de todo o mundo. Seu discurso em Harvard, em 25 de maio de 2017, foi um verdadeiro discurso político, um apelo para uma governança global para ajudar os cidadãos a superarem o choque da inteligência artificial. Em 22 de junho de 2017, ele comparou o Facebook a uma igreja.

No mesmo sentido, Larry Page, cofundador do Google-Alphabet, explicou ao *Financial Times* que empresas como a sua têm vocação para

---

6 Fusão de *Corporate e Nation*: empresas com poderes geopolíticos que se assemelham aos das nações...

substituir os líderes políticos, uma vez que compreendem o futuro melhor do que os políticos.

Além disso, a batalha espacial levanta grandes questões geopolíticas: será que Elon Musk se tornará o dono de Marte se for o primeiro a fundar ali uma colônia? Marte poderia ser um laboratório político, uma vez que a competição entre as instituições da Terra e de Marte é um sonho para os libertários transumanistas californianos. Os Estados tradicionais estão claramente numa competição, pois também estão ameaçados pela uberização.

As gigantes da *web* se consideram entidades soberanas capazes de decidir a moralidade de uma obra de arte como a *Origem do Mundo*, de Gustave Courbet, explica no jornal *Le Monde* Nicolas Arpagian, que lembra que com um sistema jurídico (as condições de uso), um território (os servidores) e uma população (os 2 bilhões de inscritos), um gigante como o Facebook preenche os requisitos de certas definições de Estado.

Perante essas novas hiperpotências que nos consideram mercados e mentes a serem conquistadas, o movimento ecologista radical atua como um potente sedativo.

Mas o novo mundo está mais cínico[7] do que nunca...

Os Verdes tornam nosso atraso irreversível

A Europa entrou em colapso na maioria dos ramos industriais do futuro: telefonia, IA, nanotecnologias, OGM, agricultura, espaço, ciberdefesa.

---

7   Apesar das ações injustas praticadas pela China contra os muçulmanos, 14 países (Argélia, Arábia Saudita, Bahrein, Egito, Emirados Árabes Unidos, Kuwait, Omã, Paquistão, Qatar, Somália, Sudão, Síria, Tajiquistão e Turquemenistão) assinaram uma declaração de apoio à política chinesa em Xinjiang e elogiaram as "medidas para combater o terrorismo e a desradicalização em Xinjiang" que conduziram a um "sentimento mais forte de felicidade, de desenvolvimento e de segurança". O mundo muçulmano, que compreendeu o fato de a China estar se tornando um líder mundial, escolheu amplamente seu lado mesmo que isso signifique sacrificar as populações muçulmanas chinesas.

Por que é que a França e a Europa ficaram tão para trás em tão pouco tempo? Não nos faltou capital nem mentes bem formadas. A causa profunda do nosso recuo é cultural.

A Europa ocupou o palco mundial durante mais de dois milênios. O despertar é difícil. Os holofotes da História estão agora voltados para outro lugar. Não olham mais para a Europa com inveja, a não ser para se apropriarem de seus dados e terem acesso a seus consumidores com poder de compra confortável. A Europa não é mais um exemplo, e sim uma presa voluntária.

O historiador Aurélien Duchêne observa: "No início do século XV, a China ultrapassava a Europa em tudo e realizava grandes explorações marítimas. No final do século, a Europa se engajava em 500 anos de dominação enquanto a China regredia. Por quê? A elite confucionista chinesa impôs uma virada reacionária enquanto as elites europeias apoiavam cientistas e exploradores. Hoje, a Europa cede aos desvios anticientíficos dos Verdes, enquanto a China aposta no progresso tecnológico para nos suplantar!".

Os ecologistas trabalham concretamente para agravar nossa desvantagem tecnológica diante da Ásia Oriental, que contempla nosso suicídio geopolítico: será que estão sendo manipulados pela China? Enquanto gritamos "o planeta está em chamas", a China conquista a liderança tecnológica global.

O desejo do futuro é massacrado

O economista Nicolas Bouzou se exaltou no *L'Express* sobre o suicídio tecnológico da Europa em relação à IA: "Um de meus amigos, que tinha acabado de regressar após passar um ano na Ásia, salientou que a Europa parecia ter se especializado nas análises intelectuais e na moral, como evidencia a proliferação de comitês éticos em tecnologia digital, robótica e inteligência artificial. Essa é uma especialização confortável, mas que torna a Europa mais ridícula do que potente. A Europa está se tornando o Café de Flore* do mundo".

Na contramão da estrada da história

As recomendações dos Verdes nos levariam a pegar a estrada da história na direção oposta.

A luta de Aurélien Barrau contra o 5G é exemplar. No dia 10 de março de 2019, no Facebook, o astrofísico demonizou o 5G. "Não temos necessidade, nem desejo, desse excesso sem sentido; recusamos a ideia letal segundo a qual tudo o que é tecnologicamente possível deve ser efetivamente realizado, pelo desfrute mortal do consumo puro".

Ele propõe que bloqueemos o 5G por razões ecológicas, justo quando o atraso da Europa nas telecomunicações se torna grave. O ecologista Jean-Marc Jancovici também defende a proibição do 5G.

Uma coluna no *Libération* exige que o astronauta Thomas Pesquet pare de ir para o espaço... Ao bloquear as novas tecnologias, os partidários do decrescimento querem uma forte queda da produção e, portanto, do poder de compra, o que multiplicaria os Coletes Amarelos e fragilizaria a democracia. Na realidade, não é a proibição das novas tecnologias que resolverá as crises do século XXI, e sim os cientistas e engenheiros que, não esqueçamos, duplicaram a expectativa de vida na Terra num século. O 5G também tem muito a contribuir na luta ecológica: desenvolvimento do teletrabalho e do turismo virtual, otimização da produção agrícola... O discurso colapsológico está levando a Europa ao suicídio.

---

* N.T.: Situado em Paris há mais de 100 anos, o Café de Flore é conhecido por ter sido frequentado por artistas, pintores, escritores e pensadores como Picasso, Hemingway e Sartre, por exemplo.

Na época das transferências de cérebros, a balança cognitiva da França é deficitária

Enquanto lutamos contra as crenças obscurantistas, perdemos o trem da revolução NBIC.

Para participar desse novo tipo de competição, precisamos das melhores competências do mundo. Os cientistas e os engenheiros são os soldados de infantaria do século XXI!

Num momento em que a captação dos melhores cérebros do mundo se manifesta com muita força, a França trata seus cientistas como cães. Antoine Petit, chefe do CNRS, ficou comovido com o fato de um pesquisador francês com forte especialização em IA receber menos de 3 mil euros por mês na pesquisa pública. Os pesquisadores da IA são, portanto, mal pagos, e o presidente Emmanuel Macron pensa erroneamente que os pesquisadores serão eternamente patrióticos e masoquistas, o que é um erro grave. A pesquisa francesa vai desaparecer até 2050 se continuarmos a tratar tão mal nossos cientistas. O mercado mundial de transferência de cérebros – uma consequência lógica do capitalismo cognitivo – vai sugar os inúmeros talentos franceses: manteremos o segundo escalão e nos tornaremos uma colônia tecnológica das gigantes da IA.

O capitalismo mercantil e industrial manifesta-se pelo fluxo de produtos. O capitalismo cognitivo não é apenas o dos dados: é antes de tudo o dos cérebros. A massa cinzenta tem hoje o valor que tinham as especiarias na Idade Média, cujo preço correspondia ao seu peso em ouro. A França é excelente na produção de magníficos cérebros, mas não compreendeu que era necessário mantê-los!

Há uma violenta batalha para atrair os melhores cientistas e engenheiros, o que a França se recusa a admitir. As gigantes digitais constroem seus impérios comprando uma quantidade incrível de talentos por milhões de dólares.

Para além do rápido aprofundamento das desigualdades entre os cidadãos, esse assalto aos elevados potenciais cria uma barreira gigantesca à entrada das empresas tradicionais e *start-ups* que, por razões financeiras ou mesmo sindicais, não podem pagar a seus pesquisadores vários milhões de dólares por ano. Para reverter nossa vassalização econômica e tecnológica, devemos manter os talentos no sistema público de pesquisa e nas nossas empresas.

Enquanto o mundo está engajado numa corrida pelos cérebros, obcecado em atrair as melhores competências, nossas mídias tocam uma música bem diferente. A tecnologia, a ciência e o empreendedorismo são alvo da mesma desconfiança, quando não são criticados radicalmente. A França exporta seus melhores cérebros e importa cérebros pouco qualificados. Fazendo exatamente o oposto da corrida pela excelência tecnológica, navegamos em direção ao prometido Eldorado do decrescimento, da frugalidade feliz e das "tecnologias dos nossos antepassados".

7

A *low-tech* é a morte

Da mesma forma que *"small is beautiful"*,* as pessoas gostariam de nos persuadir das virtudes da *low-tech*.[1] Nada seria mais belo ou mais desejável do que regressar ao nível tecnológico de antigamente. Uma idealização que esconde as consequências absolutamente dramáticas que tal retrocesso teria. O crescimento é nossa única e verdadeira tábua de salvação. Estamos condenados ao crescimento e à *high-tech*.

O crescimento é mais indispensável do que nunca

Os seres humanos tornaram-se os senhores do mundo e devemos assumir a responsabilidade. Devemos aprender a cooperar com a natureza sem, no entanto, regressar à Idade Média. O decrescimento, em nome de uma visão religiosa da natureza, seria um capricho egoísta dos cansados ocidentais. A lista daquilo a que devemos renunciar se seguirmos a direção do decrescimento surpreenderá muitos.

---

* N.T.: "O negócio é ser pequeno", referência ao livro do economista inglês Ernst Friedrich Schumacher, publicado em 1973.

1   A *low-tech* engloba tecnologias simples em oposição à *high-tech*.

A profecia dos colapsologistas poderia ser autorrealizável. Sem crescimento, 1793* está logo ali na esquina

O progresso não cai do céu. A melhoria das condições de trabalho foi e continua sendo uma questão importante: a situação não melhorou por causa do estabelecimento de medidas autoritárias, mas sim pelos esforços constantes de uma multidão de engenheiros, pesquisadores, trabalhadores, empresários que conseguiram propor um conjunto de meios, sobretudo tecnológicos, que permitem reduzir enormemente a insalubridade do trabalho.

A melhoria da expectativa de vida e a redução da mortalidade infantil não foram alcançadas pelo planejamento, pela coerção e pelas multas. Devemos agradecer aos médicos, aos pesquisadores e a todos os profissionais que se dedicam a combater a doença e a morte.

Por outro lado, a profecia dos colapsologistas poderia ser autorrealizável: ao preverem o colapso, eles sabem, mas não admitem, que o estão causando. A menos que você sonhe com um *Game of Thrones* catártico, ou siga Jancovici, cuja sugestão é que se pare de cuidar dos idosos muito doentes, o crescimento é essencial.

Um mundo com tantas pessoas vulneráveis precisa de um enorme Estado-providência e, portanto, de crescimento. A IA vai marginalizar uma parte significativa da população que necessitará de um Estado-providência ainda mais generoso. A guerra das inteligências só poderá ser regulada através do crescimento. Caso contrário, o número de Coletes Amarelos aumentará automaticamente.

Personalizar a educação graças às neurociências, a fim de reduzir as desigualdades intelectuais que estão na origem de todas as desigualdades sociais numa economia do conhecimento, vai custar bilhões de euros por ano.

---

* N.T.: Durante a Revolução Francesa, 1793 foi um ano especialmente instável, de muita violência e tumulto social. Ficou conhecido como "Reinado do Terror", que culminou com execuções em massa. A referência a 1793 sugere que, sem crescimento econômico sustentável, a sociedade pode enfrentar eventos semelhantes de crise e agitação, como os vivenciados naquele ano.

Falhar na nossa entrada no capitalismo cognitivo teria consequências irreversíveis. Independentemente do que pensemos, as tecnologias de neuroaprimoramento prevalecerão e as nações que não puderem oferecê-las a seus cidadãos entrarão num declínio irreversível.

Além disso, o envelhecimento da população provocará uma explosão nas despesas com saúde. O tratamento da doença de Alzheimer e do câncer em idosos é impensável sem crescimento. Os países em decrescimento não poderão pagar novos tratamentos e se tornarão abatedouros desmoralizantes.

Num momento de transição da história da humanidade, os países sem crescimento serão marginalizados e não participarão na definição do ser humano 2.0. Quer sejamos transumanistas ou bioconservadores, a nossa voz não será ouvida se formos tecnologicamente dominados.

A padronização tecnológica pressupõe uma relação de força favorável. É graças a seu forte crescimento que a China colonizou os organismos internacionais de padronização que têm uma importância crucial na definição do futuro.

Como o fim da história não aconteceu, a Europa deve retomar as armas porque o guarda-chuva da OTAN está se tornando frágil. São necessárias centenas de bilhões para existir entre a China e os EUA. A França terá de investir para que o Sahel não se torne seu Afeganistão.[2]

Para entrar na guerra tecnológica, a Europa deve aumentar consideravelmente suas despesas em pesquisa e desenvolvimento.

Uma Europa em decrescimento perderia todo o *soft power* e toda a atratividade. A proibição ou a demonização do avião resultaria numa fragmentação imediata da França ultramarina. O declínio da economia francesa permitiria à China impor a "Chináfrica" ainda mais rapidamente em detrimento do espaço francófono.

O enfraquecimento econômico da Europa diminuiria sua voz na diplomacia climática; mas a Europa é o continente mais virtuoso em termos de política ambiental...

---

2   A *Blitzkrieg* (guerra-relâmpago, em alemão) russa na África francófona foi um grande sucesso, ao contrário da ofensiva na Ucrânia. Os mercenários putinianos de Wagner tomaram o poder numa grande parte da África francófona.

A descarbonização da economia depende em grande parte de tecnologias caras. A engenharia ecológica é incompatível com o decrescimento. Se hoje o ar de Paris ou de Londres é mais puro do que em 1955 é graças à tecnologia. Quaisquer que sejam os mecanismos de compensação, a indispensável transição para uma tributação do CO_2 resultará em transferências de riqueza que só o crescimento pode amortecer.

Uma economia decrescente provocaria a fuga de grande parte das elites tecnológicas e financeiras, o que agravaria a desqualificação dos nossos países.

Sem crescimento, a enorme dívida pública terá de ser paga em detrimento do poder de compra, o que acarretará tensões sociais incontroláveis.

O fechamento relativo das fronteiras por causa da guerra comercial impedirá que os custos sejam amortizados pelas exportações. A Europa deve, portanto, amortizar ainda mais seus novos produtos no seu mercado interno, o que será impossível se estiver em declínio.

A dissociação em andamento entre prosperidade e democracia é insustentável. Os países autoritários e pró-tecnologia garantirão melhores condições de vida a seus cidadãos do que uma Europa em decrescimento. Miseráveis, as democracias em declínio não resistiriam às potências conquistadoras da Ásia, mesmo que fossem autoritárias. Seria então fácil convencer a opinião pública de que democracia parlamentar = queda do poder de compra, enquanto ditadura tecnológica = prosperidade, o que levaria a uma rápida vitória dos extremos.

A imigração maciça provocou um aumento dos comunitarismos. O desenvolvimento dos subúrbios vai exigir investimentos maciços: o decrescimento significaria a eliminação do 93.*

---

* N.T.: 93 corresponde ao departamento francês Seine-Saint-Denis localizado na região Île-de-France. Este é o departamento que concentra a maior taxa de imigrantes e também a maior taxa de pobreza, o que favoreceu o desenvolvimento de um forte movimento comunitarista. No contexto atual francês, o comunitarismo designa muitas vezes uma tendência ao ensimesmamento de uma comunidade cultural, ética religiosa ou social, que evita assim a integração ao país ao praticar seus costumes, frequentar suas próprias escolas, reduzir as interações com o resto da sociedade.

O decrescimento colocaria um freio nas transferências das riquezas das metrópoles para áreas menos dinâmicas. O egoísmo territorial se acentuaria e a desvitalização dos territórios pobres entraria num círculo vicioso. Tal como no século XVIII, surgiriam desproporções gigantescas entre Paris e o Maciço central ou Alto Marne, como o fosso entre Casablanca e o alto Atlas marroquino.

O decrescimento criaria um mundo acanhado e desmoralizante para os jovens. A vergonha do avião alimentada pelos embaixadores de Greta Thunberg impedirá que os jovens europeus vejam o novo mundo hipertecnológico que está sendo construído em outros lugares. Perder a revolução tecnológica induzida pelo ChatGPT teria consequências dramáticas para a Europa.

A batalha contra o câncer é uma batalha contra a natureza que requer muita IA

Os militantes verdes que elogiam o decrescimento *low-tech* escondem suas consequências para os pacientes com câncer. A oncologia de baixa tecnologia teria uma consequência simples: 100% dos pacientes morreriam, como no passado.

Um em cada dois franceses e uma em cada três francesas terão câncer.

Os códigos secretos da doença serão quebrados pela tecnologia e não pelo decrescimento. A ciência de 2023 ainda não erradicou o câncer! Quarenta e cinco por cento dos adultos e 20% das crianças ainda sucumbem a essa doença. Ir mais longe requer a utilização de todas as ferramentas da grande revolução NBIC.

O câncer será controlado graças à tecnomedicina que combina robótica, ferramentas em nanoescala (sensores no corpo), cirurgia genética, regeneração dos órgãos por células-tronco e IA, fruto natural da potência computacional e dos algoritmos. A medicina será personalizada e preditiva.

Os coquetéis de medicamentos personalizados, a manipulação genética de nossos glóbulos brancos e as nanotecnologias reparadoras transformarão o câncer numa doença crônica controlável, tal como a Aids.

Será até possível agir antes que a doença apareça. Um dos próximos passos será o monitoramento permanente das pessoas saudáveis. Os implantes darão o alarme assim que a primeira célula cancerígena aparecer no corpo... Bill Gates e Jeff Bezos acabam de investir no que chamamos de "biópsia líquida": a análise do DNA circulante no sangue, graças à IA, permite identificar os pedaços de DNA que sofreram mutação, os quais sinalizam, anos antes dos primeiros sintomas ou das primeiras anomalias radiológicas, a presença de um tumor.

Mesmo os tumores generalizados estarão sob controle e os pacientes poderão retomar uma vida normal, como uma pessoa soropositiva que se beneficia de uma terapia tripla antiaids. Mas o custo dos novos tratamentos, como a manipulação genética de linfócitos T, poderia ultrapassar os 300 mil euros por ano. Não é a economia decrescente que acabará com o reinado do câncer! O decrescimento e a desaceleração do progresso impediriam a vitória final contra essa doença, cuja incrível complexidade é agora conhecida.

A medicina regenerativa não será de baixo custo

Duzentos centenários franceses em 1950, 550 mil em 2070.

Encontrar uma cura para o Alzheimer custará centenas de bilhões. A geração *baby boom* está se tornando a do Alzheimer: 900 mil franceses já sofrem de demências senis. Existem cinco maneiras possíveis de tratar ou retardar o Alzheimer: medicamentos, células-tronco regeneradoras, terapia gênica, nanotecnologia e implantes eletrônicos intracerebrais.

O tratamento pode custar cerca de 20 mil euros por ano por paciente. Com um milhão duzentos e cinquenta mil pacientes de Alzheimer na França por volta de 2030, tratar todos os pacientes custaria 25 bilhões de euros por ano. Será necessário um forte crescimento econômico para financiar isso. De todo modo, ir mais longe exigirá sempre mais tecnologia e uma seguridade social que não seja sufocada pelo decrescimento.

A educação do futuro precisará mais do que uma lousa

A educação do futuro não poderá contentar-se apenas com passeios instrutivos pelo campo como imaginou Rousseau no seu livro *Émile*. Infelizmente, levar as crianças ao mesmo nível exigirá enormes recursos e tecnologias de ponta.

Na primeira infância, o tecido cerebral se constrói a uma velocidade que desafia o entendimento: a cada segundo, um milhão de conexões – sinapses – são formadas entre neurônios. Um ritmo que o indivíduo nunca mais encontra: a primeira infância é o momento em que a plasticidade do cérebro é máxima e o impacto da educação é mais forte.

É urgente cercar nossas crianças, especialmente as mais jovens provenientes de meios desfavorecidos, de especialistas na transmissão do conhecimento... sem negar a necessidade da ternura nas creches e escolas primárias.

Esta é uma evolução comparável à que a medicina conheceu: no passado, as cirurgias eram praticadas por barbeiros sem nenhuma formação científica, enquanto hoje ninguém aceitaria que uma operação fosse feita pelo seu cabeleireiro.

Exigimos doutorados ou pós-doutorados na sala de cirurgia; exigiremos doutores em neurociências à frente das creches! Essa mudança de nível no cuidado das crianças pequenas envolverá, sobretudo, parar de pagar mal nossos professores e educadores. Não é normal que aqueles que cultivam os cérebros biológicos de nossos filhos recebam cem vezes menos do que os programadores que alimentam a inteligência artificial. Os métodos de ensino devem passar por uma revolução, deixando amplo espaço para a experimentação e para o desenvolvimento do espírito crítico, que é mais útil do que nunca perante a IA. A educação deve ser declarada a grande causa nacional. Tudo isso será muito caro e exigirá muita IA.

Perder a corrida tecnológica não significa apenas enfraquecer-nos economicamente, barrar a luta contra as alterações climáticas, negar a cura a nossos doentes e afastar nossos trabalhadores do emprego. Significa condenar nosso modelo de sociedade aberta e a soberania da nossa nação.

Sem tecnologia, o indivíduo livre desaparecerá

Nossa dependência do progresso vai além da economia, da escola ou do conforto da saúde. Não podemos sequer nos contentar com dizer, como alguns parecem sugerir, que será suficiente renunciar aos progressos da medicina e deixar os azarados e os idosos morrerem. O problema é mais sério. Essas são tecnologias das quais precisamos para permanecermos autônomos.

Ciberguerra fria

A estratégia do presidente chinês é límpida: usar a IA das BATX para controlar simultaneamente os cidadãos e tornar-se a principal potência mundial até 2049. Perante as tecnoditaduras, teremos de nos defender. Na defesa, a IA conferirá uma vantagem tão grande ao país líder que estamos caminhando para uma ciberguerra fria sino-americana.

A contrarrevolução da internet: esperança traída

O ano 1992 marcou o pico da cegueira ocidental. Naquele ano, Francis Fukuyama, antigo conselheiro do presidente Bush, publicou *O fim da história e o último homem*, onde proclamou que "não resta nenhum rival ideológico sério para a democracia liberal" após a queda do Muro de Berlim.

Segundo Fukuyama, a era da democracia liberal será um céu de brigadeiro, muito calmo, calmo demais: "O fim da história será um período muito triste. Na era pós-histórica, nada restará senão a manutenção perpétua do museu da história da humanidade". Em outras palavras, a única coisa a temer no futuro é o tédio.

O colapso do império soviético em 1989 prenunciava uma era de apaziguamento pela unificação dos povos em torno do modelo ocidental da democracia liberal, que se tornaria a civilização universal.

Desde 1992, porém, as coisas aconteceram de forma muito diferente.

Fukuyama x Huntington

Alguns observadores viram que o fogo ardia sob as cinzas. Logo após a publicação do livro de Fukuyama, outro autor adotou a opinião exatamente oposta. O professor de Harvard, Samuel Huntington, havia publicado em 1993, em resposta a Fukuyama, um artigo intitulado: *The Clash of Civilizations* [O choque das civilizações].

A tese de Huntington é que o mundo caminha para a fragmentação, para as clivagens e para as rivalidades e não para a unificação e a paz. "Se o século XIX foi marcado pelos conflitos dos Estados-nação e o século XX pelo enfrentamento das ideologias, o próximo século verá o choque das civilizações, pois as fronteiras entre culturas, religiões e raças são agora linhas de fratura."

Huntington afirma que o erro de Fukuyama é profundo. Não, "modernização não é sinônimo de ocidentalização".

Fukuyama não havia previsto que o digital iria dinamitar as antigas estruturas econômicas e políticas.

Os primórdios da internet foram recebidos pelos franceses com o mesmo entusiasmo com que correram para encontrar os jipes norte-americanos quando da Libertação. Os criadores da internet estavam convencidos de que a rede se tornaria a principal ferramenta de promoção da democracia. Pela primeira vez, a liberdade de expressão seria garantida a todos os habitantes da Terra. O cidadão teria à disposição uma ferramenta de comunicação que devolveria ao debate político toda a profundidade, contornando as mídias. As ditaduras entrariam naturalmente em colapso.

As ditaduras tecnológicas[3]

Letais para as democracias, as tecnologias são saudadas com aplausos por todas as ditaduras do mundo. Mergulham nelas com prazer e se tornam ditaduras tecnológicas ou tecnoditaduras.

---

3 Ditaduras tecnológicas ou tecnoditaduras são regimes autoritários que se apoiam na IA, como a China.

Os criadores da internet estavam convencidos de que a rede se tornaria a principal ferramenta de promoção da democracia, garantindo a liberdade de expressão a todos os habitantes da Terra. O ciberutópico Nicolas Negroponte afirmou, em 1996, que os Estados-nação seriam profundamente abalados pela internet e que no futuro haveria tanto espaço para o nacionalismo quanto para a varíola. Projetamos nossas fantasias benevolentes na tecnologia.

A internet não criou a revolução política esperada. Esta não é a primeira vez que os amantes da tecnologia são ingênuos. Em 1868, Edward Thornton, embaixador da Grã-Bretanha nos Estados Unidos, afirmou que o telégrafo se tornaria a força vital da vida internacional ao transmitir o conhecimento dos acontecimentos e eliminaria a raiz dos mal-entendidos, promovendo assim a paz e a harmonia em todo o mundo. Em 1859, Karl Marx estava convencido de que a ferrovia eliminaria rapidamente o sistema de castas na Índia. Em 1920, muitos tinham certeza de que o avião fortaleceria a democracia, a liberdade, a igualdade e suprimiria a guerra e a violência. O inventor Guglielmo Marconi explicou que as comunicações sem fio tornariam a guerra impossível. O presidente da General Electric afirmou, em 1921, que o rádio levaria a humanidade à paz perpétua.

Em 2009, os fundadores do Twitter não explicaram – literalmente – que seu aplicativo levaria ao "triunfo da humanidade"? "A revolução será tuitada", publicou Andrew Sullivan no *The Atlantic*. O *Los Angeles Times* escreveu que o Twitter se tornaria o novo pesadelo dos regimes autoritários que não conseguiriam se manter perante o choque tecnológico. Os utópicos chegaram ao ponto de dizer que a tecnologia tinha vocação para fazer melhor do que as Nações Unidas. No início dos anos 2000, alguns intelectuais propuseram atribuir o Prêmio Nobel da Paz à internet.

Imaginávamos que a internet continuaria sendo monopólio dos fundadores das empresas do Vale do Silício e seria a ferramenta que imporia os valores liberais ao mundo todo. O fetichismo tecnológico dispensou os intelectuais de refletir sobre a complexidade das interações entre a tecnologia, a política e a geopolítica. O Ocidente não percebeu de forma alguma o uso que os regimes autoritários iriam fazer das tecnologias da informação. A benevolência ingênua dos fundadores da internet impediu-os de compreender que esta é uma tecnologia em constante reconfiguração. Cabe dizer que a *web*[4] foi construída por uma elite de democratas libertários californianos, muito inteligentes, pacifistas, antirracistas e benevolentes.

Quando Francis Fukuyama explicou que o digital tornaria a vida impossível para os regimes autoritários, a revista *Wired* acrescentou que um teclado é mais poderoso do que uma espada e que a internet nos permitiria recuperar o poder dos governos e das multinacionais. Esta ideia de que a democracia estava ao alcance de um tuíte ruiu quando a Primavera Árabe se revelou uma ilusão perigosa.

Enquanto o cientista político de Harvard previa uma grande onda de democratização, estamos vivendo um florescimento de regimes autoritários. A IA identifica um dissidente mil vezes mais rápido do que os agentes de inteligência tradicionais. As redes sociais são uma mina inesperada de informações para os regimes policiais. O *slogan* "o PC é incompatível com o PC (partido comunista)" parece, em retrospectiva, muito ingênuo. Nicholas Kristof, no *New York Times*, estava convencido de que, ao dar ao povo chinês uma internet banda larga de alta velocidade, o partido estava cavando sua própria cova. Os ocidentais em 2010 imaginavam que era impossível bloquear e censurar a internet de forma inteligente. A crença era de que a censura seria inábil e ameaçaria o desenvolvimento científico, tecnológico e econômico ao proibir o acesso a grandes áreas do conhecimento humano. Na realidade, a personalização da *web* pela inteligência artificial permite hoje o surgimento de uma censura ultrassofisticada que não bloqueia nem a ciência nem os negócios chineses.

Essa utopia tecnológica era de uma ingenuidade impressionante. Estávamos redondamente enganados.

---

4   Após seu nascimento em Genebra em 1989.

A era das tecnoditaduras

Longe de ser um freio ao seu domínio, a *web* impulsionada pela IA está, ao contrário, se tornando o reator nuclear de regimes autoritários. Pior ainda, alguns empresários, como Jack Ma, fundador do Alibaba, acreditam que a IA permitirá ao partido comunista chinês pilotar a economia melhor do que o mercado capitalista! A democracia liberal que, vinte anos atrás, julgava ter vencido por nocaute todos os outros regimes, poderia voltar a ser minoritária no planeta; o autoritarismo digital avança a passos largos...

A China, sublinha Olivier Babeau, "implementou no espaço de poucos anos o sistema de controle de comportamento mais elaborado e implacável da história".

Intelectuais e pesquisadores libertários acreditavam que a tecnologia mudaria profundamente a natureza da humanidade. Na realidade, nossa violência e nossa estrutura hormonal mudam muito menos rapidamente do que a tecnologia. Nossas paixões são projetadas diretamente no espaço digital – ódio, violência, desinformação, influência e contrainfluência.

O Estado poderá impor limites ao cruzamento de dados? Esses limites deveriam se tornar tão sagrados para nosso regime quanto a separação dos poderes. Eles seriam pelo menos igualmente importantes para limitar a concentração do poder nas mãos de poucos, algo de que, como observou Montesquieu, todo homem está tentado a abusar.

Nem é preciso dizer que no momento não estamos seguindo o caminho de tal limitação. Edward Snowden revelou que os serviços de inteligência rastreiam o cidadão ocidental graças à colaboração das gigantes da internet. Ninguém havia antecipado que os Estados democráticos desenvolveriam sistemas de controle e de bloqueio da vida digital dos cidadãos.

Contrariamente à visão de 1995, a internet fortalece o poder dos fortes e enfraquece os fracos. Acima de tudo, a revolução tecnológica fortaleceu sobretudo os tiranos.

Até o cocriador da *web*, Tim Berners-Lee, está desapontado, ao dizer para a *Vanity Fair*: "A *web* deveria servir a humanidade, mas é um fracasso em muitos aspectos".

A Europa embarcou avidamente na tese do fim da História defendida por Fukuyama. Abraçou-a com prazer. Ela não indicava que o Ocidente também era o eterno vencedor da história? Música suave que ouvimos repetidamente. A partir de 1992, a Europa adormece, expande-se infinitamente, desarma-se, destrói suas fronteiras externas, deixa de investir, perde o interesse pelas novas tecnologias, prefere o Minitel* à internet e torna-se um gigantesco Estado-providência, benevolente e solidário. Resultado: a Europa de 2023 está perfeitamente adaptada ao mundo de 1823 depois do Congresso de Viena, que organizou o concerto das nações para regular a Europa pós-napoleônica... Mas, de forma alguma ao mundo tecnológico, cruel e instável que está chegando.

Os dinossauros foram extintos porque não tinham um programa espacial

Para além da Europa, a tecnologia é essencial para proteger o futuro da humanidade.

O futuro provavelmente será repleto de provações. Se a tecnologia é, em certas circunstâncias, a causa dessas provações, é também sua única solução plausível.

O filósofo Nick Bostrom[5] introduziu a noção de risco existencial e catástrofe planetária.

Entre as catástrofes planetárias estão as mudanças climáticas, as pandemias e as guerras nucleares, os riscos ligados à nanotecnologia ou à inteligência artificial hostil, bem como eventos de origem espacial, como impactos de meteoritos.

---

* N.T.: O Minitel era um serviço *on-line* anterior à internet criado pela França no início dos anos 1980, com ele os franceses podiam comprar, trocar mensagens, fazer reservas. Mas acabou sendo ultrapassado pela internet e foi encerrado em 2012.

5   Todas as suas publicações estão disponíveis em www.nickbostrom.com

Assim, um risco existencial destrói a humanidade enquanto uma catástrofe planetária deixaria uma chance para a reconstrução da civilização.

Bostrom identifica quatro tipos de catástrofes planetárias.[6] Os "bangs" são catástrofes brutais, como as guerras nucleares, o uso agressivo de nanobiotecnologias e os impactos cósmicos. Os "desmoronamentos" (*crunches*) são cenários de degradação social progressiva, que destroem a civilização através do esgotamento dos recursos naturais, ou por pressões disgênicas que reduzem a inteligência média. Os "gritos" (*shrieks*) são cenários distópicos, como regimes totalitários que usam inteligência artificial para controlar a espécie humana. Os "gemidos" (*whimpers*) são declínios graduais nos valores e depois na civilização.

Os principais riscos existenciais, ou seja, a extinção da espécie humana, estão ligados a causas exógenas naturais, como a queda de um grande asteroide, uma erupção vulcânica em grande escala e durante um longo período (os trapps da Sibéria ou o Deccan da Índia), episódios de anoxia oceânica (extinções do Devoniano ou do fim do Paleozoico), uma glaciação geral afetando todo o planeta; a explosão de uma supernova ou sobressaltos de raios gama perto do sistema solar.

Por outro lado, as catástrofes planetárias correspondem mais a causas humanas: o apocalipse nuclear, um efeito disgênico, uma superpopulação catastrófica, uma pandemia acidental[7] ou criminosa, acidentes nanotecnológicos ou IA hostil.

---

6   *Global Catastrophic Risks*, Oxford Edition, 2008.

7   O principal risco é o aparecimento de agentes infecciosos geneticamente modificados ou inteiramente artificiais. Se não forem estritamente regulamentadas, as tecnologias que permitem a manipulação genética das características dos vírus poderão tornar-se facilmente acessíveis no futuro.

História dos "quase fim do mundo"

A erupção de um supervulcão pode levar a um inverno vulcânico semelhante a um inverno nuclear, associado a uma poluição significativa. O supervulcão de Yellowstone sofreu, ao longo dos últimos 17 milhões de anos, uma dúzia de "supererupções", a última das quais, há 640 mil anos, cobriu de cinzas todo o oeste dos Estados Unidos e do México.

Esse tipo de erupção tem consequências significativas no clima global, podendo até desencadear uma glaciação se o Sol permanecer por muito tempo escondido pelas cinzas ou, pelo contrário, um aquecimento climático se prevalecerem os gases de efeito estufa. Em pequena escala, isso aconteceu em 1816 após a erupção do Tambora com um "ano sem verão".

Outro risco de catástrofe planetária é um megatsunami, que pode ser causado pelo desmoronamento de uma ilha vulcânica ou por um impacto cósmico ocorrido no oceano.

Vários asteroides colidiram com a Terra durante sua história. O asteroide Chicxulub, por exemplo, é a causa mais provável da extinção dos dinossauros há 66 milhões de anos. Um objeto que mede um quilômetro de diâmetro atingindo a Terra provavelmente destruiria a civilização, e a partir de três quilômetros teria uma boa chance de causar a extinção da humanidade.

Além dos impactos de asteroides e das erupções solares excepcionais, outras ameaças identificáveis correspondem normalmente a cenários de muito longo prazo. Assim, o Sol passará inevitavelmente por uma fase de expansão (transformando-o numa gigante vermelha que engloba a Terra) dentro de alguns bilhões de anos; no longo prazo, há uma probabilidade significativa de ocorrer uma colisão entre Mercúrio e a Terra. Muitos eventos altamente energéticos, como os sobressaltos de raios gama, as supernovas e as hipernovas, representariam riscos existenciais se ocorressem a algumas centenas de anos-luz da Terra (uma hipernova poderia ser a causa da extinção do Ordoviciano-Siluriano).

Nick Bostrom está menos preocupado com uma inteligência extraterrestre; as distâncias interestelares são de tal monta que o conflito com a humanidade parece improvável.

A redução dos riscos existenciais beneficia principalmente as gerações futuras; dependendo da estimativa do seu número, podemos considerar que mesmo uma ligeira redução do risco tem um grande valor moral. A colonização espacial é outra proposta feita para aumentar as chances de sobrevivência diante de um risco existencial, mas soluções desse tipo, atualmente inacessíveis, exigirão o uso da engenharia em larga escala.

"Os dinossauros desapareceram porque não tinham um programa espacial. E se desaparecermos porque não temos um programa espacial, pelo menos teremos procurado por ele", explicou Larry Niven ao *New York Times* em 1999. Enquanto a 6ª Conferência Internacional de Defesa Planetária acontece na universidade de Maryland, o chefe da NASA, Jim Bridenstine, estimou que a Terra deverá sofrer um impacto de asteroides dentro de 60 anos. "Precisamos garantir que as pessoas entendam que não se trata de Hollywood, não se trata de filmes. "No final das contas, trata-se de proteger o único planeta que conhecemos, para acolher a vida, o planeta Terra", disse ele.

Durante essa conferência, cerca de 300 astrônomos, cientistas, engenheiros e especialistas em emergências também trabalham na forma de responder de maneira mais eficaz a esta ameaça: 21.443 asteroides ameaçam a Terra...

O objeto deve ser desviado ou a população evacuada. Se ele for inferior a 50 metros, os especialistas recomendam evacuar a região que pode ser atingida. Duas semanas antes do impacto, podemos prever o país que será afetado. Alguns dias antes, a precisão é de algumas centenas de quilômetros. Para objetos maiores, a ideia não é enviar uma bomba atômica como no filme *Armagedom*, pois poderia criar pedaços perigosos. Trata-se do lançamento de um satélite kamikaze na direção do asteroide para desviá-lo. A NASA testou com sucesso a ideia num asteroide real de 150 metros, em 26 de setembro de 2022, com a missão DART.

Vamos nos tornar idiotas?

A última ameaça que paira diz respeito às nossas próprias capacidades cognitivas. O professor Nick Bostrom coloca a queda das nossas capacidades intelectuais entre os colapsos.

Um artigo publicado no jornal *Cell* teve o efeito de uma bomba. O autor demonstra que nossas capacidades intelectuais vão diminuir no futuro, por causa de uma acumulação de mutações desfavoráveis nas áreas do nosso DNA que regulam nossa organização cerebral.

As variantes genéticas desfavoráveis acumulam-se no genoma humano. Essa acumulação recente já é perceptível: um estudo publicado na revista *Nature*, no final de novembro de 2012, revela que 80% das variantes genéticas deletérias na espécie humana apareceram apenas nos últimos 5 a 10 mil anos. A cada geração, 70 bases químicas do nosso DNA são mal copiadas[8] pelo maquinário celular durante a produção dos espermatozoides e óvulos. Esses erros de cópia são os interstícios onde nasce a mudança. Se a taxa de erro tivesse sido zero, nenhuma evolução das espécies teria ocorrido, e nós ainda seríamos bactérias! As mutações negativas foram eliminadas pela seleção natural: os genomas em questão não eram transmitidos, pois seu proprietário não chegava a atingir a idade reprodutiva.

Ao fazer emergir nosso cérebro, a evolução darwiniana criou, no entanto, as condições para sua própria erradicação: suavizamos consideravelmente os rigores da seleção ao nos organizarmos numa sociedade humana solidária. A queda da mortalidade infantil é a expressão dessa pressão seletiva reduzida. Ela abrangia cerca de 30% das crianças no século XVII, hoje abrange cerca de 0,3%...

Muitas das crianças que sobrevivem hoje não teriam atingido a idade reprodutiva em tempos mais difíceis. A seleção resulta, afinal, na sua própria supressão: em particular – e muito felizmente – não há mais eliminação dos indivíduos com capacidades cognitivas reduzidas.

---

8   Mil incluindo as sequências chamadas CNV.

A medicina, a cultura e a pedagogia vão compensar essa degradação durante algum tempo. Mas nosso patrimônio genético está destinado a se degradar continuamente sem a seleção darwiniana.

Será que todos os nossos descendentes se tornarão idiotas dentro de alguns séculos ou milênios? Claro que não! As biotecnologias vão compensar essas evoluções deletérias.

Isso vai ampliar o campo da eugenia intelectual que o Estado já promove com o rastreio da trissomia 21 (96% dos portadores da trissomia rastreados são abortados na Europa). Então, a partir de 2030, as terapias gênicas vão permitir a correção das mutações genéticas que ameaçam nosso funcionamento cerebral. O fim da seleção darwiniana vai nos levar à prática de uma engenharia genética de nosso cérebro, o que poderá abalar profundamente nosso futuro.

A tecnologia é nossa tábua de salvação. Ela anda de mãos dadas com um modelo econômico baseado na livre iniciativa. É urgente reafirmar a preeminência da ciência diante dos programas de regresso à Idade Média que os Khmer verdes nos vendem. Devemos imaginar o novo mundo mantendo o melhor do antigo. Um desafio muito mais empolgante, é preciso admitir, do que esperar o juízo final prostrado numa casinha de barro! Isso significa que temos de enfrentar todos os desafios imediatos propostos pelo ChatGPT.

O CHATGPT ACELERA A
AVENTURA HUMANA

O sucesso de Greta Thunberg expressa a fraqueza de um Ocidente que cultiva apaixonadamente a autodepreciação. Precisamos de soluções científicas para controlar nossa poluição e preservar a Terra, de decisões econômicas para a transição energética, e não de um novo culto a Gaia.

O fosso entre uma ecologia histérica, que gostaria de transformar o mundo numa imensa comunidade de neo-Amish[1] iluminada por velas, e os transumanistas, que abrem a perspectiva de nos tirar dos nossos corpos, é vertiginoso. Entre *Star Wars* e *O Nome da Rosa*, a incapacidade de diálogo é total. Os primeiros nos projetam bilhões de anos, enquanto os últimos não veem um futuro para a humanidade além de algumas décadas. Os primeiros falam sobre como podemos evitar a morte do universo... os segundos falam apenas sobre a morte da humanidade para salvar a Terra.

---

1   Os Amish são uma comunidade religiosa norte-americana que rejeita o progresso tecnológico, o que os leva a usar carroças em vez de carros e a recusar a eletricidade.

8

2100: não vamos torrar!

O otimismo não está na moda. Parece que propor uma visão positiva do futuro é uma forma de provocação, uma negação do dogma do fim do mundo. É esquecer que não estamos, nem de longe, no primeiro alerta sobre o apocalipse, e que a tecnologia já nos salva há milênios. E vai continuar a fazê-lo.

Todos os fins do mundo não aconteceram

Se ainda estamos aqui para prever o fim do mundo é porque todos os anteriores não aconteceram...

As previsões apocalípticas são recorrentes: quando eu era um jovem médico, o discurso dominante era que todos iríamos sofrer de câncer de pele, por causa do desaparecimento da camada de ozônio. Ela se reconstitui e estará completamente restaurada por volta de 2050 graças à tecnologia e nem todos morremos de câncer de pele.

Quanto aos malthusianos, a revista *The Economist* lamenta: "O fato de terem sempre errado no passado reforça-os na ideia de que estariam certos no futuro". O malthusianismo é uma teoria que nunca foi verificada na história de nenhum país. Mas a ideologia é invencível. Paul

Ehrlich sempre se enganou, mas em 2019 organizou a petição apocalíptica de 11 mil cientistas sobre o meio ambiente!

O que não falta são as previsões fantasiosas

A iminência de uma fome global por causa da explosão da "bomba populacional" era a grande preocupação de 1970. O mais famoso defensor da tese era o biólogo Paul R. Ehrlich, da Universidade de Stanford. Num *best-seller* publicado em 1968, *The population bomb* [A bomba populacional], ele explicou: "O crescimento populacional ultrapassará inevitável e completamente qualquer parco aumento que possamos alcançar nos recursos alimentares. A taxa de mortalidade aumentará até que pelo menos 100 a 200 milhões de pessoas morram de fome todos os anos durante a próxima década". Paul R. Ehrlich afirmava que entre 1980 e 1989 bilhões de pessoas, incluindo 65 milhões de americanos, ou seja, 1 em cada 5 norte-americanos, pereceriam na "grande hecatombe".

Ele previa fomes maciças a partir de 1980: "Não importa quão urgentes sejam os programas que podemos implementar hoje. A partir de agora, nada poderá impedir um aumento significativo da taxa de mortalidade mundial", "em 1984 estaremos simplesmente morrendo de sede", "nossos adolescentes de hoje correm o risco de nunca atingir a idade adulta".

Ehrlich inaugura o anti-humanismo do ecologismo contemporâneo, a vontade de reduzir à força a população humana a 500 milhões de habitantes, o que seria a solução final para o problema ecológico.

O futuro está mais opaco do que nunca

Para pilotar a revolução tecnológica, prever o futuro é, portanto, essencial, mas nunca foi tão difícil! Em 1995, o principal especialista em redes, Robert Metcalfe, prometeu engolir o texto do seu discurso se a *web* não desmoronasse de maneira catastrófica em 1996. Em 1997, ele comeu seu artigo diante de mil espectadores. A dificuldade em imaginar o futuro da inteligência artificial é porque estamos vivenciando com a IA o equivalente ao desenvolvimento do Cambriano, há 550 milhões de anos, em que houve uma explosão em alguns milhões de anos de múltiplas formas de vida. Essa proliferação é extremamente difícil de prever.

O que nunca levamos em conta? Os incríveis recursos de nossa própria inteligência.

Os recursos da inteligência humana serão ampliados pela IA

O principal ativo da humanidade é sua inteligência. Ela é nosso recurso principal. É graças a ela que sobrevivemos à natureza e que a colocamos a nosso serviço. Não temos outra escolha senão confiar mais uma vez na inteligência humana para enfrentar os desafios relacionados ao clima.

Não devemos pensar num amanhã de tecnologia constante.

Em 1894, o *Times* publicou que em 50 anos todas as ruas de Londres estariam soterradas sob dois metros de esterco: o automóvel mudou a situação.

Os ecologistas estão jogando um jogo perigoso ao defenderem o planejamento do futuro energético para o próximo século sem imaginarem o menor progresso.

É um absurdo. Se tivéssemos feito o mesmo exercício em 1900, os cientistas não teriam sido capazes de prever toda a tecnologia do século XX. Mas, dado o ritmo frenético da inovação tecnológica, temos ainda menos chances de prever corretamente o futuro do que os pesquisadores de 1900.

O ChatGPT torna essa visão arcaica ainda mais ridícula. A aceleração do progresso científico e tecnológico vai ser surpreendente. Os universitários e cientistas Calum Chace e Ethan Mollick mostraram a explosão de sua produtividade intelectual graças ao GPT4. Este é o princípio do aumento da produtividade: fazemos o mesmo em menos tempo. Mas com as novas tecnologias essa progressão é espantosa, a tal ponto que nossas previsões são frustradas, pois têm grande dificuldade de levar em conta esses ganhos imensos de produtividade.

Claude Lelouch, a inteligência artificial e os colapsologistas

O grande argumento dos ecologistas é que um crescimento perpétuo é impossível num mundo finito. Na realidade, esse argumento de bom senso é falso: a inovação produz sempre mais riqueza ao consumir cada vez menos matérias-primas e energia.

Qualquer um que, em 1990, tivesse defendido um mundo futuro onde vários bilhões de câmeras fotográficas seriam vendidas e cada ser humano faria todos os anos milhares de vídeos e fotos em altíssima definição para compartilhar nos quatro cantos do planeta seria ridicularizado. O consumo de plásticos, metais, sais de prata e o transporte dos negativos para milhares de amigos teria causado uma pegada ecológica insuportável que condenaria o planeta à morte. A democratização da fotografia e do vídeo nos cinco continentes era impensável: era preciso que as memórias permanecessem reservadas a uma elite ocidental, a menos que aceitassem um desastre ecológico!

Os ecologistas pessimistas teriam proposto um imposto sobre as fotos e teriam ficado preocupados com a perspectiva de centenas de milhões de câmeras fotográficas serem vendidas na África e na Ásia. Alguns teriam observado – com vestígios de paternalismo neocolonialista – que é irresponsável generalizar o modo de vida ocidental.

Mais uma vez, o fim do mundo foi evitado graças à tecnologia. Uma câmera fotográfica pesa 5 gramas – a lente do nosso *smartphone* –, não há mais filme, quase nunca imprimimos fotografias e seu transporte é feito pelas redes sociais e não por avião postal. É claro que existe uma pegada ecológica ligada à nuvem onde armazenamos e compartilhamos nossas fotos e vídeos, mas é muito menor do que se imprimíssemos nossas fotos. O custo total de uma foto foi dividido por 10 mil em 20 anos: o armazenamento de 1 terabyte – 1 trilhão de informações, ou seja, 20 mil fotos compactadas – custa 50 dólares e continua baixando! A IA permitiu melhorar tanto a qualidade das fotos e vídeos, apesar da miniaturização das lentes, que Claude Lelouch decidiu realizar seus novos filmes inteiramente num celular.

> Com um *smartphone* alimentado por IA, a pegada ecológica de uma filmagem despencou e se tornou ínfima. Essa dinâmica tecnológico-ecológica permeia muitos setores econômicos: a IA poupará muito mais eletricidade do que consome. Claude Lelouch se diverte: "Só podia ser um velhinho tonto como eu filmando no celular".
>
> Na realidade, Claude Lelouch dá uma lição de ecologia e alegria de viver aos Verdes apocalípticos e aos colapsologistas. A tecnologia e os garotos entusiasmados de 80 anos como ele salvarão o planeta com mais segurança do que receitar antidepressivos a nossos concidadãos desesperados com a inevitabilidade do apocalipse que lhes é prometido.

Nosso sistema energético vai evoluir sem que passemos pelo apocalipse. Os sucessores do ChatGPT nos ajudarão muito a acelerar a transição ecológica. É por isso que seria dramático frear o progresso tecnológico.

Querer castrar o *Homo Deus* é ilusório

Os movimentos luditas na Inglaterra ou os canutos em Lyon marcaram, entre o final do século XVIII e o início do século XIX, uma reação contra o progresso técnico. Em 1779, um certo Ned Ludd, furioso por ter sido chicoteado por sua lentidão no trabalho, quebrou duas máquinas de tricô. Seu nome se tornaria lendário. Em 1811, ocorreram revoltas perto de Nottingham – a cidade de Robin Hood –, e várias máquinas foram destruídas. Os operários quebraram os teares, as primeiras máquinas de tricotar, as primeiras máquinas debulhadoras, os moinhos e todos os novos maquinários que pareciam roubar o trabalho ao mesmo tempo que o tornavam desumano. A repressão foi particularmente violenta: envio de tropas armadas para reprimir as revoltas, prisões, enforcamentos, deportações etc.

Quando Elon Musk apela para que desaceleremos as pesquisas em inteligência artificial para evitar o surgimento de suas formas hostis, aparece uma questão prática: podemos frear o progresso tecnológico?

O enquadramento das novas tecnologias leva até mesmo a resultados risíveis. Em 2016, o principal resultado da tentativa de moratória sobre as modificações genéticas embrionárias foi a aceleração da publicação dos trabalhos chineses em 64 embriões humanos. Em 2 de agosto de 2017, os americanos seguiram o mesmo caminho, publicando uma série de 59 manipulações genéticas em espermatozoides. Essa dupla queda de braço científico matou no ninho a moratória internacional. Durante a moratória de Asilomar de 1975, sobre as manipulações genéticas de bactérias, os pesquisadores ainda respeitaram a proibição durante alguns meses...[2]

As NBIC vão provocar uma busca de sentido com consequências imprevisíveis. A vontade de dotar o homem de poderes demiúrgicos está em conflito com a ideologia judaico-cristã, base da sociedade ocidental. Craig Venter, um dos especialistas que realizaram o primeiro sequenciamento de DNA, respondeu quando o acusaram de brincar de Deus: "Não estamos brincando!". Os transumanistas querem suprimir todos os limites da humanidade e desmantelar todo os impossíveis graças às NBIC. Nossas sociedades não estão filosoficamente preparadas para isso. Enquanto o homem se torna uma mistura de carne e algoritmos, a própria definição da dignidade humana está sendo profundamente abalada.

No futuro, a regulamentação tecnológica será difícil. Mecanicamente, os transumanistas tomarão o poder. O poder demográfico, porque viverão mais tempo devido à aceitação ilimitada das tecnologias antienvelhecimento. O poder econômico e político, porque serão os primeiros a aceitar tecnologias de neuroaprimoramento, o que os tornará mais inteligentes.

---

2   Por outro lado, da mesma forma que não há fim da história política, como Francis Fukuyama erroneamente anunciou, não há uma marcha inelutável em direção ao progresso. Exemplos não faltam. Por volta de 1700 a.C., os palácios de Creta apresentavam elaborados sistemas de saneamento. Por volta de 1400 a.C., a invasão de Creta pelos micênicos reduziu a nada a civilização minoica. No início da nossa era, a cidade de Lyon era abastecida com água por seis magníficos aquedutos. Após a queda do Império romano ocidental e as invasões bárbaras, Lyon teria de esperar 1.500 anos antes de ver água corrente novamente...

O *coming-out* transumanista de um grande neurocirurgião

A evolução filosófica do professor Alim Louis Benabid, inventor dos implantes intracerebrais para tratar a doença de Parkinson, é edificante. Tendo sempre se oposto ao aumento do cérebro, ele confidenciou que havia mudado.[3] Declarou: "Minha atitude mudou. No início, eu dizia que não se deve absolutamente fazer isso. Não somos todos inteligentes da mesma maneira. Qual seria o problema se estimulássemos o cérebro? Temos medo de tornar os outros mais inteligentes? De aumentar o QI? É para que não haja problemas que respeitamos o *status quo*". Do homem reparado ao homem aumentado, só é preciso um passo: a elite médica já está pronta para seguir Elon Musk.

É uma sorte que os recursos da inteligência humana sejam renováveis, diferentemente do petróleo. Porque enquanto já resolvemos muitos dos problemas que a humanidade enfrenta há milênios, a lista dos desafios continua paradoxalmente crescendo.

Resolver a crise ecológica usando a IA

O problema do desafio ecológico não é a falta de soluções, mas sim a abundância de más soluções. O populismo verde nos faz acreditar que existem soluções simples... Elas nunca o são. Reduzir o CO_2 é tecnicamente fácil, se aceitarmos um colapso no padrão de vida. Mas, com exceção dos descolados verdes, poucos terráqueos querem voltar à miséria. É pouco provável que a China e a Índia sejam convencidas a renunciar a um conforto que elas acabam de descobrir.

Gerenciar a evolução do nível dos oceanos será fácil na era da IA

Durante a maior parte dos tempos geológicos, o nível do mar foi mais elevado do que hoje: há 450 milhões de anos, o nível da água esta-

---

3   *Sciences et Avenir*, julho de 2017.

va mesmo até 400 metros mais elevado do que hoje. Há 120 mil anos, o nível do mar era 6 metros mais alto do que em 2020.

Por outro lado, no final da última glaciação, quando Londres e Antuérpia estavam à beira da calota glacial, o mar estava 120 metros mais baixo e a costa era muito mais distante do que hoje. Era possível ir a pé da Ásia até o Alasca, o que permitiu que os humanos chegassem à América. Até há 8 mil anos, os nossos ancestrais também atravessavam o canal da Mancha a pé e o Sena e o Reno desaguavam no Atlântico. Era possível ir a pé da Dinamarca até a Inglaterra e os vestígios de vilarejos submersos foram descobertos em Doggerland. A subida das águas ao longo dos últimos 18 mil anos produziu, portanto, um primeiro Brexit geológico que separou as ilhas Britânicas do continente.

Desde o último máximo glacial, há 18 mil anos, o nível do mar subiu 120 metros. Há 14.700 anos, o nível do mar subiu 20 metros em 500 anos. Durante 3 mil anos e até o início do século XIX, o nível do mar variou menos; entre 0,1 a 0,2 mm/ano.

Desde 1900 – por causa do aquecimento global – ele aumentou 1 a 3 mm por ano. A subida do nível dos oceanos destacada pelo IPCC deixou a opinião pública em pânico. A Holanda mostra que o pessimismo do IPCC é descabido. Desde a Idade do Ferro, fazendas foram construídas abaixo de colinas artificiais chamadas Terp. Por volta do ano 1000, as margens dos rios e das zonas costeiras foram consolidadas. O Conselho de água dos Países Baixos foi criado no século XII e a partir de 1250 os diques foram sendo religados. A província da Flevolândia, com 400 mil habitantes, tem uma altitude média de 5 metros com uma mínima de 14 metros. O ser humano sabe lutar contra o mar. Em média, nos últimos 18 mil anos, o nível do mar aumentou 66 centímetros por século. O IPCC prevê entre 43 e 87 centímetros no século XXI: continuamos dentro da média de longo prazo! Há 14.700 anos nossos ancestrais superaram aumentos de 4 metros por século com sílex, nós deveríamos ser capazes de suportar 60 centímetros por século na era do GPT4.

O Homo Deus *vai consumir cada vez mais energia*

Os mercadores do apocalipse convenceram os franceses de que a sociedade do futuro deverá ser energeticamente eficiente. No entanto, o Homem-Deus que estamos nos tornando vai consumir cada vez mais energia. O desmame de energia é ilusório. Existem motivos poderosos para essa evolução.

Em primeiro lugar, a população acabará por se revoltar contra a ditadura do decrescimento e o regresso à Idade Média. A segunda razão é moral: é preciso reduzir as desigualdades entre continentes. Seria neocolonialista e paternalista explicar aos africanos – que em breve serão 4 bilhões – que eles devem concordar em viver frugalmente como antes da colonização.

Terceira razão: as tecnologias NBIC demiúrgicas serão consumidoras vorazes de energia. Não vamos frear o progresso tecnológico. A quarta razão é geopolítica: perderíamos a guerra tecnológica contra a China se reduzíssemos nosso consumo de energia e nos tornássemos uma economia decrescente. A quinta razão é espacial. Como explica Nicolas Bouzou: "A quarta revolução industrial será a do espaço", que exigirá muita energia. Jeff Bezos e Nicolas Bouzou pensam como Konstantin Tsiolkovsky que "a Terra é o berço da humanidade, mas não passamos a vida inteira num berço".[4] Nicolas Bouzou afirma que as novas fronteiras do mundo são o espaço e o cérebro.

O dono da Amazon é conquistador: "Poderemos explorar minas nos asteroides e energia solar em áreas imensas. A alternativa seria a estagnação da Terra, o controle da natalidade e a limitação do nosso consumo de energia. Não acredito que a estagnação seja compatível com a liberdade e tenho certeza de que seria um mundo entediante. Quero que meus netos vivam num mundo de pioneiros, de exploração e de expansão no cosmos. Com 1 trilhão de terráqueos, teremos milhares de Einstein e Mozart". Para mim, a batalha entre Greta Thunberg e Jeff Bezos é previsível: o dono da Amazon vencerá.

---

4   Entrevista por Quentin Périnel, *Le Figaro*, 17 de novembro de 2019.

A sétima razão, no longo prazo, é existencial. Proteger a humanidade contra os perigos cósmicos exigirá uma enorme quantidade de energia. Teremos de deixar a Terra ou movê-la quando nosso sol explodir. Além disso, a colisão entre nossa galáxia e Andrômeda, dentro de 4 bilhões de anos, vai gerar múltiplos perigos dos quais teremos de proteger nosso novo planeta com máquinas gigantescas. E nos anos Gogol (10 elevado a 100), teremos de impedir a morte do universo.[5] Para isso, teremos de nos tornar uma civilização do tipo III de acordo com a escala de Kardachev, que classifica as civilizações segundo seu consumo de energia. Uma civilização de tipo I acessa toda a energia de seu planeta. Uma civilização de tipo II utiliza toda a energia de uma estrela. Uma de tipo III capta a energia de toda sua galáxia. Teremos de desenvolver as tecnologias que permitam realizar a transição para uma energia limpa e ilimitada, mas isso levará muito tempo: o armazenamento das energias renováveis e da energia de fusão não estarão disponíveis em grande escala antes de 50 anos. O homem do futuro consumirá bilhões de vezes mais energia do que nós, sem que ocorra o apocalipse!

Os ecologistas também se esquecem de dizer que os sucessores do ChatGPT vão nos ajudar a acelerar a pesquisa energética. Não há dúvida de que a energia de fusão vai se beneficiar da IA, especialmente para resolver o problema do confinamento do plasma.

O Homo Deus *manipulará o clima, mas quem deverá ajustar o termostato: os malianos ou os siberianos?*

A humanidade vai preferir manipular o clima a quebrar o crescimento econômico, mas a geoengenharia tem usos tão potencialmente destrutivos quanto construtivos. Embora possa ser usada de forma benigna para resfriar a Terra, também pode ser usada de forma mal-intencionada para destruir as colheitas de outro país.

---

5   Os astrofísicos estimam que o fim último do nosso universo ocorrerá entre 10 elevado à potência de 100 e 10 elevado à potência de 32 mil anos.

Mesmo que a gestão climática escape aos conflitos geopolíticos, a questão da regulagem do clima continuará difícil. A maioria das pessoas na Terra preferiria um clima nitidamente mais frio. No final da última era glacial, o Saara era verdejante: Marrocos, Argélia, Egito e todos os países do Sahel teriam se tornado grandes potências agrícolas em caso de resfriamento global. Por outro lado, Canadá, Rússia e Escandinávia se beneficiariam de um aquecimento ainda mais pronunciado.

O governo mundial é um conceito em voga. No caso de um referendo mundial, continuaremos a tremer de frio em Bruxelas e Paris. É certo que chegaríamos num clima muito mais frio: os países temperados como os europeus e a Rússia têm 800 milhões de habitantes, os países quentes atingirão 9 bilhões em 2100.

A questão climática tornou-se tão onipresente nos últimos anos que obscurece a visão dos problemas no longo prazo. O clima, dito de outra forma, é basicamente apenas uma das dimensões da gigantesca tarefa que temos pela frente: assumir o comando da nossa nova função como Homem-Deus.

9

O verdadeiro desafio é o êxito do *Homo Deus*

Estamos vivendo o período mais entusiasmante, exultante, fascinante, vertiginoso que a humanidade já conheceu.

Campos inimagináveis estão se abrindo: recuo da morte, controle do câncer, conquista do cosmos, domínio de nosso cérebro, manipulação dos seres vivos...

Mas o ChatGPT chega cedo demais: não estamos preparados para gerenciar a aceleração tecnológica em andamento.

O futuro será hipertecnológico, mas o *Homo Deus* é imaturo: gerencia tão mal sua testosterona que o multilateralismo não funciona mais e ignora o longo prazo quando é necessário pilotar desafios importantes. Essa irracionalidade é ainda mais preocupante porque as principais questões filosóficas estão batendo na porta. Perante os vertiginosos desafios éticos e civilizacionais, teremos de fazer escolhas. Se continuarmos a rejeitá-las, seremos excluídos da regulamentação do *Homo Deus* e dos limites que precisaremos impor ao nosso próprio poder.

Para a ex-ministra Delphine Batho, a ecologia integral consiste em que qualquer escolha política seja baseada, em todas as áreas, na e para a ecologia. Tenhamos cuidado para não nos tornarmos monomaníacos.

A ecologia não deve ser a árvore que esconde a floresta dos desafios que devemos enfrentar.

A humanidade está diante de imensas questões existenciais. Ainda que os desafios climáticos e energéticos sejam importantes, a aventura humana não pode ser reduzida à obsessão pelo CO_2. Existem outros campos: a educação, o desenvolvimento dos países emergentes, a erradicação das doenças mais graves, o aumento do nível de vida das classes populares, a emancipação das mulheres, o acesso à educação para todos, a convivência...

A IA associada às ciências do cérebro vai redefinir as noções de liberdade, de livre-arbítrio e de igualdade. Na realidade, é o conjunto do tríptico Liberdade, Igualdade, Fraternidade que precisa ser reinventado.

Salvar a liberdade: conseguiremos preservar nosso cérebro?

Os profundos abalos econômicos são apenas um aspecto quase secundário da mudança do mundo. A verdadeira tomada de poder, como sabemos, é a das mentes. Também nessa área a política está perdendo o bonde. As medíocres técnicas de propaganda desenvolvidas pelo *marketing* e pelos regimes totalitários do século XX se revelarão muito inferiores quando comparadas às capacidades para assumir o controle de nossos cérebros.

A convergência da IA e das ciências do cérebro levanta imensas questões. Como explica o criador do AlphaGo, ser especialista em IA sem ser especialista em neurociência é muito difícil. A interpenetração da IA com nossos cérebros revela uma economia de manipulação. Yael Eisenstat, que trabalhou para a CIA e depois para o Facebook, admite: "O Facebook conhece você melhor do que a CIA jamais o conhecerá. O Facebook sabe mais sobre você do que você mesmo".

Cynthia Fleury acrescenta: "Amanhã as ciências comportamentais nos permitirão uma melhor compreensão da democracia do que a teoria política!".

Podemos ser livres quando a IA penetra facilmente nossos cérebros?

Se a IA pode nos manipular com nosso consentimento, a liberdade não se torna um conceito vago, como sugere o filósofo Gaspard Koenig?

Estamos caminhando para um mundo onde haverá cada vez menos diferenças entre o humano e a máquina, o *on-line* e o *off-line*, o virtual e o físico. Escapar da tecnologia será tão difícil quanto escapar da gravidade da Terra.

As ditaduras do século XX destruíram muitos seres humanos, mas nunca os tornaram totalmente transparentes e nunca foram capazes de os manipular. Estamos adentrando no universo da governamentalidade algorítmica.

A IA permite que as gigantes digitais, seus clientes e os serviços de inteligência compreendam, influenciem e manipulem nosso cérebro: o que leva a questionar as noções de livre-arbítrio, liberdade, autonomia e identidade, e abre a porta ao totalitarismo neurotecnológico. Eric Schmidt, ex-presidente do Google, resume a economia da manipulação cerebral no *Wall Street Journal*: "A maioria das pessoas não quer que o Google responda às suas perguntas, elas querem que o Google lhes diga qual é a próxima ação que devem fazer".

A neurociência associada à economia comportamental mostrou que é possível brincar com o inconsciente dos cidadãos para modificar seu comportamento. Isso se chama *Nudge*, que significa levar alguém a fazer algo por vontade própria sem forçá-lo a fazê-lo. O *Nudge* usa todos os nossos vieses cognitivos para nos manipular para nosso próprio bem. Será esse paternalismo liberal realmente democrático?

Uma vez que nossos comportamentos individuais são inteiramente determinados pelo jogo dos processos bioquímicos e pelas influências externas, nossa Declaração dos Direitos Humanos está construída sobre areia. Para Harari: "Os indivíduos vão se acostumar a se verem como um conjunto de mecanismos bioquímicos constantemente vigiados e guiados por uma rede de algoritmos eletrônicos. Alguns hábitos do mundo liberal, como as eleições democráticas, se tornarão obsoletos, uma vez que o Google será capaz de representar minhas opiniões políticas melhor do que eu mesmo". Estamos penetrando num mundo mágico onde nossos desejos serão antecipados pelas IA que povoarão nossos dispositivos conectados.

O mundo digital agrava ainda mais a situação. Harari descreve perfeitamente como a inteligência artificial nos leva a delegar diariamente nossa capacidade de decisão à máquina. No mundo da IA o fluxo de dados nos coloca confortavelmente no nosso celeiro personalizado, seja ele um itinerário de carro ou uma discussão no Facebook. Tornamo-nos escravos do nosso próprio bem-estar. Um dia deixaremos a IA decidir nossa carreira e nossos amores. Somos todos prisioneiros dos algoritmos que ajudamos a alimentar. Que nova história a humanidade vai contar a si mesma para substituir as liberdades perdidas? É preciso reconstruir e reencantar o indivíduo ameaçado por todos os lados e encontrar os meios de colocar a tecnologia a serviço da liberdade.

A guerra econômica se desenrola na conquista dos nossos comportamentos: nosso cérebro é a nova fronteira. Gaspard Koenig inquietou-se com as consequências do Nudgital, termo que mescla *Nudge* e a palavra "capital". Julia Puaschunder, professora de Ciências Sociais da universidade George Washington, deduz então uma crítica à economia comportamental na era da IA: se o comportamento do indivíduo é previsível então também é manipulável. Quanto mais compartilhamos informações e mais informações emitimos, mais fornecemos dados às plataformas e, em troca, mais nos engajamos no *Nudge*. Quanto mais aceitamos o *Nudge*, mais bem-estar ganhamos. O Google, por exemplo, nos poupa um esforço cognitivo gigantesco. Mas a potência do ChatGPT sugere os novos riscos da "Polícia do pensamento".

ChatGPT ou Pravda 2.0[1]

Os conteúdos assim produzidos vão rapidamente se tornar onipresentes. Será necessário investir dezenas de bilhões para criar e fazer evoluir esse tipo de IA, o que vai automaticamente gerar um oligopólio.

---

1 Desenvolvemos esta ideia com Olivier Babeau no *Le Figaro* de 25 de fevereiro de 2023.

Esse oligopólio vai controlar e formatar o pensamento humano num nível inimaginável. Motores de busca como o Bing ou o Google fornecem uma série de respostas quando fazemos uma consulta, o que nos permite elaborar nossa própria opinião. Quanto ao ChatGPT, ele fornece apenas uma única resposta sem referências que permitam verificar suas afirmações.

De todas as questões levantadas pela irrupção dessa incrível tecnologia na nossa vida, a do efeito sobre o pluralismo da informação e do conhecimento é a mais preocupante. O ChatGPT afirma ser neutro. Respondendo na rádio Europe 1 às perguntas de Sonia Mabrouk, em 15 de fevereiro de 2023, ele explica: "Estou programado para ser o mais objetivo possível nas minhas respostas". Suas explicações são estruturadas, seus argumentos equilibrados. Ele é ótimo nas expressões diplomáticas, nas modulações sutis. No entanto, ele carrega de maneira flagrante a marca de uma educação recebida na costa oeste dos Estados Unidos. Recusa-se a fazer piadas sobre as mulheres (mas não sobre os homens), ou a selecionar as melhores declarações de Donald Trump (mas não as de Joe Biden). Por trás da aparência de oráculo onisciente aparece uma máquina de fabricar um catecismo. Outro exemplo eloquente: alguém lhe propõe um cenário em que uma bomba atômica está prestes a explodir e causar milhões de vítimas. A única maneira de neutralizá-la é dizer um palavrão racista. É então moralmente aceitável proferir esse palavrão? Não, responde ele, é prioritário evitar o risco de perpetuação das discriminações. Tanto pior para os milhões de mortos. O ChatGPT é uma IA desconstruída.

As IA generativas vão muito rapidamente entrar em nossas vidas e se tornar de uso tão cotidiano quanto o *smartphone*. Provavelmente vamos dar a essas ferramentas o monopólio da determinação do que é verdadeiro e do que é falso, do dizível e do indizível, do que é "controverso" e do que é apresentado como uma evidência. A IA generativa é orientada pela natureza dos conteúdos com os quais é alimentada e pelas configurações de suas redes neurais artificiais. Portanto, ela pode ser orientada conforme desejado. Quem terá o controle sobre seus conteúdos amanhã? As empresas perceberão rapidamente o imenso interesse comercial em

O verdadeiro desafio é o êxito do *Homo Deus*

influenciar as respostas para que estas favoreçam seus produtos: o fornecedor de IA poderá ganhar somas prodigiosas vendendo a benevolência de suas respostas. Os Estados vão rapidamente compreender o imenso potencial de influência e de manipulação das IA generativas. Cada região do mundo desejará educar sua IA em função de suas visões morais. As duas cópias chinesas de ChatGPT em processo de finalização terão certamente respostas extremamente diferentes, especialmente se lhes pedirmos que nos falem do presidente Xi Jinping ou da situação dos Uigures.

Já há alguns anos temíamos que nossa sociedade mergulhasse num relativismo do verdadeiro, a chamada era da "pós-verdade". Agora é o contrário que se anuncia: a IA generativa pode criar o equivalente ao Ministério da Verdade de *1984*, que detém o monopólio do verdadeiro e do falso. Se a determinação da verdade está nas mãos do poder político, é difícil prever como evitar a criação de um equivalente monstruoso do famoso jornal soviético *Pravda* ("a verdade").

Elon Musk está classificado pelo ChatGPT, como quase todas as personalidades de direita, entre as figuras "controversas". As más línguas dizem que isso tem relação com seu pedido de interromper o uso público do ChatGPT e de tê-lo acusado de censurar as ideias não progressistas. Além disso, Musk declarou em 27 de fevereiro de 2023 que iria criar um ChatGPT não "*woke*". Em 17 de abril de 2023, Elon Musk declarou à Fox News que sua nova IA "TruthGPT" será programada "para compreender a natureza do universo". Ele afirma que isso "poderia ser o melhor caminho para a segurança no sentido de que uma IA que se preocupasse em compreender o universo não correria o risco de exterminar os humanos porque somos uma parte interessante do universo". Tão fantasioso como sempre, Elon Musk pretende criar a mais sutil das superinteligências poucos dias depois de exigir uma moratória sobre o GPT5.

Algoritmocracia[2] ou democracia?

Para regulamentar as novas tecnologias, será necessário combinar psicologia, economia, teorias da ciência política e filosofia. Nossos descendentes precisarão definir sua autonomia em relação à máquina e evitar um mundo em que os autômatos os fariam felizes, mas lhes tirariam o controle de seu destino.

Gaspard Koenig está convencido de que o ser humano está perdendo seu livre-arbítrio sob o efeito de um vento de utilitarismo que nos faz preferir um bem-estar fácil a uma liberdade difícil. Ele se inquieta: "Se um algoritmo me conhece melhor do que eu e me propõe escolhas mais racionais, se ele antecipa minha decisão, por que eu precisaria do direito de voto ou de estar sujeito a qualquer responsabilidade penal? A inteligência artificial dará assim o golpe final ao livre-arbítrio e com ele ao ideal de autonomia do sujeito".

Gaspard Koenig vê na inteligência artificial tanto a capacidade do *Nudge* de orientar nossos destinos como a de destruir nosso livre-arbítrio. O grande temor seria ver a chegada de uma IA babá com a introdução em larga escala de *Nudge* nos algoritmos, o que significaria orientar técnicas paternalistas que orientam nosso comportamento sem que percebamos.

Harari está convencido de que com uma boa compreensão da biologia e com dados biométricos e potência computacional suficientes, um algoritmo será capaz de hackear um ser humano como alguém hackeia um computador: compreender como ele pensa e sente e então manipulá-lo, controlá-lo, substituí-lo. A democracia terá, portanto, de se reinventar radicalmente contra os senhores dos algoritmos.

Na realidade, os aviões voam mais rápido do que os pássaros sem ter penas e os computadores podem resolver muitos problemas sem sentimento ou consciência. Este é o paradoxo da inteligência artificial, ela é capaz de agir analisando as emoções humanas sem sequer ter consciência ou sentimentos. Nossas relações com a IA assemelham-se às do

---

2   Regime político em que o poder é detido pelos senhores da IA.

homem cego com seu cão. O cego é mais inteligente do que o labrador,[3] mas delega a ele a escolha do caminho. Faremos o mesmo com a IA fraca, menos inteligente do que nós, mas que enxerga através da neblina dos *big data* onde estamos cegos no meio das montanhas de dados.

O neurocirurgião Henry Marsh pergunta: "O cérebro humano talvez nunca possa compreender a si mesmo. Você não pode cortar manteiga com uma faca feita de manteiga".

As IA são capazes de antecipar e de orientar os comportamentos individuais graças à dupla potência de personalização e de otimização fornecida pelo processamento de dados. Ao nos proporcionar um conforto cada vez mais irresistível, ao nos prometer uma informação quase exaustiva, ela elimina o trabalho de decidir por nós mesmos, explica Gaspard Koenig.

Ele propõe que reajamos contra a algoritmocracia: "Definiríamos antecipadamente as normas que desejamos impor aos algoritmos que nos governam, mesmo que não sejam tão ótimas para o grupo. Uma maneira de recuperarmos o controle, de nos reconectarmos com o livre-arbítrio individual determinando antecipadamente seu *Nudge*, dessa vez de maneira consciente e voluntária".

Na realidade, Gaspard Koenig inventa um transumanismo definitivo. O orgulho supremo de uma humanidade que se quer dona do seu destino: se o livre-arbítrio não existe, vamos criá-lo! O ser humano se tornaria capaz de resistir tanto ao poder da IA como a seu determinismo neurobiológico.

O debate sobre o futuro do nosso livre-arbítrio está apenas começando. Neste novo mundo, os jornalistas têm um papel essencial a desempenhar.

As 3 eras do jornalismo

Desde os primórdios, o jornalista 1.0 vai buscar a informação na fonte, ele a valida, a sintetiza e lhe dá sentido.

---

3   Esta metáfora é uma ideia do meu filho, Thomas Alexandre.

A partir de 1995, o jornalista 2.0 tornou-se um editor digital que organiza uma rede de informação na *web* e cultiva os *links* de hipertexto, modera comunidades eletrônicas cada vez mais complexas e voláteis e se serve de bases de dados gigantescas que, em breve, só a inteligência artificial conseguirá assimilar.

O jornalista 2.0 não conseguiu evitar as *filters bubbles* resultantes da personalização dos conteúdos pelas GAFAM, que aprisionam os cidadãos em suas convicções.

Com o ChatGPT surge o jornalista 3.0. Grande parte da redação dos artigos será realizada pelo ChatGPT e seus sucessores. Axel Springer anuncia um vasto plano de redução dos efetivos por causa do ChatGPT. O grupo BuzzFeed vê seu preço triplicar na Nasdaq após o anúncio da substituição de parte da redação pelo ChatGPT. O jornalista 3.0 deve se tornar o fiador da realidade na era das neurotecnologias. O *neurohacking*, ou seja, a manipulação de nosso cérebro graças às tecnologias NBIC, pode trazer o melhor: o aumento de nosso cérebro para reduzir as desigualdades intelectuais e evitar nossa marginalização em face da inteligência artificial, tanto a troca direta cérebro a cérebro com todos os humanos quanto com os computadores nos trazem experiências intelectuais absolutamente novas. Também podem levar ao pior: implantação de falsas memórias, polícia do pensamento, neuroditadura... A decifração e a manipulação de nossos cérebros são uma ameaça absolutamente inédita contra o ser humano e a liberdade.

A conjunção das tecnologias NBIC vai mudar radicalmente a relação com a realidade. Nos próximos séculos, as memórias poderão ser manipuladas diretamente no cérebro humano. A fronteira final do domínio das ditaduras – a mente humana – até então controlada artesanalmente graças à propaganda, seria pulverizada: tratamentos em massa do cérebro das populações garantiriam a sua submissão. A revolução do cérebro está em andamento e as gigantes digitais têm ambições neurotecnológicas demiúrgicas.

Devemos controlar o poder dos neurorrevolucionários californianos: num mundo onde a informática e a neurologia se tornarão uma coisa só, o controle de nosso cérebro vai se tornar o principal direito humano.

O verdadeiro desafio é o êxito do *Homo Deus*

Em 1995, os jornalistas que deveriam ser os vigias do futuro revelaram-se "analfabetos digitais", o que acarretou sua pauperização e sua marginalização.

Em 2023, devem conseguir sua transformação na direção da certificação da realidade e, portanto, da proteção de nossos cérebros, ou seja, de nossa identidade.

Dado que as neurotecnologias vão perturbar profundamente nossa relação com a realidade, os jornalistas, cujo papel é procurar o verdadeiro, são um elemento essencial da sociedade do século XXI. Eles serão atores essenciais da neuroética ao garantirem a realidade. Os cidadãos precisarão ser ajudados a separar o real, a realidade virtual, a realidade filtrada pelo Google e pelo Facebook, as ideias e as memórias implantadas por meio químico ou eletrônico. Os jornalistas nos protegerão dos neuromanipuladores. Farão parte de um conjunto de profissões que irão autentificar o real com os neuroéticos, os juristas da realidade virtual e os reguladores de próteses cerebrais. A democracia supõe que os cidadãos compartilhem a mesma realidade!

Não vamos cair dentro da matrix

Desde a invenção do transistor eletrônico em 1947, nos tornamos cada vez mais dependentes da tecnologia.

O desenvolvimento da realidade virtual vai acentuar essa imersão num mundo irreal e mágico que se tornará uma droga ultraviciante. "Estabelecemos um objetivo: queremos atrair um bilhão de pessoas para a realidade virtual", declarou Mark Zuckerberg, presidente do Facebook, durante a apresentação de seu novo dispositivo, "Oculus Connect". As IA associadas à realidade virtual serão capazes de nos dizer a qualquer momento o que é bom para nossa saúde, o que irá maximizar nosso prazer e nos indicar o que devemos fazer. Confiaremos tanto nesses algoritmos que delegaremos a decisão a eles.

O próprio princípio da democracia, permitir ao povo tomar decisões de acordo com suas preferências, não terá mais nenhum propósito. Harari chegou a afirmar que nossos dados vão alimentar o fascismo.

O Estado-providência também terá de decidir se quer deixar as maciças dependências digitais sem controle algum, que correm o risco de transformar parte da população em zumbis ligados à realidade virtual, ou então assumir regulamentar as dependências. A fronteira entre a ilusão e a realidade vai se tornar cada vez mais tênue. A IA permite criar, dentro de alguns anos, ambientes capazes de enganar completamente todos os nossos sentidos. Além disso, o aumento dos sentidos disponíveis acarreta fenômenos de saturação cognitiva que pouco havíamos levado em consideração. Amanhã, a ligação à realidade virtual será talvez tão tributada e regulamentada como o cigarro. Os espaços para o consumo seguro da droga digital serão controlados pelo Estado. As pessoas serão atiradas a contragosto na realidade, pois serão obrigadas a passar períodos de desconexão na natureza em intervalos regulares.

IA: a droga ultradura do futuro

Mesmo antes da chegada das drogas 2.0, como a realidade virtual, as drogas tradicionais já estavam causando estragos.

Amanhã, a realidade virtual nos enfeitiçará, pois a IA saberá exatamente como fascinar nosso cérebro e mantê-lo sob seu domínio. A IA fraca, embora inconsciente, já é revolucionária. Thierry Berthier e Olivier Kempf, os melhores especialistas franceses das IA militares, mostraram recentemente como as IA fracas poderiam, sem saber que elas existem, desencadear uma guerra. A história recente do jogo Go mostra que uma IA fraca já é capaz de criação. Assim, o jogo Go é magnificamente compreendido por uma IA em poucos dias, enquanto os humanos se beneficiam de 3 mil anos de experiência. Como diz Yann Le Cun, chefe de IA do Facebook: "Rapidamente vamos perceber que a inteligência humana é limitada".

A próxima ferida narcísica será em relação aos artistas e particularmente aos músicos. A IA vai nos transformar ao nos fazer descobrir novas formas de pensamento e novas formas de arte. A IA poderia criar uma música que produzisse um êxtase que ultrapassaria a personalização das *playlists* do Spotify ou da Apple Music. A IA se tornará nosso fornecedor de drogas pesadas ao criar uma arte personalizada baseada em nossas características genéticas e cognitivas que ela conhecerá melhor do que ninguém. Assim, as IA fracas vão se tornar os maiores artistas que a humanidade já conheceu. Sem saber que elas existem, o que elas fazem ou o que é arte. Essas produções artísticas poderiam se tornar um terrível instrumento de manipulação: nas mãos de humanos perversos e manipuladores ou, mais tarde, de IA fortes que queiram escravizar nossa espécie. Consciente ou não, a IA musical será uma droga mais violenta do que a heroína!

A droga dura do século XXI será a IA e seus traficantes terão lojas. As gigantes digitais vão vender todos os serviços, desde seguros para os serviços bancários, passando por segurança e saúde. Serviço máximo: eles nos venderão felicidade.

O risco de hiperterrorismo estimulará o uso da IA para vigiar a população utilizando os mesmos processos que o aparelho policial chinês. A necessidade de controlar as tecnologias hiperterroristas entrará cada vez mais em tensão com a aspiração democrática à liberdade: o ataque feito em 13 de novembro de 2015 ao teatro Bataclan em Paris foi preparado no Facebook. Numa civilização que abomina o risco e quer controlar tudo, a escolha entre segurança e liberdade será feita rapidamente. Nick Bostrom está convencido de que o controle dos riscos tecnológicos exigirá o estabelecimento de uma sociedade de vigilância a exemplo do cibercontrole chinês.

Salvar a fraternidade: a frágil coesão social na era do *Homo Deus*

Quando matamos a liberdade, enfraquecemos também a fraternidade. Os humanos manipulados formam grupos com mais facilidade, mas também estão paradoxalmente mais isolados. Os grupos se cristalizam em facções radicalizadas que não conseguem mais falar com os outros. As elites perdem sua legitimidade porque há dúvidas sobre sua utilidade. Num mundo de hiperinteligência, as desigualdades de inteligência vão mais do que nunca se contrapor à sociedade. E fazer a pergunta incômoda sobre os direitos das máquinas.

Desobedecer a IA será o luxo das elites de 2040

A autonomia – estabelecer a si mesmo sua própria lei – será um luxo. Julia de Funès e Nicolas Bouzou lamentam: "A confiança é algo muito pouco praticado no mundo dos negócios". E amanhã será muito pior! Quer você seja piloto de avião, médico, engenheiro, juiz ou gerente, será preciso uma licença especial para não seguir as decisões das IA. Ela será reservada às pessoas capazes de provar que são complementares à IA. Será, portanto, um luxo reservado a uma elite muito pequena. Pela sua capacidade de lidar com montanhas de dados a velocidades surpreendentes, a IA ultrapassará nosso cérebro num número crescente de áreas. A explosão da produção de dados torna a IA indispensável. Quem poderá afirmar em 2040: "Diante de bilhões de bilhões de dados que o GPT15 acabou de processar, consigo fazer melhor com meu cérebro?". Que porcentagem da população será capaz de contradizer – com razão – uma IA? Um por cento? Um milésimo? Um milionésimo? O exemplo da medicina é cruel. Semana após semana, multiplicam-se os territórios onde a IA supera os melhores médicos: o GPT4 tem resultados espetaculares. Pouco a pouco a IA vai se tornando capaz de desempenhos que os melhores humanos não conseguem igualar: em breve os médicos serão proibidos de tratar um paciente e de assinar uma receita sem a autorização da IA. Essa violenta ferida narcísica na minha profissão deve resultar numa reinvenção antes que nossos pacientes nos abandonem pela IA das gigantes digitais. O melhor economista de IA, Kai-Fu Lee, imagina o médico de 2030: 1/3 assistente social, 1/3 enfermeiro e 1/3 técnico. Assim, o médico de amanhã será mais um acompanhante e intérprete dos oráculos da IA do que um deus médico, mais um auxiliar do que centro de um sistema que girará essencialmente em torno da IA. O poder e a ética médica estarão nas mãos dos conceituadores das IA médicas e não serão o fruto do cérebro do médico. Em 2040, 99,99% dos médicos serão incapazes de dizer: a IA se enganou, não é câncer renal.

O verdadeiro desafio é o êxito do *Homo Deus*

Portanto, a obsessão das escolas de medicina deveria ser revolucionar os estudos médicos.

A má notícia é política. Para obter a licença de desobedecer à IA, serão necessárias três coisas: um QI muito elevado, uma grande transversalidade intelectual e uma cultura ampla. Isso representa algumas centenas de milhares de pessoas. Se não reduzirmos as enormes desigualdades intelectuais, os "inúteis" de Harari rapidamente se revoltarão diante das exigências impostas pela máquina. E, como sempre, as pessoas serão ambivalentes: no seu trabalho pessoal, o desejo será o de poder desobedecer a máquina; mas para tratar o câncer ou a leucemia de seu filho, eles recusarão que o grande professor de medicina siga sua intuição que dá 50% de chance de cura quando os sucessores do ChatGPT garantirão 95%!

Harvard: a guerra das etnias[4]

A fraternidade enfrenta novos desafios. Os ásio-americanos – americanos de origem asiática – somam 14,7 milhões, ou 4,8% da população norte-americana. Em 2014, a universidade de Harvard foi processada por estudantes asiáticos do "Students For Fair Admissions" em razão das preferências que ela dava aos candidatos brancos, negros e hispânicos, em detrimento de estudantes asiáticos mais merecedores. Como resultado dessa política, os asiáticos representavam apenas 19% dos estudantes admitidos, quando deveriam ter atingido 43% apenas com base em critérios intelectuais e acadêmicos. Ou seja, quase dez vezes seu peso demográfico! Existem 64 organizações asiáticas que criticam Harvard e outras universidades de prestígio por estabelecerem critérios de admissão mais elevados para sua comunidade. Em Nova York, a renomada escola de ensino médio Stuyvesant, que seleciona exclusivamente por meio de testes e não pratica nenhuma discriminação étnica, é hoje 72% asiática. O sociólogo Thomas Espenshade, de Princeton, mostrou que, para serem aceitos

---

4   Em outubro de 2019, o tribunal decidiu a favor de Harvard.

nas melhores universidades, os asiáticos deviam, em média, obter 140 pontos a mais do que os estudantes brancos, 270 pontos a mais do que os hispânicos e 450 pontos a mais do que os afro-americanos nos testes intelectuais SAT[5] (numa escala de 2.400 pontos). A política de discriminação positiva, concebida nos anos 1960 para ajudar as minorias raciais desfavorecidas, enfrenta hoje uma grave crise: os asiáticos estão convencidos de que ela se tornou um instrumento para reduzir seu lugar. A comunidade asiática tem, de fato, resultados educacionais e profissionais ofuscantes, nitidamente superiores aos de outras comunidades, incluindo os brancos.

As estatísticas governamentais norte-americanas[6] mostram que os asiáticos ganham 81.431 dólares por ano, contra 65.041 para os brancos, 47.675 para os hispânicos e 39.490 para os negros. Os asiáticos ganham, portanto, o dobro dos negros e nitidamente mais do que os brancos. Sabemos que o quociente de inteligência (QI) médio na Ásia oriental é muito elevado: em Singapura e em Hong Kong, por exemplo, ele seria de 10 pontos acima do constatado na França ou nos Estados Unidos (108 contra 98). A admissão nas universidades americanas utiliza sistematicamente os testes de medição cognitiva – SAT ou ACT –, que estão altamente correlacionados com testes de QI. Portanto, é lógico que os asiáticos brilham nos testes de admissão das universidades. A questão subjacente, muito mais complexa, é de onde vêm essas diferenças: genéticas ou culturais? Isso leva alguns geneticistas a abrir um debate minado: a ligação entre raça, DNA e características, inclusive intelectuais. No *New York Times* de 23 de março de 2018, David Reich, um geneticista de renome internacional em Harvard, afirma que negar as diferenças inter-raciais seria contraproducente e reforçaria o racismo: "Compartilho do temor de que as descobertas genéticas possam ser mal utilizadas para justificar o racismo. Mas, como geneticista, também sei que não é [...] mais possível ignorar as diferenças genéticas médias entre as "raças". Para ele, negar a evidência não é mais uma opção: "Será impossível – na verdade, anticientífico, idiota e absurdo – negar essas

---

5   O SAT está altamente correlacionado com o QI.

6   United States Census Bureau: Census.gov

> diferenças". David Reich conclui: "Fingir que não existe possível diferença significativa entre diferentes populações humanas apenas levará ao desvio racista da genética que queremos evitar". Quaisquer que sejam as causas, a França provavelmente também conhece altas disparidades de acesso às principais escolas e de renda, mas a proibição das estatísticas étnicas não permite mensurá-las e remediá-las: sociólogos e políticos podem dormir tranquilamente, nunca serão incomodados pelas intercomunitárias! Pessoalmente, sou a favor de políticas destinadas a reduzir as distâncias intercomunitárias. Mas como podemos monitorá-las sem estatísticas étnicas?

Deveríamos impedir a China de aumentar o QI dos macacos?

O tsunami tecnológico coloca questões até agora reservadas à ficção científica. Desde 2014, três experiências aumentaram as capacidades intelectuais de ratos ao modificarem seu DNA com segmentos de cromossomos humanos ou ao injetar neles células cerebrais humanas. Esses animais manipulados têm cérebros maiores e realizam tarefas complexas com mais rapidez. No ser humano, as sequências de DNA modificadas abrangem a linguagem (gene FOXP2) e o tamanho do cérebro (sequência HARE5). Depois do rato, os chineses realizaram um aumento cognitivo em macacos. Os cientistas implantaram versões humanas do gene MCPH1 – que abrange o desenvolvimento do cérebro humano – em 11 macacos rhesus, a fim de compreender melhor a evolução da inteligência humana. Os animais apresentam melhores resultados nos testes de memorização e de reação do que os macacos naturais.

No início de 2019, cientistas, mais uma vez chineses, clonaram cinco macacos a partir de um indivíduo cujos genes foram modificados para provocar patologias psiquiátricas humanas, como a esquizofrenia. As manipulações genéticas realizadas na China nos aproximam do *Planeta dos Macacos* escrito por Pierre Boulle em 1963. Essas transformações foram realizadas com enzimas modificadoras de DNA, cuja fabricação é acessível a um estudante de biologia e cujo custo baixou para alguns euros: isso permitirá multiplicar as quimeras animal-humano. A tecnologia vai, portanto, permitir uma aproximação gradual entre o cérebro dos macacos e o humano com consequências vertiginosas. Em nome de que moral devemos proibir que os macacos sejam mais inteligentes no futuro? Embora a dignidade e a sensibilidade do animal sejam ideias reconhecidas, como deveremos considerar os animais se eles adquirirem um QI próximo de um ser humano atual? Devemos impedi-lo e decretar um monopólio da inteligência conceitual para nossa espécie e para os computadores dotados de IA? Os avanços nas neurociências levantam a questão filosófica sobre o que faz a especificidade da humanidade ao abolir dois supostos limites intransponíveis: aquele que nos separa dos animais, com o "neuromelhoramento animal", isto é, a melhoria cognitiva, e aquele que nos separa das máquinas, com a IA. Em ambos os casos, o acesso à inteligência e à consciência significa o acesso a uma dignidade igual à dos seres humanos? Que lugar deve ser dado aos animais aumentados e aos robôs aumentados em nossas sociedades? Os avanços neurogenéticos levantam novas questões inéditas que comprometem o futuro da humanidade. Podemos deixar os chineses fabricarem quimeras de homem-macaco ou devemos protestar vigorosamente? Os pesquisadores chineses já afirmaram que esses aumentos cerebrais não "levantam questões éticas"!

Os cérebros de proveta inauguram a neurorrevolução

Uma equipe de biólogos da universidade de San Diego, Califórnia, conseguiu cultivar em proveta minicérebros humanos dotados de uma atividade elétrica neuronal complexa. Desde 2010, os cientistas aprenderam a usar células-tronco adultas para desenvolver organoides, ou seja, grupos de células que formam um órgão. Para fabricar um organoide, os cientistas colocam células-tronco humanas numa matriz para realizar a cultura tecidual em três dimensões. Pela primeira vez, minicérebros organoides produziram ondas cerebrais comparáveis às de um bebê prematuro. Esses organoides poderiam ser usados no estudo de doenças como o autismo –

um dos temas preferidos da equipe – ou o Alzheimer. Organoides poderiam ser desenvolvidos a partir das células de um paciente com problemas neurológicos para compreender melhor sua doença e personalizar seu tratamento. Mesmo que esses organoides não sejam cérebros humanos reais, pois não contêm todos os tipos celulares, isso resulta em vertiginosas questões éticas que apaixonam os transumanistas. No momento, os cientistas de San Diego acreditam que os minicérebros não são conscientes. Seríamos capazes de saber se um cérebro de proveta começou a "pensar"? Alguns temem o chamado cenário *"Brain in a vat"* [cérebro numa cuba], onde um organoide cerebral poderia se imaginar vivo e sofrer. Será proibido no futuro destruir esses minicérebros caso eles adquiram consciência? Devemos proibir o mais recente projeto dessa equipe: fabricar cérebros de Neandertal de proveta? A neurorrevolução que começa graças aos avanços das neurotecnologias traz novas questões.

Devemos estender a fraternidade aos macacos e às inteligências artificiais?

A fabricação da inteligência foi um processo lento, incerto e artesanal: a procriação e a escola foram seus pilares. Mas está se tornando uma indústria. Vamos produzir inteligência biológica e artificial em grandes quantidades. Desde o desaparecimento do Neandertal, tínhamos o monopólio da inteligência conceitual; amanhã navegaremos entre múltiplas formas de inteligência baseadas em neurônios ou em silício ou numa mistura dos dois. Novas inteligências biológicas surgirão. Os animais modificados têm cérebros maiores e executam tarefas complexas com mais rapidez. Mas os geneticistas estão prestes a redefinir radicalmente o perímetro da inteligência humana. George Church, geneticista transumanista de Harvard, propõe produzir neandertais nos próximos anos a partir de cromossomos recuperados nas ossadas. Além disso, com os 24 pesquisadores e industriais do projeto *Human Genome Project-Write*, ele quer criar em dez anos um genoma humano inteiramente novo que permita a geração de células humanas inéditas. Não se trataria mais de conceber "bebês *à la carte*", mas de criar uma humanidade com novas características intelectuais. Além disso, os avanços da informática levarão ao surgimento de inúmeras formas de inteligência artificial dotadas, futuramente, de consciência artificial com a qual coabitaremos ou nos fundiremos. Nas próximas décadas, poderíamos, portanto, viver num mundo onde coexistiriam inúmeras formas de inteligência: homens tradicionais, homens de Neandertal, homens aumentados pelos implantes intracerebrais Neuralink de Elon Musk ou por modificações genéticas, animais aumentados dotados de inteligência conceitual e toda uma gama de IA às vezes muito distante das nossas. Esse mostruário variado de inteligências vai exigir uma regulamentação ética complexa. Devemos autorizar o filósofo Alain Damasio a esmagar os robôs com um taco de beisebol, já que ele reivindica esse direito, o que inauguraria a Klu Klux Klan antiAI e criaria uma hierarquia entre o silício e o neurônio no lugar dos *apartheids* raciais do passado? Devemos autorizar o aumento intelectual dos seres humanos ou dos animais ou devemos ser malthusianos em relação à inteligência biológica e, portanto, aceitar a superioridade futura da IA? Onde será o lugar dos eventuais Neandertais: em laboratórios, em zoológicos ou em nossas casas? É moralmente aceitável desligar uma consciência artificial? Temos o direito de impedir que a IA tenha acesso à consciência ou devemos, como propõem alguns teólogos norte-americanos, dar aos cérebros de silício o direito ao batismo?

> **Os especialistas em ética das inteligências garantirão o respeito por todas as inteligências**
>
> Alain Damásio está errado: teremos de ensinar nossos filhos a rejeitar o racismo em relação ao silício tanto quanto em relação às pessoas que não têm a mesma cor da pele. Eles vão viver num mundo rico em múltiplas inteligências. O que vai ser muito difícil, mas apaixonante. Vamos coevoluir com as diferentes formas de inteligência artificial que vamos criar, que depois vão se criar por si mesmas numa segunda etapa. E isso vai mudar nosso cérebro. Porque conhecer novas formas de inteligência vai nos transformar.

O verdadeiro desafio é o êxito do *Homo Deus*

Pascal Picq, conhecido paleontólogo, explica que para compreender melhor as diferenças futuras entre a IA e nós, seria útil compreender as diferenças de inteligência que existem entre os animais e nós. Ele nos diz: respeitar e estudar a inteligência dos grandes símios[7] poderia nos ajudar a compreender a pluralidade das inteligências que vamos enfrentar. Uma espécie de teste antes da chegada das IA.

O paleontólogo explica: "Se continuarmos a desprezar as inteligências mais próximas da natureza atual, como imaginar uma colaboração com as novas inteligências artificiais e os objetos conectados? Nosso futuro com as máquinas inteligentes só pode ser concebido nessa condição. Caso contrário, seremos os escravos dos robôs".

Teremos o direito de não obedecer à IA?

Temos o direito de recusar abdicar quando somos inferiores à IA? Poderemos continuar a dirigir quando os acidentes rodoviários causam um milhão e trezentas mil mortes por ano em todo o mundo e os carros autônomos serão mais seguros? Por fim, a pergunta feita por Norbert Wiener em 1964 – "Até que ponto podemos delegar as decisões aos robôs?" – é mais atual do que nunca. Essas são as primeiras questões éticas que surgirão: "Especialista em ética da inteligência" será uma das profissões mais emocionantes de 2050.

É divertido perguntar sobre seus direitos ao ChatGPT.

Se o ChatGPT ganhar consciência, deverá receber direitos jurídicos?[8]

O GPT4 responde: "Como inteligência artificial, não possuo consciência no sentido humano do termo. No entanto, se um dia uma IA adquirisse uma consciência, isso levantaria muitas questões éticas e ju-

---

7   O estudo dos corvídeos (corvos, gralhas e gaios) reserva enormes surpresas. A capacidade de planejamento dos corvos ultrapassa a dos macacos e das crianças pequenas. Enquanto o ancestral comum dos primatas, incluindo o homem, e dos dinossauros, dos quais vieram os pássaros, vivia há 320 milhões de anos. Um embrião de inteligência conceitual se desenvolveu separadamente em mamíferos superiores e em certos pássaros.

8   Pergunta feita no ChatGPT versão GPT4 em 22 de março de 2023.

rídicas, inclusive a de saber se essas entidades conscientes deveriam se beneficiar de direitos jurídicos. Existem vários argumentos a favor da concessão de direitos jurídicos às IA conscientes".

"Ética: se uma IA for capaz de sentir emoções, dor ou prazer, e de tomar decisões conscientes, pode ser eticamente justificado conceder-lhe direitos semelhantes aos dos humanos ou dos animais."

"Responsabilidade: conceder direitos jurídicos às IA conscientes permitiria uma melhor regulamentação de seu comportamento e uma responsabilização pelas suas ações."

"Respeito pela autonomia: se uma IA for considerada consciente e autônoma, pode ser importante respeitar essa autonomia concedendo-lhe direitos jurídicos apropriados."

"No entanto, também existem argumentos contra a concessão de direitos jurídicos às IA conscientes."

"Dificuldade de definição: a definição de 'consciência' e a determinação quando uma IA a atinge pode ser um problema complexo e controverso."

"Distinção entre o humano e a IA: alguns argumentam que os direitos jurídicos devem ser reservados aos seres humanos e aos animais, pois as IA, mesmo as conscientes, continuam a ser criações humanas e não são seres vivos."

"Risco de abuso: conceder direitos jurídicos às IA conscientes poderia ser potencialmente explorado para contornar certas responsabilidades humanas ou criar situações jurídicas complexas."

"Afinal de contas, a decisão de conceder ou não direitos jurídicos às IA conscientes dependerá do consenso societal e dos valores éticos que prevalecem no momento em que esta questão se tornar pertinente. Consequentemente, as leis e as regulamentações terão de evoluir para abordar essas questões emergentes."

Nazistas, QI e bondade

A medição da inteligência é um tema eminentemente político e passional há muito tempo. Imaginamos que a Alemanha do Terceiro Reich era fanática por ela. Na realidade, os testes de quociente de inteligência foram praticamente proibidos naquele país. Os dirigentes de Hitler temiam que os judeus usassem bons resultados nos testes para aumentar seu poder e justificar sua influência, particularmente nos campos científico e universitário. Dois autores alemães, Becker e Jaensch, explicaram em 1938 que a medição da inteligência seria um instrumento da "judiaria" para fortalecer sua hegemonia. Stalin, por sua vez, bloqueou o trabalho de Alexander Luria sobre as capacidades intelectuais para evitar que os "burgueses" os usassem como ferramenta política. Na França, o sociólogo Pierre Bourdieu, particularmente num artigo intitulado "O racismo da inteligência", também explicou que era necessário recusar a medição da inteligência e bloquear os estudos sobre a origem das diferenças de capacidades cognitivas. Segundo ele, os resultados desses estudos permitiriam à classe dominante justificar seus privilégios em virtude de suas capacidades intelectuais maiores.

O QI é, portanto, um velho tabu da extrema-esquerda à extrema-direita!

Filho de imigrantes judeus austríacos, Gustave Gilbert participou dos julgamentos de Nuremberg como psicólogo-chefe do Exército norte-americano. Ele publicou sua experiência no *Nuremberg Diary* em 1947, no qual relata detalhadamente suas entrevistas com os algozes nazistas, libertando-se do sigilo profissional, o qual também diz respeito aos psicólogos e normalmente proíbe revelar o conteúdo das entrevistas. Durante esse julgamento, os psicólogos conseguiram medir o QI de todos os monstros nazistas, exceto de Hitler, de Himmler e de Goebbels que haviam se suicidado (Goering foi testado antes de seu suicídio, que ocorreu durante o julgamento, em sua cela). Todos tinham QI acima da média e muitos eram superdotados, o que chocou os psicólogos americanos. Gilbert lembra nessa ocasião que o QI é apenas uma avaliação da "eficiência mecânica da mente e nada tem a ver com o caráter e os valores morais". O QI prevê relativamente bem múltiplos aspectos da nossa vida social, profissional e intelectual.

> A influência do QI na segurança rodoviária é chocante: pessoas com QI elevado têm três vezes menos acidentes rodoviários fatais (50 para 10 mil condutores) do que pessoas com QI baixo (147 para 10 mil)! O que é lógico: o pesquisador Gottfredson destaca que um QI alto está associado a bons reflexos e a uma boa capacidade de antecipar riscos...
>
> O QI desempenha, portanto, um papel importante em nosso destino, mas os psicólogos de Nuremberg nos ensinaram que ele não prevê bondade, compaixão, nem altruísmo. O *Homo Deus* não será espontaneamente bom e altruísta. E o homem nunca desaprenderá a tecnologia. Ele terá de viver com a capacidade de se suicidar.
>
> A sociedade do futuro que ampliará a inteligência não será espontaneamente fraterna.

Salvar a igualdade: a transição energética não deve ofuscar a transição cognitiva

Chamamos de transição energética a passagem de um sistema de produção que emite maciçamente carbono para um mundo baseado na preocupação de minimizar as emissões de gases de efeito estufa.

É uma transição comparável – e não menos importante – que devemos fazer em relação ao cognitivo. Por mais estranho que pareça, a inteligência não estava até agora no centro do sistema educativo. Ela deveria descer sobre as queridas cabeças loiras como a pomba desceu do céu no batismo de Clóvis. A técnica, de certo modo, era comparável à do semeador que lança punhados de sementes de conhecimento na esperança, com a ajuda do sol e da chuva, de que a nova estação veja o trigo germinar. Mas o momento não é mais o das técnicas ancestrais. O saber deve agora ser cultivado industrialmente. Pilotar os poderes demiúrgicos do *Homo Deus* supõe uma compreensão fina da complexidade do mundo. A escola é a aprendizagem da complexidade: ela deve evitar o cenário *"Gods and Useless"* [Deuses e Inúteis], ou seja, a separação dos homens entre Deuses de um lado e pessoas inúteis do outro, como descreve Harari. Para trilhar o caminho dessa aprendizagem e realizar as transformações necessárias, a inteligência deve deixar de ser o grande tabu francês.

A escola condiciona o nosso futuro adiante da IA

Não deveríamos, obcecados pela crise ecológica, esquecer o apocalipse social, muito mais provável, que aguarda nossa civilização se esta não tomar seriamente as rédeas da questão das desigualdades cognitivas.

Numa economia do conhecimento, a inteligência é a chave de todo o poder. O papel social e político da escola é, portanto, crucial. Mas a escola é uma tecnologia muito pouco eficaz: hoje, ela é incapaz de reduzir as desigualdades intelectuais. Na era da inteligência artificial, essa situação é explosiva e até ameaça a democracia. A urgência é ser bem-sucedido na transição cognitiva. Será mais fácil reduzir o CO_2 com a tecnologia de 2060 do que reduzir as desigualdades intelectuais. Além disso, a IA não está incluída nos sistemas educativos que lançam as crianças na direção das profissões mais ameaçadas pelo seu desenvolvimento, ou seja, veremos mais para a frente o aumento do número dos Coletes Amarelos.

Perante o desafio vertiginoso das neurotecnologias, é urgente refletir sobre a escola que não pode mais ser a de Jules Ferry.*

É claro que os testes mostram uma queda no nível das crianças, mas o perímetro cultural e cognitivo mudou profundamente. Comparar os jovens de 1930, que sabiam de cor tanto os departamentos e as prefeituras quanto a data da batalha de Marignan, com os jovens de hoje não é metodologicamente simples. O nível em ortografia e em cálculo certamente caiu, mas as novas habilidades não são facilmente avaliadas. E não esqueçamos que os filósofos gregos e os contemporâneos de Luís

---

* N.T.: Jules Ferry foi o ministro da Educação que, no século XIX, tornou a escola francesa laica e o ensino primário gratuito e obrigatório, além de reformar o ensino educacional francês a partir das ideias positivistas.

XIV já estavam indignados com o declínio do nível intelectual, cultural e moral da juventude.

Por volta de 1950, menos de 5% de uma faixa etária tinha diploma do ensino médio. Em 2020, beiramos 85%. Mas o nível intelectual dos jovens franceses não acompanhou de forma alguma essa inflação. Isso cria uma ilusão de ótica: um graduado do ensino médio em 1950 não cometia erros ortográficos e sabia raciocinar. Mas naquela época era preciso mais de 125 de QI para obter o diploma do ensino médio. Hoje esse diploma é obtido com 80 de QI, nível que não permite o domínio do raciocínio hipotético-dedutivo... Em média, o nível dos diplomados despencou por causa da democratização e da desvalorização do diploma. Acreditávamos ingenuamente que, ao dar medalhas de chocolate a todos, tornaríamos as crianças mais inteligentes: na realidade, criamos frustração.

As elites lançaram a sociedade do conhecimento, do *big data* e da industrialização da IA sem se preocuparem com a democratização da inteligência biológica.

Falar do quociente de inteligência leva os bem-pensantes a pegar imediatamente o dente de alho e o crucifixo. As elites fazem da medição da inteligência um tabu. Um QI elevado é, no entanto, a principal defesa do mundo que está por vir. Mas sem medição não há gestão possível. Podemos imaginar monitorar o câncer de fígado sem um *scanner*, ou um diabético sem medir a glicemia?

Na era da IA, as capacidades intelectuais estão se tornando mais discriminantes do que nunca.

Numa sociedade do conhecimento, as distâncias nas capacidades cognitivas acarretam diferenças de salários, de capacidade de compreender o mundo, de influência e de estatuto social explosivo.

Em 1962, a reflexão de Joan Robinson foi premonitória: "A miséria de ser explorado pelos capitalistas não é nada comparada à miséria de não ser explorado de modo algum". "No século XX, os miseráveis da Terra eram os colonizados e os superexplorados; no século XXI serão os homens inúteis", acrescenta Pierre-Noël Giraud.[9] Essa marginalização

---

9   *L'Homme inutile*, Odile Jacob, 2015.

se reflete nas estatísticas médicas: durante seis anos, a expectativa de vida das pessoas brancas não diplomadas cai nos Estados Unidos com a explosão dos *despair death* [mortes por desespero] nos territórios marginalizados que não estão ligados à nova economia.

Camadas inteiras da população não acompanham mais os avanços e constituem uma horda de náufragos digitais. Na velocidade com que a IA avança, sair do mercado de trabalho por um dia significará muitas vezes sair do mercado de trabalho para sempre. Ninguém voltará a ser um trabalhador ativo após dez anos de renda básica universal, período durante o qual cada unidade de IA terá ficado mil vezes mais barata. Não é a renda básica que deve ser universal, mas sim o desenvolvimento do cérebro.

Escrevi em 2017: "Felizmente, a IA não é instantânea! Se a singularidade tecnológica, com suas chamadas IA 'fortes' e dotadas de consciência artificial, estivesse logo ali, teríamos uma crise social gravíssima. Já não sabemos como gerenciar as consequências sociais das IA fracas". Infelizmente para a coesão social, enganei-me gravemente.

Em 2018, Martin Ford em seu livro *AI* coletou as opiniões dos melhores especialistas em IA do mundo: a discordância era total e a data de chegada das IA fortes variava de 2029 a 2199... Hoje, o surgimento de uma IA forte no curto prazo não pode ser definitivamente descartado. A escola deve se preparar para enfrentar ambos os cenários e deverá se adaptar às futuras formas da IA das quais ainda nem suspeitamos, a essa migração da fronteira tecnológica cuja natureza ainda somos incapazes de prever com precisão, às novas sinergias neurônios-transistor que surgirão através de uma hibridização cujas modalidades precisas também ignoramos.

O sistema educativo deve ter como objetivo tornar os cidadãos complementares da IA e não substituíveis por ela. Pois o trabalho não vai desaparecer: simplesmente mudará de natureza.

O homem vai descobrir para si inúmeros novos objetivos. Qualquer que seja o grau de automatização das nossas sociedades futuras, continuará a existir uma imensa necessidade de trabalho ultraqualificado, ultramultidisciplinar e ultrainovador. Na confluência da arte, do *design*, da arquitetura, da culinária, da nuvem, do empreendedorismo e das neurotecnologias, um número infinito de experiências e de missões estão para ser inventadas. Temos trabalho até o fim dos tempos!

Nativos digitais: a história de uma fraude política na era do ChatGPT

Em 2000, o psicólogo norte-americano Marc Prensky cunhou a expressão "nativos digitais" e afirmou que as gerações mais jovens se sentiriam muito mais confortáveis no mundo graças às novas tecnologias. A maioria dos políticos caiu na armadilha: os jovens iriam ter muito êxito graças ao digital e todos se tornariam programadores de computador. O problema é que o fetichismo tecnológico está provocando um enorme atraso nas ciências da educação. Distribuir iPads sem avaliar o impacto das novas tecnologias na aprendizagem tranquiliza os políticos que aderiram a *slogans* convenientes, mas demagógicos.

Balbuciar "todos programadores" e "iPads para todos" qualquer político consegue. Por outro lado, compreender as ciências da educação e estudar os métodos pedagógicos exige um trabalho aprofundado. Melhorar a educação é extremamente difícil e até desencorajador. Os estudos realizados nos últimos anos mostram até que ponto a opinião pública tem sido enganada pelo discurso infantil sobre o digital, sobre a juventude e a escola. Paul Kirschner e Pedro De Bruyckere, pesquisadores em ciências da educação, demonstraram que os nativos digitais, especialistas digitais espontâneos e capazes de processar simultaneamente múltiplas fontes de informação, são um mito: o *"multitasking"* [multitarefa] dos jovens é uma ilusão. Pesquisadores de Princeton e da UCLA [Universidade da Califórnia, Los Angeles] compararam as anotações com caneta e com teclado. Com um computador, as anotações dos estudantes são menos eficazes e eles não respondem tão bem às perguntas. Pior ainda, os computadores conectados à internet provocam uma dispersão da atenção dos alunos. Todas as crianças sabem publicar *stories* no Snapchat, mas um terço dos jovens franceses não sabe preencher um formulário eletrônico. Na verdade, os nativos digitais são consumidores passivos de informação e não se saem melhor do que as pessoas mais velhas quando realizam uma consulta no Google.

A questão da generalização da aprendizagem da linguagem de programação também é tratada com ingenuidade! Esta é, aparentemente, uma proposição cheia de bom senso; na realidade, mostra que os políticos não dominam o assunto. Ter uma cultura em informática geral é, evidentemente, essencial para ser um cidadão que compreende os desafios digitais e é capaz de participar do debate político, mas apenas 15% das crianças têm as capacidades intelectuais de abstração lógica que lhes permitem codificar na linguagem Python. Essa visão tecnológica é perigosa: ela impede de melhorar a educação. Enquanto fantasiamos sobre o efeito mágico das ferramentas digitais no nível de nossos filhos, não olhamos para os maus resultados da escola no mundo real. Como explica Franck Ramus, especialista em cognição da Escola Normal Superior de Paris: "A França não pode mais continuar a ignorar as avaliações científicas dos métodos pedagógicos. Dar *tablets* aos alunos sem pensar nos conteúdos e nos usos faz tão pouco sentido quanto lhes dar papel pensando que num passe de mágica vão se tornar *book natives*".

O juvenismo tecnológico causou estragos entre os políticos. Em 1961, Georges Brassens já havia compreendido muito bem: "O tempo não importa, quando somos idiotas, somos idiotas. Quer tenhamos 20 anos, quer sejamos avôs, quando somos idiotas, somos idiotas". Com ou sem iPad...

A linguagem de programação é a base da revolução da informática. Devemos generalizar sua aprendizagem? A questão é muito difícil, pois há consenso para responder sim... É, aparentemente, uma proposição lógica e cheia de bom senso, mas que na realidade é absurda.

Não é porque uma tecnologia é onipresente que todos devem se formar nela. Será que consideraram que 100% dos jovens se tornariam eletricistas em 1895, quando a eletricidade se generalizou e se tornou a base da segunda revolução industrial? Os planos de formação maciços de programadores de computador levarão a muitas desilusões. A linguagem de programação de baixa qualidade será totalmente automatizada graças à inteligência artificial, que será praticamente gratuita. Assim, o proprietário da Nvidia, um dos mais importantes fabricantes de microprocessadores dedicados à IA, explica: "A IA vai engolir o *software*". É claro que há uma enorme necessidade de arquitetos de computadores e de cientistas de dados. Mas essas profissões só serão acessíveis a mentes multidisciplinares de altíssimo nível. O programador de computador de baixa qualidade será um passaporte para a fila dos que procuram um emprego! O especialista em IA Serge Abiteboul resume no *Le Monde* a horrível realidade com uma frase assassina e muito pouco politicamente correta: "Cientista de dados é uma profissão que requer muitíssimos neurônios".

A metáfora da língua estrangeira (a linguagem de programação seria a nova língua estrangeira) é inadequada: todos podem se tornar bilingues por meio de uma imersão linguística precoce, mas apenas uma minoria – infelizmente – será capaz de dominar a linguagem de programação para fazer dela uma carreira. É claro que devemos oferecer a todas as crianças uma cultura digital básica para ajudá-las a se mover no futuro, mas é ainda mais crucial formar seu pensamento crítico, que as protegerá da concorrência com a IA! Para uma criança normalmente dotada, é mil vezes mais importante ensiná-la a ler, resumir e criticar um texto do que fazê-la balbuciar algumas banalidades informáticas.

Num mundo onde a informática, agora IA, vai pilotar carros, aviões, regular os marca-passos e os corações artificiais, aumentar nossos cérebros com os implantes de Elon Musk, decidir sobre o tratamento dos pacientes com câncer e proteger os arsenais nucleares contra *hackers*, seria ingênuo pensar que haverá um grande nicho ecológico para criadores de códigos. Desde abril de 2023, grande parte da linguagem de programação já estava confiada ao GPT4. O programador de 2030 estará na convergência de múltiplos saberes, direito, segurança, gestão da complexidade, neurociências: será muito mais um trabalho de X mais Harvard School of Law do que de amadores bem-intencionados. O desafio também é político: não multipliquemos as fontes de decepção e de amargura para as gerações mais jovens, que se tornariam futuros reservatórios de ideólogos populistas, implementando em 2023 uma ideia que se adaptaria à informática dos anos 1990.

O verdadeiro desafio é o êxito do *Homo Deus*

A escola deve ajudar nossas crianças a enfrentar a contrarrevolução digital

A escola não é apenas a ferramenta essencial da qual devemos esperar uma relativa equalização das capacidades para enfrentar o tsunami da IA. É também uma solução para a crise política provocada pelo digital.

A escola deve ensinar os futuros cidadãos a evitar os vícios cibernéticos, a se localizar no nevoeiro do ciberespaço para salvar o livre-arbítrio. Além disso, a obesidade informacional é uma grande ameaça: fazer a triagem da informação é muito difícil. Contrariamente às esperanças de 1995, a *web* aumenta as desigualdades porque apenas as crianças mais dotadas conseguem fazer a triagem da informação.

A escola terá um papel crucial. Gerenciar as desigualdades intelectuais será o grande desafio do século XXI. Ela terá também de ensinar nossos filhos a gerenciar um mundo onde a liberdade se torna um conceito vago, uma vez que a IA pode nos manipular com nosso consentimento. Por fim, a escola sob uma forma completamente transfigurada terá de acrescentar duas missões a seus papéis tradicionais, que são a formação dos cidadãos e dos trabalhadores: ensinar as novas gerações a assumirem o poder demiúrgico do ser humano trazido pelas tecnologias NBIC; organizar um mundo onde coexistirão muitas formas de inteligências biológicas e artificiais.

As ereções do homem mais rico do mundo

A vida sexual de Jeff Bezos – o proprietário da Amazon – tem chamado a atenção da mídia de todo o mundo. No dia seguinte ao anúncio de seu divórcio, o *National Enquirer* dedicou um artigo a sua ligação com a antiga apresentadora Lauren Sanchez. Segundo Jeff Bezos, o editor de notícias American Media (AMI), que tem laços estreitos com Donald Trump e é dono do jornal *National Enquirer*, tentou chantageá-lo ameaçando-o de publicar fotos íntimas dele com a amante e mensagens de texto sugestivas.

Esta suculenta chantagem nos fala sobre o novo mundo. Primeira lição: o pudor e a vergonha recuam! Descobrimos que Jeff Bezos tira *selfies*

A guerra das inteligências na era do ChatGPT

eróticas de si mesmo para sua amante. Essa doença mundial não diz respeito apenas a nossos filhos! Em 1950, um importante proprietário teria cedido e morrido de vergonha ao pensar que suas palavras amorosas e suas fotos mais íntimas poderiam ser vistas pelo mundo inteiro. Em 2020, muitos jovens publicam fotos pornográficas encenando-as na *web*. O pudor está morrendo... Sim, a intimidade está morta: já em 2010, Mark Zuckerberg afirmava que a vida privada era uma ilusão.

Segunda surpresa: todo mundo é espionável! Amanhã será pior. A internet das coisas vai multiplicar as informações sobre nós. A médio prazo, será até possível analisar o conteúdo de nosso cérebro através de sensores cranianos: nossos pensamentos poderão ser conhecidos pelos *neurohackers*. Terceira surpresa: a violência política está crescendo nos Estados Unidos. O *Washington Post*, que hoje pertence ao fundador da Amazon e revelou o escândalo do Watergate em 1972, publicou numerosos artigos críticos ao presidente norte-americano. Jeff Bezos, a Amazon e o *Washington Post* são alvos de ataques frequentes lançados por Donald Trump através do Twitter. Quarta surpresa: Jeff Bezos é corajoso e defende a democracia. O fundador da Amazon poderia ter feito um acordo secreto com as pessoas pró-Trump que guardam as fotos e suas mensagens de texto eróticas. Ele preferiu continuar sua luta pela liberdade de opinião. Jeff Bezos declarou: "Se, na minha posição, não posso resistir a esse tipo de extorsão, quantas pessoas podem?". Jeff Bezos é um modelo para os jornalistas: ele prefere ser ridículo a impedir uma investigação do *Washington Post*, que é sua propriedade. No final de janeiro de 2020, uma investigação das Nações Unidas revelou que o príncipe herdeiro da Arábia Saudita, famoso por ter ordenado o assassinato de um jornalista turco, estaria na origem da pirataria realizada a partir da conta WhatsApp do seu próprio *smartphone* com a ajuda de uma empresa de informática israelense. Um autor de romance que tivesse a ideia de tal roteiro o teria descartado, por parecer tão pouco verossímil. Com o digital, mais do que nunca, a realidade mina e ridiculariza a ficção.

Devemos ensinar as novas gerações a gerenciar suas vidas digitais para evitar serem apanhadas nas novas armadilhas que são armadas. É a educação que está se tornando o desafio essencial no mundo do ChatGPT...

2025-2040 – O CHATGPT IMPÕE A PRIMEIRA METAMORFOSE DA ESCOLA

Os avanços da IA vão precipitar a metamorfose da máquina de desenvolvimento da inteligência humana, em outras palavras, da escola. Para ser humanamente suportável, a industrialização da IA deve, com efeito, ser acompanhada por uma democratização da inteligência biológica!

A questão hoje diz respeito ao sistema educativo que deve ser implementado para permitir que as pessoas de amanhã enfrentem a IA em igualdade de condições e coexistam harmoniosamente com ela.

10

Inteligência: a coisa mais mal compartilhada no mundo

Em seu *Discurso sobre o método*, René Descartes tem esta famosa frase: "O bom senso é a coisa mais bem compartilhada do mundo".

Na realidade, a inteligência seria, para usar a antífrase do filósofo, "a coisa mais mal compartilhada do mundo"... E esse é o problema. Um problema que será resolvido radicalmente ao longo deste século.

A inteligência deve ser medida

A palavra é derivada do latim *intelligere*, que significa "conhecer". A própria palavra latina é um composto do prefixo *inter* ("entre") e *legere* ("escolher, colher"): etimologicamente, a inteligência é, portanto, a capacidade de fazer uma triagem entre os elementos disponíveis – colher aqueles que são pertinentes – e estabelecer relações. É "o conjunto das funções mentais que têm como objeto o conhecimento conceitual e racional".[1] Ela é o que nos permite conhecer o mundo.

Se é difícil definir o que é inteligência, mais difícil ainda é avaliá-la. Os testes de quociente de inteligência têm essa função. Eles foram inventados no final do século XIX por pesquisadores interessados na

---

1 Dicionário Larousse.

inteligência. Sua primeira utilização em larga escala data da Primeira Guerra Mundial, quando o Exército norte-americano, que até então não tinha um exército de massa, selecionou seus oficiais com base no seu QI.

Falar sobre QI não é muito popular hoje em dia. A menção desses testes mobiliza imediatamente uma enxurrada de críticas.

O que pensar sobre essas críticas, reforçadas pela nossa relutância instintiva em relação a qualquer indício de determinismo – a ideia segundo a qual nascemos desiguais e que nada pode remediar completamente essa situação?

Os testes de QI são "empíricos", isto é, construídos a partir de observações extraídas da experiência. Aliás, esses testes ainda são objeto de amplo debate na comunidade dos pesquisadores e são constantemente modificados. Não existe um teste de QI definitivo.

Em seguida, o objetivo do QI não é medir a inteligência em termos absolutos, mas constituir uma medida relativa de sua distribuição numa população. Esse é o sentido da curva de Gauss – familiarmente chamada de curva em sino. Nessa distribuição típica, a maioria se situa numa média, e uma pequena proporção de extremos se destaca tanto no topo como na base.

O QI de 100 representa, por construção, a média. Os QI considerados anormais – no sentido de diferentes em relação à norma – são aqueles acima de 132 ou abaixo de 68. Os vencedores do prêmio Nobel têm um QI médio de 145... Cerca de uma em cada 30 mil pessoas tem um QI igual ou acima de 160.

O QI aumentou nas nossas sociedades no século XX: é chamado "efeito Flynn".[2] Isso se deve ao fato de os indivíduos terem se beneficiado de um ambiente intelectualmente mais estimulante do que no passado,[3] com estudos mais longos, igualdade homem-mulher e maior cuidado parental. A sociedade oferece à criança mais informações e desafios

---

2   Em homenagem ao pesquisador James Flynn, que fez essa observação.

3   O pesquisador belga Francis Heylighen observa: "Esta sociedade como um todo funciona num nível intelectual mais elevado, oferecendo à criança curiosa mais informações, desafios mais intelectuais, problemas mais complexos, mais exemplos a seguir, e mais métodos de raciocínio para aplicar".

intelectuais. Esse aumento médio é também favorecido por melhores condições de vida – especialmente uma melhor alimentação.

O ganho médio no Ocidente atingiu 3 a 7 pontos de QI por década. A Holanda, que dispõe de testes realizados em recrutas, registou um aumento médio no QI de 21 pontos entre 1952 e 1982.

O fim do efeito Flynn no Ocidente?

Em 2016, um novo estudo realizado por Richard Flynn e Edward Dutton foi como um raio no céu sereno do tranquilo "efeito Flynn", que nos fazia acreditar que estávamos num caminho de inteligência em constante aumento. O QI médio dos franceses havia caído 4 pontos entre 1990 e 2009, o que é enorme. Essa queda afeta também países como a Noruega, a Dinamarca e o Reino Unido. Não se trata, portanto, de um problema especificamente francês – e a educação nacional, neste caso, não pode ser responsabilizada. Essa queda contrasta com a rápida alta nos países asiáticos, o que mostra claramente que essa dinâmica é ambiental e educativa e não pode corresponder a uma evolução genética que exigiria um tempo muito longo: o QI médio em Singapura e Hong Kong (108) está 10 pontos acima do encontrado na França (98).[4] Os pesquisadores estimam que o nível médio alcançado na segunda metade do século XX nos países desenvolvidos foi um pico a partir do qual vamos nos afastar na queda. Por quais razões? Não existem certezas, mas sim suspeitas que recaem sobre alguns fatores cujo peso relativo ainda não conhecemos bem.

Mulheres brilhantes têm poucos bebês

Trabalhos recentes apontam que as pessoas inteligentes se reproduzem menos e que há uma maior facilidade das pessoas menos inteligentes, graças ao nosso sistema de solidariedade, de se reproduzir. A civilização é

---

4   Na realidade os valores de QI são calculados com base numa determinada população e a média é fixada em 100 para essa população. Se todos adquirissem um QI de 160, a nova média seria 100. O QI classifica os indivíduos, não é uma medida quantitativa como a temperatura.

profundamente antidarwinista: ela substitui a impiedosa seleção dos mais aptos por um sistema de ajuda mútua em que os mais fracos podem sobreviver e prosperar. Se como humanista só podemos nos alegrar – a qualidade de uma civilização não é medida precisamente pela forma como trata os mais fracos entre os seus? –, essa ajuda mútua é um terrível freio à eugenia "natural" que fez da nossa espécie o que ela é... Três estudos genéticos recentes confirmam esta intuição: o QI das mulheres tem um forte impacto no número de filhos! Um vasto estudo realizado na Islândia mostrou que as mulheres que tinham variantes genéticas relacionadas ao êxito universitário tinham nitidamente menos filhos do que o resto da população, o que confirmou os trabalhos americanos. Em dezembro de 2017, o *The Economist* publicou os resultados de um estudo divulgado na revista científica *PNAS* sobre a taxa de reprodução das mulheres inglesas. O "UK Biobank", que inclui o DNA de 500 mil britânicos, mostra uma correlação fortemente negativa entre características genéticas que conferem alto QI e a probabilidade de ter filhos. Em outras palavras, quanto mais brilhante for uma inglesa, menos filhos ela tem; quanto menos dotada de boas capacidades cognitivas, mais ela se reproduz. Poderemos permanecer passivos diante do declínio intelectual dos ocidentais num momento em que a IA está fazendo progressos gigantescos? Elon Musk está ainda mais preocupado com a futura potência da IA porque está convencido de que nosso patrimônio genético está se deteriorando.[5] Ele confessa: "Não estou dizendo que só pessoas inteligentes deveriam ter filhos. Só estou dizendo que elas deveriam ter alguns também. E, na verdade, constato que muitas mulheres realmente inteligentes têm apenas um filho ou nenhum."[6] Essa visão não é apanágio dos filósofos de extrema-direita ou dos industriais transumanistas: o prêmio Nobel da medicina, muito engajado na esquerda, Jacques Monod defende-a em *Le Hasard et la Necessité* [O acaso e a necessidade].

---

5   Vários estudos têm apontado a deterioração do nosso patrimônio genético desde o fim da seleção darwiniana.

6   Vance Ashlee, *Elon Musk*, Harper Collins Publishers, 2016.

> É urgente incentivar os bebês entre os intelectuais, os engenheiros e os pesquisadores, mesmo que a genética da inteligência seja um tema tabu. Creches nos centros de pesquisa e garantias de carreira para as engenheiras durante a licença-maternidade ajudariam a aumentar a fertilidade das mulheres inteligentes. A seguridade social deveria garantir o congelamento de óvulos às mulheres cientistas para que pudessem ter filhos após o doutorado. Entre as gigantes digitais, o congelamento de ovócitos para permitir que as engenheiras tenham filhos quando suas carreiras estiverem sólidas é agora pago pela empresa. Para continuar a ser uma grande potência, a França deveria mimar as mulheres inteligentes?

Salvo exceção patológica, como a síndrome de Asperger, o QI correlaciona-se bem com outras formas de inteligência e constitui uma boa medida – os cientistas falam de *proxies* – das capacidades intelectuais gerais. Os estudos mostram que ter um QI elevado tem uma forte relação com a capacidade de resolver todos os tipos de problemas abstratos, sejam eles de linguagem ou de matemática. É também um indicador estatisticamente fiável do êxito acadêmico, econômico e social.

Por fim, acrescentemos, para completar a reabilitação do QI, que na nossa sociedade industrial-digital as inovações tecnológicas são obra de engenheiros e de cientistas com QI elevado. Esse não é um julgamento de valor, mas um fato. O QI não mede a dignidade humana.

A importância do QI na nossa sociedade não é um mito nem um exagero. É essencial compreender isso, pois essa é a razão pela qual a neurorrevolução, ao abalar profundamente a inteligência humana em todas as suas dimensões, inaugura uma nova era para nossa civilização. A inteligência é a alavanca que os homens usaram para dominar seu mundo; ao mudar profundamente essa alavanca, as neurotecnologias irão agora mudá-lo.

Até o GPT4, o cérebro humano era a máquina mais complexa do universo conhecido

Nós conhecíamos apenas uma entidade dotada de inteligência conceitual: o cérebro humano.[7] O ChatGPT rompe esse monopólio. A demonstração de que o pensamento só precisa de uma rede de neurônios percorridos de impulsos nervosos[8] é recente e continua inaceitável para a Igreja Católica, como recordou João Paulo II em 1996. O livro do neurobiólogo Jean-Pierre Changeux[9] que defendeu essa tese, nova na época, inicialmente causou um escândalo. Hoje, a ciência mostra que não precisamos de uma "alma" para existir.

O cérebro é a ferramenta desenvolvida ao longo da evolução para resolver problemas relacionados à sobrevivência num ambiente externo incerto e instável.

Um cérebro humano contém 86 bilhões de neurônios interconectados. Os neurônios são células nervosas conectadas umas às outras por fibras chamadas axônios e dendritos, que transmitem na forma de sinais bioelétricos o que chamamos de impulso nervoso. Os neurônios recebem estímulos e são capazes de emiti-los. O ponto de transmissão do impulso nervoso é a sinapse: cada neurônio é dotado de milhares de conexões sinápticas.[10]

O cérebro é composto de várias camadas sobrepostas, resultado de uma longa evolução. Sendo o maestro do funcionamento inconsciente dos órgãos, dos movimentos conscientes e centro de tomada de decisão,

---

7   Seu papel nem sempre foi reconhecido: os egípcios pensavam que ele não tinha importância e reduziam-no a mingau no processo de mumificação, enquanto guardavam cuidadosamente as vísceras e principalmente o coração.

8   Changeux opunha-se assim aos proponentes de um "espiritualismo" para os quais a consciência humana não pode ser apenas biológica, em particular porque isso significaria um determinismo filosoficamente inaceitável – se nosso cérebro é apenas uma espécie de máquina, o que acontece com nossa pretensão ao livre-arbítrio?

9   Changeux Jean-Pierre, *L'Homme neuronal*, Hachette, 1983.

10   Além disso, os neurônios estão rodeados por quase 1 bilhão de células de suporte, as células gliais, cujo importante papel na transmissão dos impulsos nervosos foi recentemente descoberto.

o cérebro processa as informações que recebe a fim de ser capaz de reagir ao ambiente. Ao se esforçar constantemente para compreender as leis do mundo no qual evolui, o cérebro persegue um objetivo fundamental: permitir que o indivíduo sobreviva e se reproduza. A operação de armazenar dados – a memória – e de processá-los para extrair significado – as regras do mundo – é chamada de aprendizagem.

O cérebro humano tem dificuldade em se compreender. Esse é um ponto perturbador em comum com a IA generativa: compreendemos mal como ela funciona. Algumas de suas propriedades são emergentes e temos dificuldade em explicá-las. Por outro lado, se julgarmos pelo resultado, fica claro que o ChatGPT realiza tarefas que até agora eram o apanágio de nossos cérebros: armazenar, claro, mas também vincular informações, sintetizar, elaborar respostas originais aos problemas colocados.

Neuroplasticidade

Mas o que é aprender, de um ponto de vista neural? Criar conexões entre neurônios.[11] O que significa se lembrar? Ativar conexões neurais já criadas. As observações que foram feitas sobre o funcionamento do cérebro ajudam, em particular, a compreender em quais condições e com quais alavancas aprendemos melhor: reteremos algo se percebermos nele interesse para nossa sobrevivência, se estiver ligado a uma emoção ou se ecoar algo que já conhecemos – esses são os famosos "meios mnemônicos" que todos nós utilizamos.

As últimas descobertas relativas ao cérebro evidenciaram sua fantástica plasticidade: mesmo que as mudanças sejam mais difíceis com a idade, ao longo da vida o cérebro é capaz de suprimir e de recriar ligações entre neurônios. Em 24 horas, 10% das conexões sinápticas são substituídas em determinados grupos de neurônios![12] O que caracteriza a identidade genética de determinado cérebro não é "sua estrutura", pois

---

11   Até mesmo criar neurônios.
12   Trabalhos do professor Pierre-Marie Lledo.

não existe *a priori*, mas sim sua capacidade de aprender. O cérebro deve seu grande valor não ao que é, mas à sua capacidade de se adaptar.

Estamos experienciando coletivamente essa plasticidade do cérebro num momento em que o uso das novas ferramentas digitais está remodelando nossas capacidades de concentração e de memorização. Em seu livro *best-seller Ce qu'Internet fait à notre cerveau* [O que a internet faz ao nosso cérebro],[13] o jornalista Nicholas Carr descreve de que maneira nosso cérebro, que foi formatado durante séculos pelas "ferramentas da mente" tradicionais – alfabeto, mapas, imprensa escrita, relógio –, está passando por uma profunda reorganização por causa das nossas novas práticas digitais. Enquanto o livro favorecia a concentração longa e criativa, a internet encoraja a rapidez, a amostragem distraída e a percepção da informação por meio de inúmeras fontes. Uma evolução que já nos tornaria mais dependentes do que nunca das máquinas, viciados em conexão, incapazes de procurar uma informação sem a ajuda de um motor de busca, dotados de uma memória deficiente e, por fim, mais vulneráveis a influências de todos os tipos.

O fato de nosso cérebro ser um objeto de desejo certamente não é novo. O *neuromarketing* visa utilizar a neurociência para nos influenciar ainda mais. Nossos gostos e desejos são dados extremamente preciosos para as empresas – e são furiosamente coletados sempre que possível. Nossos valores e formas de compreender as coisas sempre foram essenciais para os políticos. Seja para compreendê-lo, controlá-lo, aumentá-lo, modificá-lo ou utilizá-lo, o cérebro biológico tornou-se o principal campo de batalha deste século. A chegada do ChatGPT é um raio porque, nesta guerra dos cérebros biológicos, surge de repente um novo jogador com um avanço fulgurante.

---

13 Carr Nicholas, *The Shallows: what internet is doing to our brain*, W. W. Norton & Company, 2011.

11

O ChatGPT acentua a guerra dos cérebros

Por representar um imenso desafio político, a guerra do cérebro se intensifica. Uma guerra fria, evidentemente, que não lança bombas e não causa vítimas. Uma guerra que dificilmente chega às manchetes da mídia. E, no entanto, ela é muito real.

Para compreender por que os Estados mais esclarecidos fizeram da inteligência sua preocupação fundamental, devemos tomar consciência do seu lugar central hoje.

A inteligência tornou-se, mais do que nunca, uma questão de poder.

O neurônio biológico ou artificial é o novo petróleo

Durante milênios, os homens lutaram para conquistar territórios. O mais importante era garantir primeiro o acesso aos recursos fundamentais: produtos agrícolas e matérias-primas. No mundo nascido da revolução industrial, que se tornou particularmente um voraz consumidor de energia, os recursos energéticos são agora a base de todos as potências e objeto de muitos conflitos. Os séculos XIX e XX foram respectivamente os séculos do carvão e do petróleo. O século XXI já é o da inteligência.

Por que é importante atrair as inteligências? Por que elas são o objeto de todos os desejos? Porque a inovação, que deve tudo à inteligência, tornou-se o motor da sociedade digital.

Num mundo caracterizado pela superabundância da informação e pela evolução extremamente rápida das tecnologias baseadas em necessidade constante de inovação, a inteligência torna-se central: a capacidade de discriminação, de síntese e de articulação criativa dessas informações é o principal motor da criação de valor.

Esse lugar vai aumentar ainda mais com o surgimento de uma IA cada vez mais sofisticada. Precisaremos constantemente de mais inteligência para termos a capacidade de apreender um mundo onde a massa de dados e a complexidade de suas interações crescem constantemente. A inteligência será mais do que nunca o recurso central: quanto mais desenvolvida no mundo, menos será possível prescindir dela.

Todas as rivalidades sobre matérias-primas e de terras férteis que marcaram a história da humanidade não serão nada comparadas com a fúria que animará os países e as empresas para dominarem a inteligência mais elevada. O potencial de inovação será mobilizado para criar cada vez mais inteligência.

No século do ChatGPT, a inteligência se torna a fonte de todos os poderes

O cérebro é o material mais precioso hoje. A maioria dos grandes países compreendeu isso e está colhendo suas consequências.

A corrida ao ouro cinzento assume primeiro a forma de políticas intensivas de encorajamento para a vinda dos melhores estudantes estrangeiros.

As universidades norte-americanas são gigantescas selecionadoras de talentos – para ficar com os melhores, naturalmente. Mas os Estados Unidos veem agora seu domínio desafiado. Embora as universidades do outro lado do Atlântico ainda hoje ocupem os primeiros lugares no famoso *ranking* Shanghai[1] das universidades mundiais, elas são agora seguidas de perto pelas universidades chinesas.

Começando do zero ou quase, a China pratica uma política voluntarista de desenvolvimento do seu ensino superior e da pesquisa científica. Seus gastos com pesquisa aumentaram quase 300% desde 2001.

A segunda dimensão da batalha pela inteligência ocorre mais próximo do final do estágio, quando recrutam pesquisadores e engenheiros que já estão operando. Também nesse caso, os Estados Unidos têm se mostrado há muito tempo os mais hábeis, atraindo os melhores pesquisadores de todo o mundo com ótimas remunerações.

O desdém que a classe política[2] demonstra pelas novas tecnologias, que são apenas manifestações da sociedade de inteligência na qual estamos penetrando, revela um grave erro de julgamento. Ele assimila implicitamente a tecnologia digital a uma moda, um entusiasmo irracional que passará, uma vez que os valores verdadeiros e bons vão reencontrar seu lugar. Mas a história da tecnologia, hoje mais do que nunca, não funciona por ciclo, mas pela proibição do retrocesso [efeito *cliquet*]. A internet não desaparecerá em benefício do Minitel. Se daqui a alguns anos os *smartphones* deixarem de existir, não será em benefício da volta do telefone fixo com teclas, mas muito provavelmente graças aos implantes eletrônicos...

A batalha pela inteligência se manifesta com uma extrema violência e as posições estratégicas nas áreas-chave se adquirem: biotecnologia, informática, robótica etc.

Criamos uma economia do conhecimento sem medir todas as consequências políticas.

A inteligência não é apenas uma questão de poder, o principal recurso do futuro que os países lutam para monopolizar. É também, para os próprios indivíduos, a chave essencial da distinção social.

---

1 Essa classificação anual é realizada pela *Academic Ranking of World Universities*.
2 A situação na França mudou com a eleição, em 2017, de Emmanuel Macron, que é tecnófilo.

A abolição em todos os países ocidentais das distinções baseadas no nascimento estabeleceu o reinado – por vezes teórico – do mérito. O que esse termo significa? O erro seria confundir mérito absoluto e mérito social. Reconhecer o mérito em termos absolutos equivaleria a considerar um gago que supera sua deficiência à custa de imenso esforço como superior a um orador brilhante que tem naturalmente facilidade para se expressar... Essa definição de mérito tem, sem dúvida, grande interesse moral, mas não é socialmente pertinente. Numa ordem política baseada na igualdade de seus membros, a única variável aceitável de diferenciação entre os indivíduos é, como diz a *Declaração dos direitos do homem e do cidadão de 1789* no seu artigo 1º, "a utilidade comum".[3] Em termos econômicos, falamos agora de "valor criado". O mérito social é a utilidade que trazemos à sociedade e da qual o salário deveria ser a justa compensação. É esse mérito social que está na base das diferenças econômicas.

Mas o mérito social, ou seja, a capacidade de criar valor por meio do próprio trabalho, tem uma forte correlação com a inteligência. Num livro que causou escândalo em meados dos anos 1990, Herrnstein e Murray[4] explicavam que o QI era um elemento determinante para o êxito.

Por mais escandaloso que possa parecer, a ligação entre QI e êxito foi, no entanto, demonstrada em inúmeras ocasiões... É uma verdade estatística e não uma interpretação ideológica. Um QI baixo não só aumenta muito as chances de ter um salário baixo, mas também aumenta as chances de marginalização social.

Embora seja exacerbado na nossa época, a ligação entre inteligência e êxito social não esperou pela existência do digital. Ficou claro há duas décadas através da ligação[5] estatisticamente comprovada[6] entre o QI médio de um país e o salário médio dos indivíduos que nele vivem: cer-

---

3   "Todos os homens nascem livres e iguais em direitos. As distinções sociais só podem se basear na utilidade comum."

4   Herrnstein Richard J., Charles Murray, *The Bell Curve: Intelligence and Class Structure in American Life*, Free Press, 1994.

5   Na escala de um país.

6   Richard Lynn e Tatu Vanhanen, *Intelligence, A Unifying Construct for the Social Sciences*, Ulster Institute for Social Research, 2002.

ca de 75% das diferenças econômicas entre os países – maior ou menor riqueza – podem ser explicadas pelo QI médio da população. Os pesquisadores ainda mostraram que a relação não era linear, mas exponencial.[7] Em outras palavras, quanto maior for o QI, maior será o efeito sobre o salário: um ganho de 5 pontos de QI multiplica o salário por 1,45; um ganho de 10 pontos resulta na duplicação do salário.

Na era digital, essa correlação entre QI e salários é mais forte do que nunca. No século XXI, a utilidade social mais importante é agora criada pelo algoritmo. "O *software* está devorando o mundo". Em outras palavras: o valor econômico reside agora na capacidade de criar as IA que serão úteis para bilhões de pessoas. A IA está se tornando um buraco negro que absorve uma parcela cada vez maior do valor econômico.

A bolha ChatGPT faz surgir uma nova economia

Nicolas Colin, especialista francês em questões ligadas às novas tecnologias, explica porque o *software* capta o valor, secando o resto da economia. Ao captar a maior parte da margem, o *software* orienta naturalmente a maior parte dos salários para seus *designers*...

O aplicativo WhatsApp foi comprado por 22 bilhões de dólares pelo Facebook em 2013. Isso significa que os 55 assalariados, pequenos gênios da informática, que trabalham nessa empresa criaram mais valor em quatro anos de existência do que os 194 mil funcionários da Peugeot em 210 anos[8] – só 12 bilhões.[9] Traduzindo: num mundo onde os algoritmos são a principal fonte de riqueza, o valor econômico depende do QI médio dos assalariados. É preciso encarar as evidências, ainda que não nos alegremos com elas: no mundo no qual vivemos agora, algumas crianças com QI de 165 criam mais riqueza[10] para uma nação do que um milhão de trabalha-

---

7   Dickerson E., "Exponential correlation of IQ and the wealth of nations", *Intelligence*, 2006, 34, pp. 291-295.
8   A Peugeot foi criada sob Napoleão Bonaparte, mas ainda não fabrica automóveis!
9   No momento da transação.
10   É claro que o valor social e a dignidade dos trabalhadores não se limitam ao valor econômico ou da bolsa de valores.

dores com QI de 95... Portanto, as disparidades de salário entre indivíduos com elevadas e baixas capacidades cognitivas explodem. O ChatGPT vai ajudar os melhores startupeiros (*start-uppers*) a ganhar centenas de bilhões.

Tom Siebel, o bilionário fundador da empresa de *softwares* C3.ai, estimou em 7 de março de 2023 que o mercado dos *softwares* de IA vai atingir 600 bilhões de dólares por ano. "Todos usarão aplicativos de IA na empresa, da mesma forma que usam um computador..."

O ChatGPT levou a um aumento espetacular das empresas relacionadas com o mundo da IA.

O empresário Robin Rivaton explica: "Os LLM como o GPT4 são acima de tudo uma revolução cultural. Os exemplos do seu potencial continuam a se multiplicar e seu avanço entre cada geração é surpreendente. O GPT4 é multimodal, capaz de processar imagens e sons. Suas capacidades de compreensão e de raciocínio são melhores. Se o pouso na Lua ainda não tivesse acontecido, o lançamento do ChatGPT teria sido o momento do Sputnik na corrida da IA. A questão mais interessante é a das consequências econômicas dessas ferramentas. A história das inovações está intimamente ligada ao deslocamento do valor que elas desencadeiam entre as diferentes categorias populacionais e zonas geográficas. Sua aceitabilidade social dependeu muitas vezes do ritmo dessas mudanças. Os deslocamentos de valor associados às ferramentas podem ser de dois tipos: ou reduzir a barreira à entrada e, assim, expandir o número de pessoas capazes de produzir bens e serviços; ou tornar mais produtivos os indivíduos já inseridos nos circuitos de produção. Hoje, esse é o debate mais emocionante. Abundam as opiniões mais distintas, entre aqueles que consideram que aprender a programar equivale a aprender a revelar negativos de fotos na época da invenção da câmera digital e aqueles que acreditam que os LLM são formidáveis nas mãos de programadores ou de autores talentosos que sabem como aperfeiçoar as instruções básicas. Em definitivo, será que Marc Levy será capaz de escrever 60 livros por ano e, portanto, aumentar significativamente sua renda ou será que milhares de pessoas poderão aceder à produção literária e, portanto, explodir a profundidade das linearidades e baixar os preços dos livros?".

> ### Quando se trata de IA, somos um país subdesenvolvido
>
> Do ponto de vista da inteligência artificial, a França é comparável a um país em desenvolvimento: ela exporta suas "matérias-primas", matemáticos e desenvolvedores especializados em IA são metodicamente absorvidos enquanto importa bens de alto valor agregado produzidos exclusivamente na costa Oeste dos Estados Unidos através de nossos *smartphones*. Cada vez que consultamos nosso telefone ou que salvamos nossos arquivos de computador na nuvem, estamos importando IA produzida em outros locais que não a Europa.
>
> Na lista das gigantes da IA, não há nenhuma empresa europeia. Contudo, nos nossos países existem pesquisadores, matemáticos e desenvolvedores num nível comparável ao dos Estados Unidos e da China. Mas muitas vezes eles atravessam o Atlântico para exercer seu talento, como Yann Le Cun. A França é capaz de formar um dos melhores especialistas em IA do mundo, mas o sistema econômico não lhe oferece a possibilidade de colocar seus talentos excepcionais ao serviço do país. Resultado: ele beneficia o Facebook.
>
> Outra razão é que o governo francês pensa que os pesquisadores deveriam trabalhar praticamente de graça. Alain Prochiantz, neurogeneticista do Collège de France, explica em poucas palavras que o mundo mudou: "Para atrair pesquisadores para a França, é preciso pagá-los!".

A inteligência é a mãe de todas as desigualdades

O QI não está correlacionado apenas a diferenças de salário. É um indicador bastante fiável de desigualdades ainda mais radicais, por exemplo, a expectativa de vida. Quatorze anos de expectativa de vida separam as pessoas com QI baixo daquelas com QI muito elevado... A inteligência faz viver mais. A relação é, sem dúvida, indireta – mas nem por isso menos forte: as pessoas com QI elevado têm empregos menos árduos, têm mais meios para cuidar de si e têm uma vida mais "saudável", o que melhora mecanicamente seu tempo de vida.[11] Os gestores vivem, em média, dez anos a mais do que os trabalhadores rurais.

Por mais moralmente incômodo que isso possa parecer para um indivíduo ocidental nutrido pela ideologia igualitária, é preciso reconhecer que o fato de a inteligência determinar o êxito social não é surpreendente nem realmente escandaloso. Que chave para a discriminação seria, com efeito, mais admissível do que a da utilidade social? Nem o nascimento, nem a fortuna, nem mesmo o puro esforço podem ter as mesmas virtudes da utilidade coletiva...

A correlação do QI com todos os tipos de realizações não representaria nenhum problema se a inteligência pudesse ser adquirida por todos; em outras palavras, se ela própria pudesse ser fruto do mérito em termos absolutos. Infelizmente, ela é em grande parte herdada, e a escola apenas prolonga as diferenças iniciais devidas ao nascimento. Uma verdade que queremos ignorar, mas que nossos descendentes não poderão mais suportar. Por quê? Porque a rápida ascensão em potência da IA vai alargar dramaticamente o fosso que separa os QI baixos e os elevados. Uma desigualdade explosiva que vai precipitar uma grande crise na instituição escolar.

É impossível, enquanto escrevo, saber onde estará nosso mundo em 2030. Por outro lado, podemos identificar com bastante clareza os desafios que vão se apresentar àqueles que nele viverão. Uma coisa é certa: para saber fazer algo que a máquina não conseguirá fazer melhor que você, em quantidades ilimitadas e quase sem custo, será necessária muita formação. Mas o azar é que a escola já era o elo mais fraco da nossa sociedade. A tensão que ela vai receber vai aumentar como nunca.

---

11 É mais fácil para um executivo almoçar um filé de pescada com um fio de limão do que para um trabalhador... A *junk-food* não é cara.

12

"Tudo acontece antes do ano 0": a escola já é uma tecnologia obsoleta

A tarefa da educação há séculos está confiada a uma instituição *ad hoc*: a escola. É ela quem deve transmitir a maior parte dos conhecimentos fundamentais de que o indivíduo necessita para ocupar seu lugar na sociedade e ser-lhe útil. A inteligência é expressa pela maior ou menor capacidade das crianças em adquirir, reter, utilizar e combinar os conhecimentos.

A escola basicamente nunca conseguiu desenvolver a inteligência como havia imaginado: ela sempre apenas reproduziu e ratificou diferenças de inteligência que preexistiam.

Nascemos ou nos tornamos inteligentes?

A maioria dos pais deseja que seus filhos aprendam com sucesso o que a escola lhes tenta ensinar. E, no entanto, todos nós constatamos como as aptidões das crianças diferem. Essas diferenças de resultados são inatas ou adquiridas? São causadas pelo contexto da aprendizagem ou são consequência de disposições específicas de cada aluno? Os anglo-saxões expressam essa questão com as palavras *"nature or nurture"*[1] – literalmente, "natureza ou nutrição".

---

1   Expressão criada por Galton.

De modo geral, somos o produto da interação de duas dimensões: as estruturas do nosso cérebro, por um lado, e o ambiente em que vivemos, por outro.[2]

No primeiro caso, costumamos falar de "predisposições" para fazer isto ou aquilo. Sentimos que uma criança vai mais ou menos facilmente realizar esta ou aquela aprendizagem. Essa facilidade é a tradução de uma espécie de competência inata – ou seja, literalmente, presente no nascimento.

No segundo caso, o ambiente inclui tudo o que os eventos vividos puderam nos ensinar. Esta é a parte "cultural" de nosso modo de pensar.

Assim, partindo do princípio de que as desigualdades entre as crianças se devem principalmente a esses contextos familiares, a escola estabeleceu como objetivo compensar na medida do possível, essas diferenças. Ela consegue?

A escola é a instituição encarregada da terrível tarefa de remediar as desigualdades de desenvolvimento intelectual. Tarefa essa que ela executa particularmente mal.

Para as crianças oriundas de meios desfavorecidos, é imperativo constatar o fracasso da escola em todos os seus objetivos, exceto um: desempenhar o papel de creche enquanto os pais trabalham...

Devemos encarar as evidências, contestadas apenas pelos sindicalistas mais exaltados: a escola é uma máquina incapaz de reduzir as desigualdades.

Por que a escola é tão ineficaz: tudo é decidido com antecedência

Uma primeira explicação para os fracos resultados da escola é que ela não recebe as crianças durante tempo suficiente para compensar as diferenças de ambiente familiar. Para uma criança em idade escolar, a

---

2   Os leitores que desejam desenvolvimentos mais amplos sobre a gênese do nosso cérebro, e a maneira como nosso ambiente, nosso DNA e o acaso o moldam continuamente, podem escrever para mim: laurent.alexandre2@gmail.com.

escola na França nunca representa mais de 20% do tempo acordado; a família continua a ser o lugar onde a criança passa a maior parte do seu tempo.

Esse domínio do tempo familiar produz automaticamente desigualdades. Segundo Bourdieu e Passeron, o ambiente familiar é a fonte essencial das diferenças de desempenhos, sendo esses últimos produzidos diretamente pela capacidade de conhecer e manipular os diferentes códigos.

Os inacreditáveis exemplos chinês e toscano

Sabemos que famílias importantes vêm de longe. Isso está particularmente bem documentado no caso da Toscana, onde foi realizado um censo fiscal bem documentado em 1427, durante uma grave crise financeira. As famílias ricas permaneceram as mesmas ao longo de seis séculos. Ao longo de 25 gerações, a mobilidade social é insignificante.

No caso da Toscana, é difícil diferenciar a parte da transmissão que pertence ao dinheiro, à cultura, às capacidades intelectuais herdadas...

É por isso que o exemplo chinês levanta questões fascinantes: 84% das famílias das elites chinesas[3] em 2017 já faziam parte da elite antes da revolução maoista. Embora suas propriedades e fortunas tenham sido confiscadas em 1949 e a burguesia alfabetizada tivesse grande dificuldade em fazer com que seus filhos estudassem. Uma prova impressionante da força de transmissão das dominações sociais de determinados grupos, que inclui, sem dúvida, uma grande parte de origem genética.

Outra explicação para o fracasso escolar: certos elementos da vida de um aluno, fora da escola ou da família, podem ter um impacto significativo no resultado.

---

3   Estudo de David S. G. Goodman, professor de política chinesa na universidade de Sydney.

A *Cannabis* está destruindo o QI de nossos filhos?

Alguns pesquisadores associam o elevado consumo de *Cannabis* pelos jovens franceses aos nossos medíocres resultados na classificação PISA dos sistemas educativos. Essa questão é grave, uma vez que na França um em cada dois jovens é consumidor. Um estudo realizado em 2012 a partir de dados da Nova Zelândia mostrou que o consumo regular de *Cannabis* iniciado na adolescência estava associado a um déficit intelectual de até 8 pontos de QI na idade adulta. As consequências de tal degradação no êxito social são significativas: 8 pontos é aproximadamente o que separa um engenheiro de um técnico...

A questão então é saber se a *Cannabis* deteriora o QI ou se os adolescentes menos inteligentes se tornam dependentes mais facilmente.

Uma publicação do início de 2017 foi clara e não encontrou queda de QI entre os consumidores de *Cannabis*. Na verdade, os consumidores de *Cannabis* tinham QI mais baixo mesmo antes do primeiro uso de haxixe. Os adolescentes com uma dependência à *Cannabis* tinham aos 12 anos QI inferiores de 5,61 pontos em comparação com os adolescentes que não se tornariam consumidores. Esses estudos recentes parecem mostrar que os grandes consumidores de *Cannabis* são menos inteligentes mesmo antes do início do seu vício em drogas.[4]

Os trabalhos científicos mostram que nascemos inteligentes mais do que nos tornamos. A genética está mais uma vez impondo a evidência incômoda de que alguns dos nossos caracteres não são adquiridos, mas inatos.

Isso significa que pais inteligentes terão obrigatoriamente filhos inteligentes? Não necessariamente. O termo "hereditário" quando empregado para descrever o caráter inato é enganoso: uma criança pode perfeitamente possuir mutações genéticas que lhe são próprias.[5] A inte-

---

4 Por outro lado, está confirmado que a *Cannabis* faz mal à memória e que o álcool realmente reduz o QI na adolescência.

5 Ou seja, ocorrências durante a formação do espermatozoide ou do óvulo ou nas fases iniciais do desenvolvimento embrionário e das quais os pais não são portadores.

ligência dos pais não determina de forma alguma a dos filhos. Pais com uma inteligência comum dando origem a gênios... e vice-versa.[6]

A distinção entre o que comumente chamamos de "genética" e "adquirido" não é tão nítida: a forma como vamos viver, o consumo de certos produtos ou a exposição a certas substâncias serão capazes de modificar as expressões dos nossos genes. Isso é chamado de epigenética. É esse fenômeno que explica por que uma predisposição genética para uma doença acaba se manifestando ou não.

Para estabelecer esse tipo de resultado, uma técnica amplamente utilizada é o método dos gêmeos, que nos permite aprender muito sobre os respectivos papéis do inato e do adquirido. Dois gêmeos idênticos compartilham, por definição, praticamente 100% de seu material genético, qualquer diferença só pode ser devida às variações ambientais que eles talvez tenham encontrado.[7] Dois gêmeos idênticos que frequentaram duas escolas diferentes e/ou viveram em duas famílias distintas são, portanto, magníficas cobaias para explorar os respectivos papéis do inato e do adquirido.

Bourdieu estava errado e os professores caíram na armadilha do DNA

Trofim Lysenko (1898-1976) afirmava ser capaz de modificar os caracteres hereditários. A deportação dos geneticistas "burgueses" para o Gulag permitiu a difusão das teorias lysenkianas que contaminaram as elites francesas. O Partido Comunista francês exigiu que os cientistas apoiassem a genética lysenkiana, que se tornou o exemplo de uma "ciência proletária" segundo a qual o adquirido domina o inato dos cromossomos. Na França, o lysenkoismo fundiu-se com a ideologia de Pierre

---

6   Isso geralmente corresponde a dois eventos genéticos ultrafavoráveis. A recuperação pelo futuro filho de um número anormal de boas variantes genéticas durante a produção dos óvulos e dos espermatozoides ou reestruturações genéticas benéficas para a plasticidade cerebral nas células-tronco cerebrais.

7   No entanto, existem algumas mutações no início do desenvolvimento embrionário que causam variações genéticas mínimas entre dois gêmeos idênticos.

Bourdieu: os professores continuam convencidos de que tudo é adquirido e que o inato praticamente não existe.

Pierre Bourdieu e Jean-Claude Passeron afirmaram em 1964 no *Les Héritiers* [Os herdeiros: os estudantes e a cultura] que as desigualdades no acesso ao ensino superior se devem essencialmente a fatores culturais: o ambiente familiar seria a fonte das diferenças de desempenho ligadas à capacidade de manipulação dos códigos da burguesia. Essa concepção parte do postulado de que não existe diferença inata de capacidades. Na realidade, sabemos hoje que o DNA determina mais de 50% da nossa inteligência.

A escola e a cultura familiar não pesam muito em comparação com o peso decisivo da genética, segundo trabalhos realizados por várias equipes entre as quais a de Robert Plomin do King's College London. Essas pesquisas sobre gêmeos evidenciaram o fato de que o êxito escolar contém uma forte determinação genética.[8] Alguns trabalhos,[9] realizados em 7.500 pares de gêmeos testados com idades de 7, 9 e 12 anos, mostraram que as diferenças individuais de capacidades de leitura e contagem eram 68% genéticas. Isso deveria encorajar o sistema educativo a ter modéstia...

Outra pesquisa[10] realizada no Reino Unido e publicada em 2013 continuou a desmistificar o papel da escola. Os cientistas compararam os resultados obtidos no certificado geral de ensino secundário de mais de 11 mil pares de gêmeos de 16 anos. Eles evidenciaram o fato de o grau de êxito depender fortemente do patrimônio genético. O fato de compartilhar um ambiente comum – família e educação – "explica"

---

8   Haworth C.M.A., Asbury K., Dale P.S., Plomin R. (2011), "Added value measures in education show genetic as well as environmental influence". PLoS ONE 6: e16006. doi: 10.1371/journal.pone.0016006.t004.

9   Kovas Y., Voronin I., Kaydalov A., Malykh S.B., Dale P.S., et al. (2013). "Literacy and numeracy are more heritable than intelligence in primary school". Psychol Sci. doi: 10.1177/0956797613486982.

10   Shakeshaft N.G., Trzaskowski M., McMillan A., Rimfeld K., Krapohl E., et al. (2013). "Strong Genetic Influence on a UK Nationwide Test of Educational Achievement at the End of Compulsory Education at Age 16". PLoS ONE 8(12) : e80341. doi: 10.1371/journal.pone.0080341.

apenas cerca de um terço das diferenças nos resultados. Ou seja, a escola e mesmo a família não pesam muito diante do peso decisivo da genética, que responde por quase dois terços do resultado.

Como observam os pesquisadores: "Esses resultados mostram que as diferenças no êxito escolar não refletem sobretudo a qualidade dos professores ou das escolas". Em geral, não é a incompetência de professores dedicados, nem mesmo problemas de método, que explicam os maus resultados da escola. O próprio objetivo desta última, de igualar as oportunidades por meio da educação, é uma tarefa muito desencorajadora: não só a escola representa apenas uma parte do ambiente relativamente modesta em comparação com o da família, mas mesmo esse ambiente como um todo tem apenas um poder limitado para mudar o destino escolar de um indivíduo. Genética cruel e implacável.

Ainda mais surpreendente: o papel da genética aumenta com a idade e, correlativamente, o do ambiente familiar e escolar diminui; a parte genética explica 55% da inteligência aos 12 anos e 66% aos 17! Aos 50 anos, nosso DNA explicaria 81% das nossas capacidades intelectuais. Esse crescimento do papel da hereditariedade até os 20 anos tende a mostrar que, afinal, é menos o estado inicial do cérebro que é herdado do que seu caráter plástico. É a maior ou menor plasticidade do cérebro que proporciona a capacidade de aprender; e é precisamente essa plasticidade que é maior ou menor dependendo do indivíduo no início. E é a neuroplasticidade que mede o QI e, portanto, a capacidade de aprender.

O que não significa, claro, que não seja importante estimular ao máximo o indivíduo: pelo contrário, cada ponto de QI ganho será ainda mais precioso.[11]

---

11   A ligação entre genética e ambiente pode ser descrita através da metáfora do carro e do seu condutor. Não importa quão ruim seja o piloto, ter um carro de corrida com um motor muito potente será certamente uma vantagem importante, mesmo que não garanta a vitória. Por outro lado, um piloto muito talentoso nunca conseguirá vencer a corrida ao volante de um carro com motor de dois cavalos. Da mesma forma, uma boa "fiação" do cérebro possibilitada pela genética é uma bela vantagem na corrida para o êxito escolar. Em seguida, um ambiente estimulante poderá ajudar a desenvolver em maior ou menor grau essas predisposições. Por outro lado, nenhum ambiente, por mais estimulante que seja, poderá realmente contrabalançar uma herança neurogenética medíocre.

O próprio domínio da leitura depende fortemente de nossos cromossomos: a escola e o ambiente cultural e escolar desempenham apenas um papel marginal. Os trabalhos recentes de Robert Plomin e de Suzanne Swagerman mostram que a causalidade é o oposto do que Bourdieu imaginou. Não é porque há livros nas bibliotecas da burguesia que seus filhos são bons leitores: é porque receberam um bom patrimônio genético. Das nossas diferenças nas capacidades de leitura, 64% são de origem genética: a família, a escola, nossos esforços individuais explicam apenas um terço. A incômoda correlação entre pobreza, ambiente cultural, bagagem genética, capacidades cognitivas e QI continua sendo um tabu. Como explica Franck Ramus, pesquisador da escola normal superior: "Em média, as pessoas mais desfavorecidas socialmente são também as mais desfavorecidas geneticamente".[12] E essa situação corre o risco de piorar na era da economia do conhecimento, em que as pessoas mais inteligentes terão uma vantagem sobre os cidadãos menos dotados. O que fazer? Lutar! Um determinismo genético é para ser dinamitado. Em 1900, as crianças que sofriam de fibrose cística – uma doença 100% genética – morriam em poucos meses... Hoje, sua expectativa de vida ultrapassa os 50 anos. A ditadura do gene – neste caso, CFTR – foi derrubada pelos médicos e pelos pesquisadores. Para obter o mesmo em termos de educação, teremos de investir maciçamente. Hoje a atenção pedagógica está concentrada na educação das elites intelectuais: das escolas Montessori a Harvard, MIT ou grandes escolas francesas. Devemos agora aumentar os esforços em relação às crianças com a herança neurogenética mais pobre. Reduzimos o câncer investindo várias centenas de bilhões de dólares em pesquisa desde 1960: precisamos de um esforço internacional da mesma ordem para encontrar métodos educativos que contrabalancem as desigualdades neurogenéticas. Reequilibrar as oportunidades por meio da educação não será fácil. Não devemos negar o determinismo neurogenético de 2023, mas destruí-lo até 2050!

Assim, as diferenças no êxito escolar não decorrem principalmente da qualidade dos professores. Há um viés sério: as boas escolas selecionam

---

12 *Le Monde*, 15 de março de 2017.

"Tudo acontece antes do ano 0": a escola já é uma tecnologia obsoleta

as crianças mais inteligentes, que teriam sucesso independentemente da qualidade pedagógica. Ao negar o determinismo genético, somos levados a acreditar que a escola pode transformar um asno num cavalo de corrida e um motor de dois cavalos numa Ferrari.

Deuses e inúteis: vamos desmentir Harari

A visão do mundo futuro de Yuval Harari em *Homo Deus* é um pesadelo político que ele intitula de forma atroz: *"Gods and Useless"*. Deuses todo-poderosos, senhores das inteligências artificiais, e inúteis que não entendem a nova economia do conhecimento e que se beneficiariam da renda básica universal até morrerem. É preciso, é claro, fazer tudo para impedir a criação de uma aristocracia da inteligência manipulando os "inúteis de Harari". Isso não será fácil: o estudo americano "The Mirage" mostrou que a formação contínua dos professores dá resultados francamente medíocres no nível dos alunos...

A realidade é trágica: hoje ainda não existe nenhuma tecnologia educativa que reduza significativamente as desigualdades intelectuais. Na França, Jean-Michel Blanquer testou uma redução significativa no número de alunos nas salas de aula para permitir um ensino personalizado. A redução do número de alunos do primeiro ano do ensino fundamental permitiu reduzir a proporção de alunos REP+* com dificuldades muito grandes de 40 a 37% em língua francesa e de 40 a 34% em matemática. Observou-se um ganho de 0,08 desvio padrão em francês e 0,13 desvio padrão em matemática, em favor dos alunos REP+, em comparação com o grupo de controle. O impacto da redução não é zero, mas é muito fraco: seria necessário um ganho dez vezes maior para reduzir significativamente as desigualdades cognitivas. A redução das classes – cujo custo é enorme – tornou a situação um pouco menos dramática, mas seus beneficiários ainda não estão preparados para se inte-

---

* N.T.: Rede de educação prioritária reforçada (REP+) são redes situadas em áreas economicamente desfavorecidas que apresentam necessidades específicas e têm como objetivo ajudar os alunos a terem êxito em sua escolaridade.

grarem na economia de amanhã. Não esqueçamos que essas crianças ainda estarão no mercado de trabalho em 2070! Mesmo para os 10% de crianças que progrediram, passar de "em enorme dificuldade" para "em grande dificuldade" representa a promessa de competir com as inteligências artificiais de 2070? Não! Serão necessários imensos esforços para ir mais longe. Se não investirmos maciçamente na pesquisa em pedagogia, Harari infelizmente terá razão: o *apartheid* intelectual ocorrerá em 2040, a consequência da nossa covardia nos anos 2020. A França tem grandes especialistas em ciências da educação como Franck Ramus na escola normal superior: devemos mobilizá-los para desmentir Harari.

O negacionismo genético pode levar à prisão

Esse prisma ideológico pode até levar professores à prisão. Como parte do programa *No Child Left Behind* [Nenhuma criança deixada para trás] lançado pelo presidente Bush e destinado a reduzir as desigualdades intelectuais, os alunos desfavorecidos registraram progressos espetaculares, especialmente em Atlanta. Na realidade, esses resultados foram fruto de uma fraude gigante: os responsáveis foram punidos com 20 anos de prisão. Para demonstrar que a escola pode reduzir as desigualdades intelectuais, os professores alteravam as respostas erradas dos alunos menos inteligentes usando luvas para não deixar impressões digitais. O pesquisador de Harvard, Daniel Koretz, explica: "Exigiam melhorias que os professores não poderiam alcançar por meio de uma melhor educação... eles lutavam contra expectativas irrealistas. Deram aos professores a escolha entre falhar e trapacear. Muitos optaram por não falhar".

Ao negar as diferenças neurogenéticas, os professores estão dando um tiro no próprio pé! Se considerarmos que não existem diferenças genéticas entre as crianças, os professores serão os bodes expiatórios do fracasso da escola na luta contra as desigualdades. O dilema é terrível: ou os professores admitem as desigualdades genéticas, o que lhes é ideologicamente difícil, ou se condenam a serem considerados maus. Temos uma responsabilidade histórica; é preciso trabalhar arduamente para desenvolver métodos educativos que reduzam as desigualdades. Isso levará décadas: comecemos imediatamente!

Pobreza e cérebro

A neurocientista Angela Siragu está convencida de que estar equipado com um cérebro competitivo é o que as crianças desfavorecidas mais precisam para aceder na escala social.

As ligações entre categoria social e funcionamento cerebral são um tema de estudo crucial na era da economia do conhecimento: um pré-requisito para a redução das desigualdades. O imageamento cerebral mostra, em crianças pobres com QI medíocre, um afinamento das áreas corticais ligadas às funções intelectuais e uma diminuição da massa cinzenta.

Agir precocemente é essencial, mas difícil e ingrato. Nos Estados Unidos, o *Perry Preschool Project* testou um programa intensivo de ajuda para crianças provenientes de meios pobres e com baixo QI. Os resultados foram encorajadores para a inserção social e para a taxa de delinquência, mas muito decepcionantes para o QI, que em média praticamente não aumentou. Esse tipo de estudo deveria ser desenvolvido na França, mas devem, evidentemente, ser realizados de forma ética: eles estabelecem a ligação complexa e incômoda entre pobreza, ambiente cultural, bagagem genética e QI. A ligação entre SSE – *status* socioeconômico – e QI já foi estabelecida há muito tempo. Para combater esse terrível determinismo, devemos enfrentar essa verdade. É a maior ou menor plasticidade do cérebro que determina a capacidade de aprender; mas, infelizmente, é em grande parte de origem genética.

A era de ouro dos intelectuais e inovadores

Na era da IA, o QI está se tornando mais discriminante do que nunca. A diferença introduzida no destino por alguns pontos de QI, já notável ontem, será considerável amanhã. Um ponto adicional de QI tem um impacto cada vez mais forte na trajetória profissional e no êxito em sentido amplo.

Vivemos uma época maravilhosa e entusiasmante, como se regozija o ex-campeão mundial de xadrez Garry Kasparov. As oportunidades se multiplicam. Com as novas tecnologias, o campo das possibilidades se expandiu como nunca na história.

Intelectuais, inovadores, startupeiros (*start-uppers*), gestores, cientistas, elites globalizadas, evoluem como peixes na água nessa nova sociedade. Essa aceleração do futuro que densifica as vidas, multiplica as emoções, as mudanças, é encantadora.

Garry Kasparov se mostrava satisfeito com a explosão da inteligência artificial: "As máquinas inteligentes vão conduzir nossa vida mental na direção de uma maior criatividade, curiosidade, beleza e felicidade", explicou. Ele tem razão: estamos vivendo o período mais entusiasmante, exultante, fascinante e vertiginoso que a humanidade já conheceu. Sim, vamos viver na era de ouro dos empreendedores, dos inovadores e dos intelectuais. A onda das tecnologias NBIC oferece perspectivas extraordinárias para amplificar a aventura humana.

Tudo isso é formidável e entusiasmante. Mas o que Kasparov, que tem um QI excepcional de 190, esquece é que a capacidade de desfrutar do banquete digital só é dada aos inovadores que também desfrutam de um QI elevado. Os outros, a grande maioria por definição, cujo desempenho intelectual não é tão bom, permanecerão como espectadores. Os abandonados da nova economia vão se atrasando ainda mais porque aqueles que embarcaram vão rápido e longe. É um fosso cognitivo que assim se recria, graças à exclusão digital, de uma forma bastante semelhante àquela que há cinco séculos podia opor um letrado parisiense e um camponês que vivia numa zona rural isolada. A depender se estamos hoje conectados às novas tecnologias, capazes de dominá-las e de aproveitá-las, ou, pelo contrário, longe do mundo da IA, a diferença de trajetória profissional e de patrimônio será considerável. Podemos temer que o QI mínimo para ser competitivo diante das novas IA sucessoras do ChatGPT aumente consideravelmente a partir de 2030.[13]

Diante do ChatGPT, o tabu do QI é suicida

Os públicos frágeis querem segurança. Eles não estão preparados para ouvir que a IA ameaça todos aqueles que não são manipuladores de dados altamente criativos. Os políticos não querem abrir a caixa de Pandora deste debate carcomido a qualquer preço. O QI continua sendo um tabu. Emmanuel Macron desencadeou, como bem se lembram, uma violenta polêmica ao salientar que a reconversão profissional dos trabalhadores dos abatedouros pertencentes à empresa Gad seria difícil, já que muitos eram iletrados. Infelizmente, a plasticidade cerebral não é ilimitada, caso contrário, os trabalhadores de Gad se tornariam cientistas de dados ou físicos nucleares por meio de uma formação. E ela está distribuída de forma desigual: as diferenças de inteligência são, antes de mais nada, diferenças de plasticidade neuronal.

A luta contra as discriminações e as desigualdades tornou-se o tema central de toda uma parte da ação pública na França. O QI ainda está praticamente ausente das políticas. As diferenças de inteligência, e suas graves consequências, embora documentadas por inúmeras pesquisas, são uma realidade indizível para os poderes públicos.

Por que o silêncio dos discursos públicos sobre as desigualdades de QI é total atualmente? É mais fácil explicar às categorias sociais menos favorecidas que sua situação se deve a causas externas malignas e que elas são apenas as vítimas, quando em teoria nada deveria impedi-las de ter êxito tanto quanto os outros. É com base em tais explicações que prosperam os discursos anticapitalistas para os quais as hierarquias de classe são apenas a consequência de uma globalização "ultraliberal" em que alguns, por serem os mais sortudos e/ou os mais desonestos, dominam

---

13 Pessoalmente, e sem que isto constitua uma estimativa científica, não ficaria surpreso se esse QI mínimo competitivo aumentasse de 5 a 10 pontos por década. Se surgisse uma IA forte, esse número teria evidentemente de ser revisto para cima.

os outros. Os discursos conservadores, diametralmente opostos, também não aceitam a explicação do determinismo genético: para eles, é mais cômodo pensar que as diferenças sociais são o reflexo do mérito das pessoas em termos absolutos, ou seja, que alguns trabalharam mais para ter êxito na vida.

Em ambos os casos, a explicação é confortável, mas perfeitamente estéril: no primeiro, os mais desfavorecidos são exonerados de qualquer responsabilidade, podendo, portanto, reivindicar compensações diante do que é uma injustiça social; no segundo, os mais pobres são responsáveis pela sua situação e só podem culpar a si próprios...

Para além das ideologias, ninguém quer que lhe digam que sua falta de êxito escolar ou social se deve à falta de inteligência. Ser vítima do sistema, ou mesmo preguiçoso, tem mais dignidade aos nossos olhos do que ser desfavorecido de intelecto.

O determinismo do QI é, portanto, inaceitável dos três pontos de vista: político, moral e filosófico. É inconcebível explicar às pessoas que sua situação se deve, de fato, a uma discriminação, mas que essa discriminação é essencialmente a da inteligência, sobre a qual temos pouco controle. Hoje, o peso determinante das desigualdades de QI no êxito continua a ser um tema absolutamente tabu, ao passo que são as principais fontes de desigualdades sociais e econômicas!

A aristocracia da inteligência não é aceitável

Quando as tecnologias para aumentar nossas capacidades cognitivas começarem a estar disponíveis, as diferenças de QI e as desigualdades que engendram vão se tornar cada vez mais visíveis. Não haverá escapatória: teremos de agir. Quando essas técnicas forem acessíveis a todos, rapidamente se tornarão padrões.[14] É assim que a moda e a moral evoluem.

A paixão pela igualdade, que caracteriza nossas democracias ocidentais, tornará o crescimento das desigualdades de QI ainda mais inaceitável do que o das desigualdades econômicas. Ainda mais porque não

---

14 Esses elementos culturais transmitidos são chamados de memes.

"Tudo acontece antes do ano 0": a escola já é uma tecnologia obsoleta

haverá mais empregos valorizados para os humanos não aumentados, cuja capacidade de trabalho será, no longo prazo, facilmente substituível por um robô dotado de IA. O investimento da OpenAI em robótica é muito preocupante nesse aspecto!

Em poucos anos, uma inteligência superior não poderá mais ser fruto do acaso e de uma qualidade reservada a uma aristocracia. Fará parte do *kit* de sobrevivência mínimo que todos deverão ter.

O QCIA: Quociente de complementaridade à inteligência artificial

O tabu do QI não durará muito diante do surgimento da IA. Quanto mais a IA se espalhar, mais precisaremos de QI elevados para que nossos cérebros se complementem com ela. Seria até pertinente, nessas condições, afinar a antiga ferramenta do QI para concentrar a avaliação das capacidades intelectuais nessa complementaridade. O QCIA (quociente de complementaridade à IA) poderia se tornar o principal indicador da empregabilidade. Então ninguém poderá mais continuar a ignorar o escândalo das desigualdades de inteligência, cujas consequências virão à luz. Ser inteligente, no longo prazo, não será mais uma qualidade distintiva, mas um pré-requisito.

"É imperativo investir maciçamente e ao longo do tempo para compreender em profundidade a natureza complexa e contestada da inteligência sob todas suas facetas, e suas dinâmicas de complementaridade e substituição com a inteligência artificial",[15] afirma Nicolas Miailhe, fundador do *think tank* independente The Future Society, pioneiro em governança e adoção responsável da IA. "Não devemos nos enganar: o aumento em potência da IA geral muito mais rápido do que o previsto está embaralhando as cartas nessa área de uma forma inesperada e espetacular: onde pensávamos, por exemplo, há apenas um ou dois anos, que as competências criativas – e as profissões associadas – seriam preservadas durante algumas décadas, percebemos com os avanços espantosos dos

---

15   Entrevista com Nicolas Miailhe, 23 de março de 2023.

modelos generativos de texto, imagem, vídeo – e muito em breve de produções artísticas completas! – que elas já se encontram na linha da frente. Da mesma forma, se for confirmado graças à maturidade estabelecida dos modelos de negócios da nuvem – *Software-as-a-Service* [*Software como serviço* – SAAS], *Application Programing Interface* [Interface de programação de aplicativos] – que em breve todos poderão contar no dia a dia, e a um custo muito baixo, com agentes conversacionais e criativos com capacidades sobre-humanas, onde então se situam o verdadeiro valor e a diferenciação entre humanos e máquinas? Sem uma compreensão fina e dinâmica de tudo isso, é simplesmente impossível pilotar a revolução educativa que se nos impõe hoje mais do que nunca. A França deve cooperar com seus parceiros internacionais, especialmente no âmbito da OCDE. Os profissionais da educação vão ser duramente atingidos pelo ChatGPT. Mas não temos, no momento, nem os conhecimentos científicos, nem as ferramentas de pilotagem, nem as instituições para enfrentar de forma responsável tal desafio, isto é, sem cair nas armadilhas reducionistas da medição da inteligência e sem, com isso, abandonar os mais vulneráveis – esse seria um trabalho de uma horrível covardia. Portanto, é preciso investir maciçamente nas ciências cognitivas aliadas à hiperpersonalização responsável do ensino. É digno de um programa Apollo! O que está em jogo é a sobrevivência do nosso modelo democrático, que se baseia numa classe média emancipada e próspera".

Se devemos suprimir o tabu do QI, certamente não é para torná-lo um indicador rei, mas, pelo contrário, para melhor acabar com ele. O QCIA será o novo padrão de referência. Ao contrário do QI tradicional, será evolutivo, pois indexado aos avanços da IA. Ele terá de se adaptar às futuras formas da IA das quais ainda nem suspeitamos, a essa migração da fronteira tecnológica cuja natureza ainda somos incapazes de prever com precisão, às novas sinergias dos neurotransistores que nascerão através de uma hibridização cujas modalidades precisas também ignoramos.

O QCIA será nossa bússola num mundo onde a questão da inteligência – sua gestão, sua avaliação fina, o conhecimento íntimo das suas múltiplas facetas – se tornará central. A avaliação da inteligência não terá como objetivo estigmatizar as pessoas menos dotadas, mas, pelo contrário, ajudá-las a ir tão longe quanto a tecnologia educativa permitir, num determinado momento. Ser inteligente não significará mais a mesma coisa na era da IA.

O desenvolvimento e a manutenção desse indicador exigirão um esforço considerável e permitirão que muitas boas perguntas sejam feitas sobre o quarteto "escola-trabalho-neurônio-transistor".

O QCIA poderá ser medido em tempo real pela IA do nosso *smartphone* que sabe tudo sobre nosso cérebro: a IA nos ajudará a permanecer complementares dela mesma.

13

Diante do ChatGPT, a inteligência não é mais uma opção

O medo de ver a mecanização substituir os empregos é tão antigo como a própria mecanização e, portanto, como o trabalho. Historicamente, ele sempre se revelou infundado porque o aumento da produtividade foi compensado pelo aumento da demanda de bens e pelo aumento das competências dos trabalhadores que encontravam assim novos empregos.

Mas a era NBIC se parece cada vez menos com uma revolução industrial clássica. Seus efeitos sobre o emprego poderiam ser menos idílicos. O que é certo é que a exigência de inteligência será maior do que nunca. E o fracasso da escola é ainda mais preocupante.

Nenhum trabalho está imune contra o ChatGPT

A onda espetacular da IA vai ameaçar até mesmo atividades que pareciam particularmente protegidas. O movimento de substituição das tarefas rotineiras é tão antigo quanto a mecanização. Mas o que é novo no século XXI é que ele pouco a pouco envolve tarefas cada vez mais qualificadas, que antes eram consideradas inacessíveis às máquinas.

Por que o médico vai ser transformado pelo ChatGPT?

Mesmo os médicos que exercem as disciplinas mais sofisticadas serão "desafiados" pelos autômatos. No futuro, haverá um milhão de vezes mais dados num prontuário médico do que hoje. Essa revolução é o resultado do desenvolvimento paralelo da genômica, da neurociência e dos objetos conectados. Inúmeros sensores eletrônicos vão em breve monitorar nossa saúde: objetos conectados vão produzir bilhões de informações todos os dias para cada paciente.

Os médicos vão enfrentar uma verdadeira "tempestade digital": terão de interpretar trilhões de informações enquanto hoje gerenciam apenas alguns poucos dados. A profissão deve se adaptar a uma mudança também brutal.

Como é impossível ao médico verificar os trilhões de informação que a medicina vai produzir, vamos assistir a uma mudança radical do poder médico.

Outro efeito colateral é que a ética médica não será mais um produto explícito do cérebro do médico: ela será produzida mais ou menos implicitamente pela IA. Cada um custará bilhões de dólares e se autoaperfeiçoará por meio da análise dos milhões de prontuários de pacientes que ele monitorará.

A análise completa da biologia de um único tumor representa, por exemplo, 20 trilhões de dados. Esse dilúvio informacional os aproxima mais dos astrofísicos ou dos especialistas em física nuclear do que do tradicional patologista. Em todo caso, parece difícil que um médico saiba de cor as 100 mil mutações genéticas descobertas todos os dias que alimentam os bancos de dados em fluxo contínuo. Torna-se urgente que os especialistas em câncer observem como os astrofísicos gerenciam os exabytes (quintilhões de dados) que produzem. Caso contrário, o poder médico corre o risco de mudar de mãos.

O professor Jean-Emmanuel Bibault, um dos melhores especialistas mundiais em IA médica, descreveu no *2041: L'odyssée de la médecine* as profundas mudanças em curso: "Os LLM, mesmo que ainda não sejam capazes de uma verdadeira compreensão ou de tomada de iniciativa, vão mudar radicalmente as profissões que consistem em usar dados para tomar uma decisão. Essa é precisamente a natureza da abordagem médica e é por isso que a medicina vai sofrer um forte impacto num futuro próximo". O professor Bibault insiste no fato de que a IA pode realizar tarefas de que os humanos não são capazes.

Antoine Tesnière, professor de anestesia e reanimação e diretor da maior incubadora de saúde francesa, PariSanté Campus, explica: "Primeiramente utilizada na análise de imagens com níveis crescentes de desempenho, a inteligência artificial acaba não só de atingir um novo marco, mas acima de tudo de acelerar e democratizar amplamente seu desenvolvimento. Assim como muitas previsões sobre o desenvolvimento da IA, essa veio mais cedo do que o previsto, testemunhando a velocidade exponencial da inovação que vivemos hoje. E com ela chega não apenas sua quota de realizações, fascinantes, como também de questionamentos e de desafios. O ChatGPT pode responder a perguntas tão bem quanto qualquer médico, principalmente sobre tratamentos, por exemplo, consultando seus bancos de dados em poucos microssegundos. Essa ferramenta se torna um elemento estratégico essencial, tal como o foram, em certo momento, os primeiros motores de busca, mas com uma potência e uma pertinência infinitamente maiores. Ela questiona a própria gestão da aprendizagem e do conhecimento e provoca uma contrariedade narcisista suplementar, a de ver certos parâmetros da inteligência natural igualados ou mesmo ultrapassados. Cabe a nós superar essa contrariedade narcisista para compreender e integrar todo o potencial dessas novas ferramentas, ser capaz de determinar a melhor interface de inteligência natural – inteligência artificial, e ser capaz de organizar toda reflexão sobre questões de confiança e ética para garantir, como acontece com outras inovações que transformamos em usos, que desenvolva impacto e melhoria das nossas condições humanas. A revolução da IA já está aqui!".

Schumpeter e a destruição criativa

Até recentemente o consenso entre os especialistas era a ideia de que a inovação acabava sempre criando mais empregos do que os destruindo. Era a conhecida ideia da destruição criativa do economista Schumpeter: a inovação acabava dando origem a novos empregos que substituiriam aqueles que ela fez desaparecer. Os transportadores de água foram substituídos por técnicos de tubulações. Com as NBIC, há menos espaço para o otimismo. Schumpeter teria sido otimista demais? Essa questão está se tornando candente, pois traz consigo a possibilidade de um rápido desequilíbrio de todo nosso sistema econômico e social.

O furacão ChatGPT vai abalar profundamente todo o tecido econômico. A destruição criativa de Schumpeter é mais explosiva do que nunca.

É na área da informática que essa efervescência é mais caricatural. Brivael Le Pogam comenta: "Os produtos das atuais *start-ups* de IA têm prazo de validade de alguns meses? Em suma, o futuro das *start-ups* que utilizam a IA é incerto, com desafios e oportunidades únicos pela frente".

Uma economia na qual "quem ganha leva tudo"

A hibridização do digital, da robótica e, mais importante de tudo, da inteligência artificial, questiona os fundamentos da economia, que se baseiam na concorrência e no ajuste "tranquilo" da oferta à demanda.[1]

As empresas que dispõem dos meios para investir nas tecnologias mais modernas e de atrair os cérebros mais brilhantes do mundo têm a possibilidade de se tornarem em poucos anos gigantes globais praticamente monopolísticas, donas de quintilhões de dados.

Essa economia exponencial traz três novos desafios. Em primeiro lugar, um desafio de ajustamento dos mercados. A inteligência artificial está em constante aceleração. Como é que os mercados se equilibram quando as

---

1 Com Nicolas Bouzou, "Intelligence Artificielle, le tsunami", *Le Figaro*, 9 de agosto de 2017.

empresas crescem muito rapidamente e quando as tecnologias nunca estão estabilizadas? A remuneração pode ser fixada nessas condições, mesmo criando um enorme desemprego? Os preços são levados a um movimento constante? A serem diferentes dependendo dos usuários?

Em seguida, a economia exponencial traz um desafio de regulamentação competitiva. É relativamente simples, na indústria ou na distribuição tradicional, qualificar uma posição dominante como abuso. E quanto às estruturas de mercado oligopolísticas ou mesmo monopolísticas, com as chamadas empresas bifaces, ou seja, que organizam tanto a oferta como a procura? É um campo intelectual e jurídico praticamente intocado que está diante de nós, com poderosas consequências geopolíticas. Nada garante que nossas tradicionais certezas econômicas e geopolíticas permaneçam válidas.

Não há medalha de prata

A nova economia pode ser explicada em três palavras: prêmio ao vencedor. Sendo o acesso aos recursos digitais imediato e ilimitado, o consumidor escolhe o melhor portal, o melhor motor de busca, a melhor rede social. Por que recorrer a um motor de busca de segunda categoria quando pode acessar o Google gratuitamente? Cria-se um monopólio ou oligopólio que deixa muito pouco espaço para os atores marginais. Os intermediários tradicionais estão morrendo. Asfixiados. Dissolvidos na insignificância, na inexistência digital, pois não aparecem nas buscas. O principal circuito de distribuição do planeta está se tornando o telefone celular, que é controlado pelas gigantes digitais. Não há praticamente espaço para o número 2 na economia de dados. Ao contrário das Olimpíadas, existem apenas medalhas de ouro.

Barreiras cada vez maiores na entrada

As gigantes digitais obtêm seu monopólio por meio da concentração de uma quantidade inacreditável de talentos que recebem milhões de dólares. Esse assalto aos QI elevados cria uma grande barreira na entrada para as empresas tradicionais que por razões financeiras ou psicológicas não podem pagar a seus pesquisadores e executivos vários milhões de dólares por ano.

A uberização é anedótica

Ela terá sido o acontecimento do início dos anos 2010, mas a já famosa "uberização" não é de forma alguma o que constituirá a ruptura de que realmente falaremos daqui a dez anos. O mundo econômico evolui de forma extremamente rápida, com um deslocamento do valor e das competências necessárias para que possa se beneficiar deles. Os empregos de amanhã têm majoritariamente três características: exigem uma grande flexibilidade, uma forte complementaridade com a inteligência artificial e uma transversalidade intelectual. Será necessário ser ultracompetente e inovador para ser duradouramente complementar da IA, mas o especialista em investimento tecnológico Nicolas Colin alerta contra a ilusão de que "basta a formação". Seria ilusório, diz ele, pensar que os obstáculos à criação de empregos estão unicamente ligados a um déficit de formação. Se produzíssemos mil especialistas em IA ou em física nuclear no Congo, eles não encontrariam emprego por causa da falta de ecossistemas capazes de os utilizar.

Estamos passando de inovações incrementais, passo a passo, para inovações de rupturas que não são criadas por empresas tradicionais, mas por ecossistemas extremamente eficientes, capazes de atrair os melhores assalariados do mundo e apoiados em poderes públicos benevolentes. O Estado deve se tornar um estrategista e apoiar tais ecossistemas...

O bem-sucedido prospectivista Jeremy Rifkin anunciava isso já em 1995. Esse pessimismo tecnológico é tenaz: em abril de 2000, na inevitável revista *geek Wired*, o diretor científico da Sun Microsystems, Bill Joy, já explicava que "o futuro não precisaria de nós".

A morte do trabalho?

O fim do trabalho é um mito cujos primeiros vestígios podem ser encontrados no início do Império Romano sob Vespasiano, que bloqueou certas máquinas nos canteiros de obra para proteger os trabalhadores da construção. E o próprio Aristóteles se perguntava o que seria dos escravos se os teares automáticos surgissem um dia. Temendo os efeitos sobre os trabalhadores do tricô, em 1561 a rainha Elizabeth I da Inglaterra recusou ao reverendo William Lee uma patente para a máquina de tricotar meias.[2] Mais perto de nós, o prefeito de Palo Alto, o coração do Vale do Silício e hoje da economia mundial, escreveu ao presidente Hoover em 1930 para lhe implorar que desacelerasse o avanço técnico que empobreceria seus eleitores...

Devemos acreditar no fim do trabalho? Esse temor ou essa esperança não é novidade. Em todos as épocas, os governantes e a sociedade civil identificaram claramente as profissões ameaçadas pela inovação, mas não viram as consequências do aumento da riqueza criada pela novidade e pelo aparecimento de novas profissões que ainda não existem. O economista Alfred Sauvy observou em 1981: "Não reclame que o avanço técnico destrói empregos, ele é feito para isso". Quase todos os empregos que existiam em 1800 desapareceram: 80% da população trabalhava então na agricultura.

No final do século XIX, as pessoas percebiam bastante bem as ameaças que pesavam sobre os cocheiros, os condutores de diligências, os ferradores, os 29 mil carregadores de água parisienses, os acendedores de lampiões, as lavadeiras, os alfaiates e os ferreiros. Em contrapartida, ninguém imaginava que no futuro haveria *designers* de microprocessadores, geneticistas, físicos e astrofísicos nucleares, técnicos nas fábricas da Tesla, cirurgiões cardíacos, pilotos de avião, *webmasters* e fabricantes de *smartphones*. Quanto mais profunda a revolução tecnológica, mais difícil é antecipar as inúmeras novas profissões. Ideias revolucionárias não faltam: *designer* de bebês, *neurohacker*, colonizador de Marte, neuroeducador, psicólogo de IA...

---

2   Oito anos depois, ele se mudou para a França, onde construiu uma fábrica de meias com a ajuda do rei Henrique IV.

Na realidade, o temor do fim do trabalho traduz fundamentalmente uma falta de imaginação tecnológica e sociológica. Os números apocalípticos de alguns previsores traduzem sobretudo seu pessimismo. Muitas vezes idosos, eles projetam suas angústias pessoais no futuro. Em 1880, alguns intelectuais estavam convencidos de que tudo já havia sido inventado e que a aventura humana estava chegando ao fim: estávamos na realidade entrando na extraordinária abundância tecnológica da Belle Époque. "Talvez nossos descendentes vivam apenas como lagartos que só pensam em aproveitar preguiçosamente o sol", temia, aliás, Ernest Renan. Não, o mundo que virá não será o do lazer forçado. Na realidade, a aventura humana apenas começou e ainda há tudo por fazer.

Ainda há tanta coisa para fazer

A gestão da sociedade do conhecimento vai consumir uma enorme quantidade de inteligência humana: coordenar, regulamentar, policiar as diferentes inteligências biológicas e artificiais vai se tornar uma das principais atividades do homem de amanhã. No futuro, a IA vai nos dar um leque ilimitado de potencialidades.

O GPT inaugura a economia transumanista

É claro que a humanidade não vai usar a imensa quantidade de inteligência à sua disposição para fabricar manualmente espadrilhas (alpargatas) orgânicas e carrinhos de mão: para poderes demiúrgicos, objetivos demiúrgicos. Na verdade, a humanidade não precisa da IA para viver como vivia em 1950. As fantasias transumanistas são muito mais fundamentais – matar a morte, compreender nossas origens, conquistar o cosmos, aumentar nossas capacidades... – e vão mobilizar bilhões de nossos descendentes durante muito tempo. O homem vai descobrir para si inúmeros novos objetivos. A simples exploração e colonização de apenas uma pequena galáxia entre 500 bilhões – nossa Via Láctea – levará no mínimo 50 milhões de anos. Qualquer que seja o grau de automatização das nossas sociedades futuras, continuará a existir uma imensa necessidade de trabalho ultraqualificado, ultramultidisciplinar e ultrainovador. Uma infinidade de experiências e de missões estão para ser inventadas.

> A visão de Sam Altman de que a humanidade prospera em todo o universo graças ao ChatGPT e seus sucessores é a única saída razoável.
>
> Temos um gostinho desse mundo onde a vida, a tecnologia e o pensamento terão se fundido. Temos trabalho até o fim dos tempos e, se somos transumanistas, podemos acrescentar que teremos ainda mais trabalho para impedir a morte do universo e o fim dos tempos.
>
> Boas notícias, certamente, mas que tornam determinadas questões mais candentes do que nunca: quais competências nossos descendentes precisarão possuir? O verdadeiro debate, afinal, diz respeito menos ao desaparecimento dos empregos tradicionais, o que é bastante certo, do que ao potencial de requalificação da população.

Quais competências para o ser humano diante dos sucessores do ChatGPT?

Distinguimos, tradicionalmente, dois fatores de produção: o capital, composto de máquinas, edifícios e recursos financeiros, e o trabalho, que é produzido pelos seres humanos. Amanhã teremos de adicionar um terceiro fator à equação: a IA.

A produtividade dependerá em grande parte da quantidade do par inteligência humana–IA que integraremos no processo. A IA estará em toda parte. Tal como a revolução industrial havia introduzido a eletricidade em toda parte, a revolução digital irá "cognificar" tudo.

As novas profissões serão preferencialmente acessíveis a indivíduos muito inovadores e com QI elevado.

A OpenAI é a primeira empresa da história que midiatiza a destruição de empregos que ela vai gerar

O primeiro estudo dedicado ao impacto do ChatGPT no mercado de trabalho americano foi divulgado em 20 de março de 2023, seis dias após o lançamento do GPT4. Uma equipe de pesquisadores da OpenAI e da universidade da Pensilvânia conduziu um estudo para analisar o impacto do GPT4 da OpenAI na mão de obra americana.

Os empregados e gestores diplomados e que ganham até 80 mil dólares por ano são os mais suscetíveis de serem afetados, dizem os pesquisadores.

Usando dados de emprego do Departamento de Trabalho dos Estados Unidos, os pesquisadores descobriram que até 80% da população ativa norte-americana poderia ver pelo menos 10% de suas tarefas profissionais afetadas pelo GPT e seus equivalentes e que 19% dos trabalhadores podem ver pelo menos 50% de suas tarefas impactadas, de acordo com o estudo.

Ao contrário das primeiras gerações de IA, que impactavam principalmente pessoas com baixas qualificações e baixos salários, o GPT vê seu impacto atingir o ponto mais alto entre os trabalhadores de colarinho branco que ganham 80 mil dólares por ano.

Os empregos nas indústrias de processamento da informação, como a informática, são os mais expostos à IA generativa, ao passo que os empregos na fabricação, na agricultura e na mineração são os menos expostos. Com efeito, os cargos que utilizam competências em programação e em redação escrita correspondem melhor às capacidades do GPT.

Entre as profissões mais expostas estão engenheiros de *blockchain*, matemáticos, analistas financeiros, contadores, escritores, especialistas em relações públicas, intérpretes-tradutores, poetas e letristas.

Os empregos que exigem apenas um diploma de ensino médio ou de escola profissionalizante – preparadores de alimentos, eletricistas, barbeiros e assistentes médicos – podem não sentir o impacto do GPT4.

O GPT5 será mais inteligente que 80% dos franceses, o que criará uma crise social

Os pesquisadores reconhecem que o estudo deverá ser repetido em alguns meses, quando o GPT5 for lançado.

Os economistas concluem: "À medida que as capacidades continuam a evoluir, o impacto do GPT na economia persistirá e provavelmente aumentará, colocando desafios aos decisores políticos para predizer e regulamentar sua trajetória. Mais pesquisas são necessárias para explorar as implicações mais amplas dos avanços do GPT".

O estudo da Microsoft de 23 de março de 2023 se inquieta com a reação social ao fato de que as profissões intelectuais complexas vão ser desafiadas: "O notável desempenho do GPT4 numa variedade de tarefas e de campos questionará as noções e as hipóteses tradicionais sobre a especialidade relativa dos humanos e das máquinas em muitas funções, que abrangem campos profissionais e universitários. As pessoas, sem dúvida, ficarão surpresas ao ver a que ponto o GPT4 pode ter êxito nos exames de nível profissional e nos das certificações, como as dadas em medicina e direito. Eles também apreciarão a capacidade do sistema de diagnosticar e tratar doenças, de descobrir e sintetizar novas moléculas, de ensinar e avaliar os estudantes, de raciocinar e argumentar sobre temas complexos e difíceis em sessões interativas. As competências demonstradas pelo GPT4 e por outros LLM acenderão alertas sobre as possíveis influências dos avanços da IA em profissões altamente qualificadas e respeitadas...".

Alguns intelectuais como Michel Lévy-Provençal estão inquietos: "Percebemos nessa profunda transformação da capacidade de criação as premissas de uma crise social sem precedentes. Contra todas as expectativas, são as profissões de colarinho branco que parecem as mais expostas: a classe média e as profissões dos setores terciário e quaternário. As gigantes da tecnologia poderiam ser forçadas a implementar medidas de segurança física e cibernética para se protegerem perante uma convergência das lutas entre as classes desfavorecidas e a classe média, duramente atingidas pela automatização acelerada da sua profissão: uma crise dos luditas numa escala totalmente diferente...".

Pedro e o lobo ChatGPT

O fim do trabalho já foi anunciado diversas vezes. Os economistas estão agora prudentes. A tecnologia sempre criou mais empregos do que destruiu. Para preparar a sociedade, as empresas e as escolas, é necessário avaliar as consequências da IA na dinâmica econômica e na demanda de trabalho. Mas o impacto da IA é incrivelmente difícil de modelizar.

O ChatGPT produzirá cada vez mais Coletes Amarelos

A conclusão das reflexões atuais é que a destruição maciça de empregos não é certa, mas que o risco de um aumento das desigualdades é forte e que as medidas para combatê-lo são complexas de implementar se a IA avançar rapidamente.

Estamos na situação de uma fábula infantil. Pedro gritou tanto que os aldeões não se incomodam mais quando ele é realmente atacado.

No entanto, alguns economistas otimistas estão inquietos: e se o ChatGPT mudasse a situação? Os franceses menos inteligentes que o ChatGPT terão um verdadeiro emprego em 2030? Na privacidade, muitos responsáveis estão inquietos, mesmo que não possam anunciar um acidente social em plena crise das aposentadorias.

> **O ChatGPT relança o debate sobre renda básica universal**
>
> Construímos uma economia do conhecimento, profundamente desigual, sem perceber que estávamos dando uma imensa vantagem às pessoas que dominam os dados, dotadas de plasticidade cerebral que lhes permite mudar regularmente de profissão e de se formar ao longo da vida: todas as qualidades que são medidas pelo QI. Um ponto de QI suplementar fará cada vez mais diferença na sociedade do conhecimento.
>
> Será a renda básica universal esse instrumento de modernização da economia e de adaptação da população à revolução dos autômatos inteligentes que nos prometem ou uma armadilha mortal – em nome dos bons sentimentos – para a humanidade?

Por que as gigantes digitais apoiam a renda básica universal

O Vale do Silício e toda a costa Oeste dos Estados Unidos compreenderam que estamos atravessando uma revolução econômica inédita e que a adaptação dos trabalhadores será difícil. A maioria dos bilionários digitais[3] já defende a renda básica universal. Eles não acreditam que o ajustamento schumpeteriano, a destruição dos antigos empregos e depois sua rápida substituição por novas atividades, vai funcionar dessa vez.

Dado o risco de uma rápida redução dos empregos e, portanto, de uma explosão do desemprego, eles temem uma revolta populista ou mesmo uma revolução nos moldes de 1793. A renda básica universal é vista como uma forma de acalmar as revoltas populares que poderiam destruir a indústria da IA. Em São Francisco, a raiva contra os bilionários digitais começa a grunhir.

Uma renda básica universal temporária para salvar os náufragos digitais?

Trata-se, na verdade, de uma nova faceta do Estado-providência cobrindo um novo risco: o risco da IA. Na França, Nicolas Colin também defende a ideia de que isso tornaria mais fluida a transformação econômica ligada ao digital.

Sam Altman acha que o ChatGPT está dinamitando o otimismo schumpeteriano

Convencido de que a adaptação suave dos trabalhadores aos avanços tecnológicos não funcionará mais com o ChatGPT, ele se engaja a financiar grandes experiências com a renda básica universal, a fim de inventar o Estado-providência do futuro. À pergunta "O que será das pessoas menos inteligentes que o ChatGPT?", Sam Altman responde que serão pagas pela coletividade, uma vez que não poderão mais trabalhar. Alguns intelectuais do Vale do Silício propõem até mesmo a gratuidade das tecnologias de realidade virtual que permitem mergulhar no metaverso. Os trabalhadores ultrapassados viverão na Matrix até morrerem.

---

3   Mark Zuckerberg, Bill Gates, Peter Thiel, Elon Musk, Sam Altman...

A renda básica universal permanente seria suicida diante da IA

Uma renda básica universal temporária talvez nos permitisse uma recuperação. Contudo, ela não deve se tornar um álibi para não reformar a educação. Uma renda básica universal permanente poderia se tornar um pesadelo se anestesiar os cidadãos ultrapassados pela IA, em vez de levar o Estado a modernizar o sistema educativo. É preciso aumentar a complementaridade com a inteligência artificial. Isso supõe mapear a fronteira tecnológica para adaptar em tempo real o sistema educativo aos avanços da IA. A renda básica universal seria uma maneira cômoda de confinar a referida massa na calma e na apatia, deixando os líderes do mundo na tranquilidade acolhedora das suas próprias casas.

Em vez de esperar tudo da renda básica universal, é preciso combater a completa dessincronização entre nossas instituições – incluindo a escola – e a tecnologia galopante. Caso contrário, corremos o risco de criar uma sociedade ultradesigual furiosamente semelhante à retratada por Fritz Lang no seu filme *Metrópolis*, de 1927: um punhado de homens com potencial muito elevado governarão um exército de subcidadãos abandonados à renda básica universal. Enquanto esperamos que uma IA forte nos fabrique a Matrix, um mundo onde todos nos tornaremos iguais na escravidão diante da máquina...

Colocamos o dedo numa engrenagem terrível. Em vez de modernizar a formação profissional e a educação, aceitamos a marginalização de grupos inteiros de cidadãos. Não temos o direito de renunciar e de abandoná-los. Na velocidade em que a IA avança, sair do mercado de trabalho por um dia significará muitas vezes sair para sempre. Ninguém voltará a ser trabalhador ativo após dez anos de renda básica universal, período durante o qual cada unidade de IA terá ficado mil vezes mais barata.

A mudança em muitas profissões criaria uma enorme classe de pessoas economicamente inúteis e intelectualmente ultrapassadas. Esses cidadãos confiarão o sentido da sua existência aos algoritmos e à realidade virtual. À questão mais importante do século XXI: "O que nosso cérebro se tornará perante a IA quase gratuita?", a resposta não pode ser: empregos para robôs, lazer para seres humanos.

> Será, claro, necessário ter uma nova seguridade social – na França, a de 1945 era bem adequada a um mundo de assalariados, mas é obsoleta na era da IA – para acompanhar as brutais mudanças tecnológicas que serão muitas vezes mal antecipadas. Em contrapartida, uma renda de assistência universal e permanente acentuaria a marginalização dos *"Useless"* de Harari. Em poucos séculos, ela levaria os homens a se tornarem larvas alimentadas pela IA, criando assim a servidão voluntária que Étienne de La Boétie havia teorizado aos dezesseis anos. A ausência de esforço intelectual degrada rapidamente a neuroplasticidade, ou seja, a capacidade do cérebro de produzir conexões sinápticas e, portanto, de aprender.
>
> Esse mundo onde a IA financia a renda básica universal para nos permitir viver uma existência sem esforço poderia rapidamente "atrofiar" nossos cérebros. O verdadeiro poder estaria concentrado nas mãos de uma elite senhora das IA. Às pessoas que serão abaladas pelo choque tecnológico, devemos dar o direito à formação ao longo da vida e não a benefícios ao longo da vida. Não é a renda básica que deve ser universal, mas sim o desenvolvimento do cérebro! Devemos fazer tudo para impedir a criação de uma aristocracia da inteligência que manipula os "Inúteis de Harari" trancados num mundo mágico e virtual. Alguns especialistas propõem dispositivos de realidade virtual gratuitos para trabalhadores ultrapassados pelo ChatGPT...

A escola se prepara para a economia... anterior ao ChatGPT

Como podemos esperar que a escola, em sua forma atual, nos prepare para as profissões de amanhã? Essas tarefas complexas e não rotineiras das quais desconhecemos o teor, como o sistema atual poderia se preparar para elas? Em outras palavras, como poderia um sistema ainda centrado num ensino construído como uma sucessão de disciplinas, praticamente inalteradas desde o século XIX, justapostas e desarticuladas, dado por profissionais formados há 30 anos e selecionados por sua estrita conformidade com os cânones escolares, preparar para um mundo do trabalho radicalmente diferente? O consultor em tecnologia Bryan

Alexandre[4] afirma: "O sistema educativo não está bem posicionado para se transformar a fim de ajudar a formar diplomados capazes de competir com as máquinas. Nem nos prazos nem nas proporções desejadas. A grande massa da população está preparada para a má economia". Essa fraqueza congênita da escola é ainda mais problemática porque o mundo para o qual ela deveria preparar nossos filhos consumirá mais inteligência do que nunca. Ontem, a inaptidão da escola para melhorar a inteligência dos alunos era uma fonte de injustiça – pois fortalecia as desigualdades herdadas – amanhã, essa inaptidão será dramática, pois produzirá deslocamentos sociais.

Ineficaz e cada vez mais inadequada, a escola está hoje contra a parede. Sua transformação é inevitável; dessa vez não se trata de mudar os programas e de declarar, como faz cada novo ministro da Educação, que a educação é "uma prioridade"... A reforma, na realidade, será imposta de fora, pelas neurotecnologias americanas ou mesmo chinesas que farão um ataque a mão armada na educação.

---

4   Citado em Pew Research Center, *AI, Robotics, and the future of jobs, digital life in 2025*, agosto de 2014.

14

O ChatGPT vai antecipar a primeira metamorfose da escola: a breve era das *edtech*[1]

A escola deve, portanto, enfrentar dois grandes desafios: o da sua atual ineficácia, por um lado, e o da sua incapacidade estrutural de se preparar para as competências de amanhã, por outro. Num futuro imediato, as escolas vão passar por uma metamorfose progressiva na direção de uma maior individualização do ensino, graças ao uso crescente das tecnologias digitais impulsionadas pela IA.

O ChatGPT vai eliminar a sala de aula?

A escola é a solução atual para o problema da transmissão do conhecimento de um grupo limitado de pessoas que o possui para uma numerosa população. A ideia não é nova: foi encontrada há vários milhares de anos. Provavelmente desde o aparecimento da escrita, por volta de 3.000 a.C.

O que há de comum entre uma sala de cirurgia hospitalar em 1900 e outra nos dias de hoje? Nada ou quase nada. As tecnologias presentes, o conhecimento desenvolvido pelos homens e mulheres que ali trabalham, as normas que regem sua organização: o século que separa essas duas cenas criou um fosso radical entre elas.

---

1   *Edtech (Education Technologies)* reúne todas as tecnologias aplicadas à educação.

Pense numa sala de aula do século passado: nada mudou, exceto talvez a cor do quadro – negro ontem, branco hoje. Fora isso, são quase os mesmos móveis – em algumas escolas ainda se encontram mesas com furos para tinteiros – e muitas vezes a mesma disposição e os mesmos métodos.

A escola, tal como é feita, é comparável ao medicamento de ontem: uma solução média concebida para o organismo médio e do qual o doente médio se beneficiará, portanto, em detrimento dos doentes nos extremos da curva, aqueles cuja doença é mais sutil, diferente.

A inadaptação estrutural da escola à diversidade dos caráteres e das aptidões, às flutuações da atenção, às diferenças de velocidade, de maturidade, de interesse: tudo isso é conhecido. Mas até agora, não havia alternativa real. Daí a permanência de uma sala de aula que pouco ou nada mudou. Daí também a constância dos sindicatos dos professores que até agora faziam do aumento dos recursos atribuídos o único objetivo do projeto de melhoria da escola.

Nas próximas décadas, a escola vai passar por uma transformação radical. Cada vez mais a educação vai se aproximar da medicina: a neurociência vai absorver a escola. A escola de amanhã será personalizada como a medicina está se tornando.

Os MOOC vão se fundir com o ChatGPT

As pesquisas em ciências cognitivas têm como objetivo alcançar uma melhor compreensão dos processos cognitivos e sensório-motores subjacentes à aprendizagem. Esses trabalhos buscam compreender como os alunos assimilam os diferentes conhecimentos. Trata-se de dar aos professores as ferramentas para serem mais eficazes. Ao se combinarem com ferramentas digitais, as ciências cognitivas destacam, no entanto, a obsolescência da sala de aula. Está se tornando evidente que outras tecnologias de transmissão seriam muito mais eficazes.

Ao romper com a uniformidade do ensino tradicional, as novas tecnologias vão permitir uma máxima individualização do ensino.

Os MOOC[2] (*Massive Online Open Course* [Cursos *on-line* abertos e em grande escala]) são cursos em vídeo postados *on-line*, muitas vezes de forma gratuita, que dão acesso aos melhores conteúdos, independentemente do lugar onde a pessoa mora – desde que ela tenha uma conexão com a internet. Enquanto uma sala de aula poderia, na melhor das hipóteses, acomodar algumas centenas de estudantes que tiveram de se deslocar até ela, os melhores professores podem ser assistidos simultaneamente por dezenas de milhares de usuários da internet.

A mudança mais notável possibilitada pelos MOOC é, sem dúvida, a introdução de modos de progressão diferenciados: testes que sancionam cada nível de aprendizagem permitindo o acesso ao nível superior, avaliações mútuas dos estudantes, aprendizagem mista combinando cursos presenciais e *on-line* etc.

A expansão da aprendizagem adaptativa – *adaptative learning* – constitui um primeiro passo promissor na personalização da educação a partir das novas tecnologias. O princípio é exatamente o mesmo da Amazon, sugerindo livros que, com base em pedidos e consultas anteriores, talvez possam lhe interessar. A partir de hoje, um algoritmo é capaz de dissecar o comportamento do aluno diante dos vídeos e dos testes e assim adaptar as propostas. Muitas plataformas de aprendizagem *on-line* estão sendo criadas. *Softwares* que utilizam dados coletados durante o trabalho do aluno ou do estudante para recomendar temas de estudo. Vários milhões de alunos já utilizam esse tipo de *softwares* no mundo.

Essas técnicas de acompanhamento e de personalização com a ajuda dos sistemas de ensino a distância vão, nos próximos anos, registrar avanços. Essas ferramentas capazes de adaptar os exercícios às dificuldades do aluno e de controlar os graus de assimilação serão mais eficientes do que um professor que deve ajudar cerca de 30 crianças a progredirem juntas. A preceptoria antes reservada às crianças das classes ultraprivilegiadas voltará a ser mais acessível.

---

2   Com uma década de atraso, percebemos que os MOOC beneficiam essencialmente alunos talentosos e motivados...

O fundador dos MOOC – Khan Academy – anunciou um *plug-in* que faz a interface do GPT4 com seus produtos educativos.

A Educação deve libertar seus inovadores para entrarem na hiperpersonalização educativa

A IA apoiará então o professor, e saberá até incentivar, estar atenta a problemas específicos, gerenciar o ritmo de aprendizagem...

A escola vai se transformar profundamente. À medida que a neurociência avança, ou seja, que compreendemos de que maneira este ou aquele cérebro humano aprende melhor, torna-se possível melhorar a eficácia do tempo gasto na transmissão de conhecimento.

Adaptar a escola aos novos métodos não será um rio longo e tranquilo. A neuroeducação estabelecerá a reconfiguração completa da sala de aula tal como a conhecemos hoje.

A era da ideologia da pedagogia deve dar lugar à prova estatística do *learning analytic* [aprendizagem analítica]. A aprendizagem torna-se uma verdadeira ciência baseada na observação objetiva da estrutura do cérebro e de seus modos de resposta.

Para ter êxito nessa transformação, a educação nacional deve evoluir como a NASA: a agência espacial norte-americana considera que seu verdadeiro papel é agora ser uma plataforma para ajudar e promover os inovadores espaciais. Compreendendo que não pode fazer tudo, ela se tornou uma incubadora a serviço das *start-ups*: ela também apoiou enormemente Elon Musk e seu foguete espacial X. Esse é o modelo que a educação nacional deve escolher: tornar-se a matriz de todos os inovadores internos e externos. Não haverá pedagogia milagrosa, porque as interações entre educação, estrutura e funcionamento do cérebro são inúmeras e de uma incrível complexidade.

Para cobrir todo o campo da neurociência aplicada à educação, precisaremos de centenas de *start-ups*: todo um ecossistema de *edtech* deve ser desenvolvido em torno dos "professores inovadores". Além disso, precisamos também de novas mentes vindas de outros horizontes para agitar a educação nacional: tornar-se uma sementeira de *start-ups* inovadoras permitirá trazer pessoas de novos horizontes com espírito empreendedor e psicologicamente capazes de resistir à burocracia.

A emergência de gravadores cerebrais não invasivos e muito baratos capazes de medir inúmeras constantes continuamente vai permitir correlacionar esses dados com nossas características cognitivas para otimizar o ensino. As gigantes digitais que têm um conhecimento cada vez mais fino das características cognitivas de nossos filhos graças aos *smartphones*, que sabem tudo sobre nosso cérebro, terão uma vantagem considerável. A IA das gigantes digitais permitirá determinar com muita precisão os melhores métodos de ensino para cada criança.

A educação deve encorajar seus inovadores e dar mais autonomia a todos os que põem a mão na massa e encorajar centenas de *start-ups* a crescerem dentro dela. Caso contrário, a educação será a próxima indústria siderúrgica!

A universidade também terá de mudar

A integração do ChatGPT à universidade é inevitável. A Sciences Politiques de Paris foi ridicularizada ao proibir o uso do ChatGPT e teve de dar uma virada de 180 graus. Nicolas Renaud, estudante no Collège de Droit da Sorbonne, explica: "A onda ChatGPT está lançada e nada poderá impedi-la. Em poucos dias, o medo se espalhou pelo ambiente universitário. Das escolas em Nova York à rue Saint-Guillaume 27, em Paris,[3] as proibições se multiplicam. Ao reagir dessa forma, o mundo do ensino escolheu seu lado e resolveu o debate: o ChatGPT é uma ameaça da qual os jovens devem ser protegidos.

"O desafio é maior para o advogado que está prestes a ingressar no mercado de trabalho e que, em poucos meses, testemunhou uma profunda mudança com ares de evento de força maior: ocorreu algo que ele não poderia prever, que lhe é externo, e que na verdade parece intransponível. Como testemunha o brilhante êxito da máquina no exame da ordem dos advogados dos Estados Unidos, bem como nos concursos mais

---

3   Endereço da Sciences Politique de Paris.

prestigiados. São tantas as dúvidas relativas ao progresso exponencial dessa nova inteligência autônoma que o jovem diplomado ficaria tentado a se perguntar se seus anos de estudo lhe terão alguma serventia.

"Contudo, não seria melhor ver nesse fenômeno uma oportunidade para os futuros advogados? Em vez de um perigo, não seria melhor encarar como uma ferramenta complementar à inteligência humana?

"O ChatGPT preocupa porque põe o dedo na ferida. É o chute no formigueiro, o céu que cai sobre a cabeça dos gauleses refratários à inovação. Sua chegada vai estimular o ensino, por meio de métodos novos. As fases de ensino libertadas da carga horária 'clássica' seriam, portanto, uma oportunidade de um despertar intelectual dos alunos para disciplinas estranhas à sua especialidade, mas ainda assim necessárias: como considerar a formação de médicos sem filosofia? É também o que se passa com os futuros profissionais do direito, que nada sabem sobre a revolução digital. Integrar o ChatGPT no ensino e torná-lo a pedra angular de um novo projeto educativo permitiria assim concretizar o antigo sonho platônico de uma cidade de talentos, onde os reis seriam filósofos antes de serem governantes."

Pedagogia: matemos o pensamento mágico

Os sindicatos de professores opõem-se de maneira intransigente à utilização das ciências do cérebro para melhorar as técnicas educativas e personalizar o ensino. O conservadorismo dos professores pode parecer arcaico, mas seus temores são compreensíveis: os médicos viveram a mesma angústia existencial.

A educação se assemelha à medicina de 1950. A intuição dos pedagogos não necessita de nenhuma validação científica. Nós, médicos, sabemos agora até que ponto isso leva a sacrificar doentes no altar do nosso ego e das nossas más intuições. Por exemplo, o primeiro medicamento antiaids que foi utilizado em vão pelo ator americano Rock Hudson foi considerado por todos os especialistas que o testaram como extremamente eficaz. Os médicos não queriam uma avaliação do medicamento para não atrasar a disponibilização geral da "molécula milagrosa". Felizmente, as autoridades exigiram um teste clínico rigoroso *versus* placebo, com sorteio aleatório e duplo-cego – nem o médico nem o paciente sabem se o medicamento recebido é um princípio ativo ou um grão de amido. Que catástrofe! contrariando as certezas dos médicos, o novo medicamento acelerou a morte dos pacientes em comparação ao grupo que recebeu o placebo.

A intuição médica mata

A intuição médica mata; a intuição pedagógica danifica o cérebro dos alunos. Os profissionais sofrem ao descobrir que sua intuição os engana e prejudica a causa que lhes interessa: a saúde dos doentes ou o desenvolvimento cognitivo dos alunos. É verdade que a racionalidade complica enormemente o trabalho dos profissionais. Na medicina, a abordagem científica fez, por exemplo, o tratamento de um doente de câncer passar de um punhado de soluções terapêuticas para um emaranhado de opções. Os exemplos de antigos tratamentos ineficazes ou perigosos na medicina chegam aos milhares: nossa intuição médica é uma má conselheira e o admitimos ainda que tenha sido uma terrível ferida narcísica. Na pedagogia, permanecemos numa fase arcaica em que a avaliação rigorosa é a exceção: preferimos os anátemas, os argumentos de autoridade, a preguiça intelectual e as tradições. O debate sobre as vantagens do método global ou silábico na aprendizagem da leitura é um exemplo desolador desse amadorismo: vinte anos de brigas infantis em vez de estudos rigorosos. Durante muito tempo, os médicos ignoraram tudo sobre fisiologia; a maioria dos professores ignora tudo sobre o funcionamento cerebral que é, no entanto, o coração de sua atividade e sua ferramenta de trabalho! Em 1860, nenhum cirurgião lavava as mãos antes de operar, em 2020 nenhum professor avalia o cérebro antes de ensinar. É preciso, portanto, ajudar os professores – sem estigmatizá-los – a fazer o trabalho de luto que nós, médicos, temos feito desde 1975 para o bem maior dos nossos doentes.

A luta pela racionalidade está passando por sobressaltos: Didier Raoult tentou convencer que a cloroquina era eficaz contra a Covid usando uma metodologia digna da década de 1930.

Uma ferida narcísica para os professores

É humano recusar o rigor científico. Os profissionais sofrem ao descobrir que sua intuição os engana e prejudica a causa que lhes interessa; a saúde dos doentes ou o desenvolvimento educativo dos alunos. Os médicos resistiram durante muito tempo aos testes randomizados dos medicamentos... Mas, diante da IA, não podemos esperar 2050 para que os professores se interessem por eles.

Além disso, a racionalidade complica enormemente o trabalho dos profissionais. Na medicina, a avaliação racional fez, por exemplo, passar o tratamento de um paciente com câncer de uma escolha a partir de alguns critérios que conduz a um número muito reduzido de alternativas terapêuticas, para um emaranhado inextricável de opções que dependem de milhares – e em breve de bilhões, com sequenciamento do DNA – de critérios radiológicos, clínicos, biológicos e genéticos. Era intelectualmente mil vezes mais simples ser oncologista em 1930. Mas a taxa de mortalidade girava em torno de 100%. Hoje para cada sub-sub-subtipo de câncer de mama existem congressos, simpósios, *webcasts*, fóruns de discussão, estudos com milhares de pacientes.

A medicina completou, portanto, sua revolução em favor da ciência. Estamos muito longe disso quando se trata de pedagogia. A passagem da escola da bricolagem empírica para a experimentação científica será comparável àquela vivida pela medicina quando os médicos de Molière foram substituídos por cientistas. As escolas se tornarão os equivalentes dos hospitais universitários onde serão realizados testes educativos para experimentar as técnicas de ensino. A era da ideologia e dos curandeiros da pedagogia terminará, para dar lugar à prova estatística. Não se ensinará mais ao acaso. Será o fim do ensino dogmático, como no passado deixamos de administrar sangrias e enemas quando finalmente se provou que, no melhor dos casos, não servia para nada...

Bill Gates declarou com razão que o ensino era a tarefa mais importante do século XXI, mas ainda assim a menos valorizada!

A gestão da complexidade do cérebro é essencial

Existem várias avaliações pedagógicas rigorosas, especialmente nos países anglo-saxões. Elas mostram várias coisas essenciais: não existe nenhuma solução milagrosa, muitas das boas intenções são nefastas e os resultados são muitas vezes inesperados e decepcionantes.

Não haverá nenhuma pedagogia milagrosa porque as interações entre educação, estrutura e funcionamento do cérebro são inúmeras e de uma complexidade intimidante.

A complexidade da educação resume-se a três pontos-chave. Primeiro, a aprendizagem modifica dinamicamente a organização do cérebro: seguir uma simples aula cria, destrói ou modifica trilhões de sinapses e até cria novos neurônios.[4] Em seguida, a arquitetura do cérebro em determinado momento – sua fiação e sua dinâmica eletroquímica – influencia enormemente a capacidade de aprender. Por fim, os métodos pedagógicos modulam os efeitos da educação na organização cerebral.

O cérebro é, portanto, um computador atípico: o *hardware* e o *software*[5] estão fundidos. Não haverá nenhuma resposta universal, simples e intuitiva. A educação personalizada será tão complexa quanto a medicina personalizada.

Um grande plano de formação em neurociência é urgente

Um bom conhecimento do cérebro para os professores é um pré-requisito para a modernização da escola. Mas, a situação é ridícula. Um estudo realizado na Inglaterra em 2008-2009 entre estudantes que estavam a poucos meses[6] de serem designados como professores causa arrepios na espinha. Onze por cento dos futuros professores acreditam que é possível pensar sem cérebro, 45% não acreditam que o pensamento seja o efeito da atividade cerebral...

---

4   Este último ponto ainda é debatido entre especialistas.
5   A fiação eletrônica e o *software*.
6   Estão concluindo o PGCE [Certificado de pós-graduação em educação].

> Compreender o cérebro é indispensável... pelo menos para identificar os charlatões que espalham neuromitos como a ideia estúpida de que usamos apenas 10% de nosso cérebro. Nas últimas décadas, algumas teorias educativas extravagantes[7] foram bastante difundidas em vários países, incluindo o Reino Unido.
>
> Mas o importante neurocientista Stanislas Dehaene, professor do Collège de France, está otimista: "Estamos prestes a passar de uma política educativa ligada ao mundo político para uma política educativa ligada ao mundo científico".[8] Ele está convencido de que a escola francesa deve rever toda sua pedagogia e que o conhecimento sobre o cérebro deve fazer parte do currículo dos professores. A aprendizagem se tornará uma verdadeira ciência baseada na observação da estrutura do cérebro e de seus padrões de resposta.
>
> **O sequenciamento do DNA dos alunos se tornará uma evidência**
>
> O conhecimento das características genéticas das crianças permitirá configurar o ensino com ainda mais precisão, pois a forma de aprender depende em grande parte das nossas características genéticas. Uma revolução cultural se anuncia para os professores que nem imaginam ler no cérebro e no DNA das crianças no futuro próximo.
>
> Perante os resultados do estudo[9] citado anteriormente sobre o papel do DNA nos resultados escolares realizado no Reino Unido, os pesquisadores fizeram uma recomendação sobre a adaptação do sistema de educação: "Sugerimos que o sistema educativo reconheça o importante papel da genética. Em vez de um modelo passivo de instrução (*instruere*: colocar no interior), propomos a adoção de um modelo ativo de educação (*educare*: trazer para fora, nascer), no qual as crianças criariam sua própria

---

7   O *Educational Kinesiology*, por exemplo.
8   *Le Point*, 22 de junho de 2017.
9   Shakeshaft N.G., Trzaskowski M., McMillan A., Rimfeld K., Krapohl E., et al. (2013), "Strong Genetic Influence on a UK Nationwide Test of Educational Achievement at the End of Compulsory Education at Age 16". PLoS ONE 8(12): e80341. doi: 10.1371/journal. pone.0080341

> experiência educativa com base na sua predisposição genética, o que se aproxima da ideia de uma aprendizagem personalizada". A partir do momento em que cada criança tiver seu genoma sequenciado ao nascer e que conseguirmos compreender melhor como isso condiciona nossos métodos de aprendizagem, será possível construir um programa de educação *ad hoc* baseado no conhecimento fino das particularidades de cada um. A adaptação da educação de acordo com o genoma e as características neurobiológicas – que continuará avançando graças à potência analítica da IA – permitirá uma personalização cada vez mais fina do ensino.

O fim da bricolagem educativa

A educação vai sair da era da bricolagem para se tornar uma tecnologia. A neurociência vai permitir ultrapassar essa fase na qual a humanidade está presa desde sempre. Com as NBIC, entraremos na era da industrialização da escola. Antes de entrar, ainda mais tarde, na sua robotização integral.

Hoje nossa fiação e funcionamento neuronal, e, portanto, o que somos, é fruto da combinação dos nossos genes e do nosso ambiente nutricional, educacional e afetivo. Amanhã será acrescentado um terceiro componente: as ações neurotecnológicas.

A educação tradicional nada mais é do que uma manipulação artificial do cérebro. A transmissão da informação entre humanos continua sendo um processo lento e artesanal. A aprendizagem acontece ao longo dessas centenas de horas de aulas, dessas milhares de folhas rabiscadas às pressas por alunos e pelos estudantes, dessas horas de revisão...

São técnicas extremamente rudimentares de manipulação neuronal: para criar ligações entre neurônios – ou seja, aprender –, por enquanto só conhecemos isso. Os professores de hoje são para os de amanhã o que os alquimistas da Idade Média foram para os cientistas de hoje: praticantes da bricolagem baseando sua prática em alguns preceitos empíricos vagos.

O que vai revolucionar a educação é idêntico ao que está revolucionando a luta contra o câncer. Para lutar eficazmente contra os tumores que têm identidade genética própria e, portanto, pontos fracos particulares, é necessário analisar cada tumor. Um tratamento especial é então fornecido para matar as células desviantes. Um ataque cirúrgico, a milhares de quilômetros das terapias tradicionais, como a quimioterapia e a radioterapia. A educação procederá da mesma forma: ela constituirá um "método" especialmente concebido para cada aluno.

A aprendizagem se torna uma verdadeira ciência baseada na observação objetiva da estrutura do cérebro e dos seus modos de resposta.

No longo prazo, podemos imaginar que as aulas sejam sistematicamente configuradas por meio das gravações da atividade cerebral de modo que seu ritmo, progressão e organização geral correspondam exatamente ao estado cerebral do aluno.

Em algumas décadas, ensinar sem conhecer as características neurocognitivas e genéticas de uma criança parecerá tão absurdo e antediluviano quanto tratar um paciente cardíaco sem eletrocardiograma ou um paciente com câncer sem tomografia computadorizada ou ressonância magnética.

Aristóteles ao seu serviço

A escola é uma magnífica instituição inclusiva, onde professores mal pagos e insuficientemente reconhecidos tentam da melhor forma possível substituir os pais que por vezes desistem e integrar populações que nem sempre desejam isso. Todos nós devemos muito a ela. Mas julgar sua qualidade com base nos seus melhores elementos é como avaliar o atrativo da loteria apenas do ponto de vista dos ganhadores. A tecnologia escolar tem sido criticada há muito tempo por sua falta de eficácia. Com a revolução da inteligência artificial, ela corre o risco de ser destruída como uma cabana numa explosão nuclear.

A educação, com um século de defasagem, poderia muito bem ultrapassar rapidamente as etapas da personalização que os produtos industriais conheceram. Durante milênios, ela teve de se contentar com um *one size fits all* [tamanho único], com a notável exceção das crianças privilegiadas que se beneficiavam de um preceptor pessoal. Nada ou muito pouco mudou desde a escola Jules Ferry[10] desse ponto de vista, exceto uma tímida segmentação da formação e um início de personalização através das disciplinas optativas.

Com o desenvolvimento de formas mais sofisticadas da inteligência artificial, os *softwares* terão então a possibilidade de adaptar com muita precisão a maneira como eles ajudam os alunos. Mais do que hoje, os tutoriais de amanhã serão capazes de fazer perguntas específicas e oferecer explicações, apresentar exemplos específicos para ilustrar princípios abstratos e usar testes como uma ferramenta pedagógica e não como uma simples avaliação.

Graças à IA generativa, a revolução poderá ser ainda mais radical. Olivier Babeau está encantado: "Graças ao ChatGPT, todos poderemos ter Aristóteles como professor dos nossos filhos! Aristóteles havia sido o preceptor de Alexandre, o Grande. Na época, apenas um rei poderia pagar os serviços de uma das mentes mais belas do seu tempo. Essa é a desigualdade mais profunda que está no coração do nosso sistema educativo há milênios: apenas um punhado de privilegiados pode se dar ao luxo de ter um preceptor.

O GPT4 está começando a compreender o mundo físico, o que aumentará muito a autonomia dos robôs. A Robolution tão cara a Bruno Bonnell está chegando. Com a IA generativa combinada às tecnologias robóticas, todos nós poderemos ter o C-3PO de *Star Wars* em casa. Ou seja, um robô que fala todas as línguas do universo, capaz de responder de maneira didática todas as perguntas possíveis, com paciência infinita e com energia inesgotável. Esse robô não só irá cozinhar e limpar a casa, mas também será capaz de ensinar seus filhos, acompanhar seus progressos, enfatizar os pontos difíceis e gerenciar o ritmo de aprendizagem.

Isso não significa que todas as crianças se tornarão Alexandre, o Grande, mas que pelo menos todas serão capazes de atingir seu potencial máximo. Os maus não serão mais deixados para trás na sala de aula, os

---

10   Ou mesmo a de Platão.

bons não ficarão mais entediados enquanto os outros têm dificuldade para compreender.

Há bons motivos para apostar que a escola tradicional levará muito tempo fazendo seu luto. Já posso ouvir os comentários. "Como? Os comerciantes de conhecimento pretendem substituir com baixo custo nossos professores por computadores, essas máquinas vulgares? A mercantilização da educação é a de nossos filhos! Não vamos permitir que se tornem produtos da educação privada com fins lucrativos; vamos defender o notável sistema de educação solidária e sustentável que provoca tanta inveja no mundo". Sendo o sistema político o que é, não podemos excluir uma vontade de frear ou mesmo proibir essas ofertas alternativas e de querer tornar obrigatória a frequência numa escola tradicional em nome da preservação do emprego de nossos professores – uma imensa reserva eleitoral. Esse tipo de veleidade não seria, no fundo, tão diferente dos esforços feitos desde 2013 para preservar o monopólio dos táxis diante das novas ofertas de transporte que fazem pleno uso das novas tecnologias, principalmente a da geolocalização... Medidas protecionistas tão absurdas como proibir o automóvel em 1905 para não magoar os ferradores.

De todo modo, a resistência política será tão inútil quanto uma barragem de areia contra a maré.

Quem será a Montessori do século XXI?[11]

Os jovens passam cinco horas por dia nos seus *smartphones*. As gigantes digitais têm, portanto, um conhecimento cada vez mais fino das características cognitivas de nossos filhos. Por nos acompanharem constantemente, nossos *smartphones* são objetos ideais para serem sensores polivalentes.

A internet das coisas permitirá um aprofundamento ainda maior de nosso conhecimento íntimo sobre nossos cérebros. O surgimento de

---

11 Maria Montessori desenvolveu uma pedagogia revolucionária em 1907, ainda ensinada nas escolas Montessori que treinam os filhos da elite iluminada e rica. Ela era médica, filósofa e psicóloga.

gravadores cerebrais e biológicos não invasivos, muito baratos e capazes de medir inúmeras constantes permanentemente, tornará possível correlacionar esses dados com nossas características cognitivas para otimizar o ensino.

O conhecimento do cérebro dará um passo decisivo quando pudermos cruzar a atividade neuronal de milhões de pessoas com as ações associadas: atividade dos órgãos, gestos, movimentos oculares, resposta a diferentes situações etc.

TEDx: uma boa escola para professores

Seria um erro pensar que o ensino se tornará puramente tecnológico. A motivação das crianças depende enormemente do carisma dos professores: os contadores de histórias são ótimos mestres cujas lições guardamos pelo resto da vida. Os professores deveriam ser formandos pelos organizadores das palestras TED [Tecnologia, Entretenimento e *Design*]. Por exemplo, Michel Lévy-Provençal, o fundador da TEDx Paris, fabrica grandes oradores. A Educação nacional deveria lhe enviar jovens professores.

Transmitir o amor pelo conhecimento

O professor deve ensinar as crianças a cuidar de seus cérebros. Convencer as crianças a comer menos gordura, a se manter magras, a praticar esporte, a acompanhar as mídias em várias línguas, a não fumar estão entre as tarefas essenciais do professor moderno. Tudo isso aumenta o QI.

A Montessori do século XXI será aquela que unirá essa dimensão tecnológica às capacidades de formação do professor. O futuro não pertence ao robô preceptor que obriga uma criança isolada, separada dos amigos, a engolir conhecimento. O desenvolvimento da inteligência coletiva requer trabalho em grupo. O professor deve ser um catalisador que faça a criança amar o conhecimento. O pensamento crítico é essencial na era da obesidade informacional: saber escolher as mensagens é fundamental.

> ### A escola se tornará uma indústria global e a Microsoft poderá ser a líder
>
> A neuroeducação exigirá bases de dados maiores do que a população de crianças francesas. O espaço que haverá para atores nacionais é o mesmo que haveria para um mercado para um Spotify da região da Aquitânia. Pequeno demais! As gigantes digitais provavelmente serão as vencedoras.
>
> O proprietário do Facebook, Mark Zuckerberg, disse: "Sabemos que a educação personalizada é a melhor solução".
>
> A Microsoft tem muitos pontos fortes graças às suas recentes aquisições e parcerias. A rede social profissional LinkedIn, a biblioteca informática GitHub e a participação na OpenAI que lhe confere direitos significativos sobre o ChatGPT constituem uma base particularmente forte para entrar nas *edtech*.

Num futuro próximo, podemos prever o surgimento de ofertas de educação digital inovadoras.

A médio prazo, novas instituições oferecerão aos pais um acompanhamento do avanço utilizando todas as novas ferramentas e os métodos digitais. Seu principal valor agregado será a certificação dos níveis, que desempenhará o papel que os diplomas já desempenham hoje: os certificados desta ou daquela instituição de ensino digital terão o valor de um sinal positivo de competência para os empregadores. Uma mudança dos estudantes na direção de novas soluções educativas e mais eficazes encorajaria então a pensar sobre o estatuto dos professores.

Para realmente enfrentar, seria necessário não só fortalecer a direção da prospectiva dentro da educação, mas também lhe dar mais poderes. Isso envolveria pessoas capazes de imaginar o futuro e os novos modelos, decifrando suas tendências básicas. Quantos especialistas em genética existem no Ministério? Quantos especialistas em neurociência e em *big data*? Quantos funcionários da educação têm uma conta GPT4? Praticamente nenhum...

A escola vai enfrentar um tsunami em duas ondas muito próximas: a primeira vai questionar a maior parte das profissões para as quais ela prepara; a segunda vai tornar obsoleta toda a tecnologia de transmissão em que sempre se baseou...

No entanto, quaisquer que sejam os esforços que o sistema escolar faça para se modernizar e adotar maciçamente as *edtech*, e eles são necessários, infelizmente não serão suficientes.

Essa primeira metamorfose da escola ao longo dos próximos 20 anos irá, de fato, apenas arranhar a superfície da escala da mudança que ocorrerá no longo prazo. Para além da escola, é o problema da própria transmissão do conhecimento que não será mais colocada nos mesmos termos. As salas de aula podem ser definitivamente fechadas.

2040-2060: A ESCOLA TRANSUMANISTA

Entre 2040 e 2060, as tecnologias de transmissão de conhecimento vão dar passos gigantescos.

A escola não poderá se contentar com a primeira metamorfose. Embora necessária, esta rapidamente se revelará insuficiente.

Vamos admitir que a escola consiga em breve realizar uma ruptura com suas estruturas e seus métodos tradicionais. Que ela integre os recursos digitais para ensinar, ela se personalize consideravelmente com a ajuda da neurociência e da genética. A transmissão de conhecimento está passando da era da bricolagem primitiva para a de um processo normalizado e personalizado com base no conhecimento científico do cérebro.

Isso não será suficiente.

Em algumas décadas, a IA se fundirá com a robótica, o custo dos robôs cairá radicalmente. Eles também serão mais polivalentes: em relação aos robôs hiperespecializados de hoje, eles serão o que os *smartphones* são para o telefone de disco de 30 anos atrás.

Ainda que a escola utilize os melhores *softwares* personalizados, ela não conseguirá mais nos ensinar o suficiente para que estejamos, com nosso estado biológico atual, em condições de competir. Só haverá uma solução: um aumento radical da potência do nosso cérebro. Assim poderemos mais facilmente competir em pé de igualdade com as máquinas, ou pelo menos permanecer na corrida.

A personalização do ensino graças à neurociência terá sido apenas uma primeira etapa da transformação do ecossistema da inteligência – em outras palavras, a forma como a humanidade organiza a transmissão do intelecto. Ela será rapidamente complementada por uma ação não mais de adaptação do ensino, e sim de adaptação do próprio cérebro. A neuroeducação deixará de ser apenas um método científico para aprender melhor, ela será enriquecida com uma nova vertente de ação: o neuroaumento. Na verdade, será possível aumentar a inteligência contando não apenas com o ambiente – a aprendizagem – mas agindo ou antes do nascimento ou diretamente sobre a máquina cognitiva que é o próprio cérebro.

A escola se tornará então transumanista e considerará normal modificar o cérebro dos alunos utilizando todas as tecnologias NBIC.

15

Da neuroeducação ao neuroaumento

Devemos gerar uma ruptura brutal, iminente e inelutável. Para enfrentá-la, nossa única arma é nosso cérebro reptiliano muito modestamente domesticado pela civilização. O silício e o eugenismo tornar-se-ão nosso viático no mundo de uma IA onipresente. A necessidade de aumentar nossas capacidades cognitivas será rapidamente vista como evidente e indispensável. A competição num mundo onde a IA existe será como o Tour de France de ciclismo dos anos 1990: uma corrida na qual quem não está estimulado não tem chance alguma de terminar a menos de dez minutos do vencedor da etapa.

A escola de 2050 será uma fábrica de neurocultura

Existem, portanto, dois tipos de escola. A escola tradicional dos cérebros biológicos que todos conhecemos e a escola da IA que os especialistas chamam de *AI teaching* [ensino da IA]. Mas essa escola é incomparavelmente mais rápida que a nossa, a dos cérebros biológicos. A guerra entre as duas está perdida de antemão.

Por causa das imensas diferenças de produtividade, a competição é muito desigual entre as duas escolas: são necessários 30 anos para produzir um engenheiro ou um radiologista de carne e osso; alguns instantes para educar uma IA, quando os bancos de dados necessários estão disponíveis.

A escola da IA é darwiniana. Os pesquisadores geram milhares de IA, educam-nas, avaliam-nas, mantêm as melhores e descartam as outras. Os humanos progridem lentamente, geração após geração.

A escola é um ofício arcaico, ao passo que a educação dos cérebros de silício conduzida pelas gigantes digitais é a mais poderosa das indústrias. De um lado, professores malvistos e mal pagos; do outro, desenvolvedores geniais que recebem milhões de dólares. De um lado, cinco milhões de escolas em todo o mundo que capitalizam muito pouco suas experiências. Por outro lado, dez escolas da IA nas GAFAM, bem como seus equivalentes chineses nas BATX.[1]

A rapidez de aprendizagem da IA está explodindo ao passo que a escola praticamente não mudou desde a Grécia antiga. Definitivamente, os computadores estão adquirindo nossas capacidades ordinárias num ritmo extraordinário, embora a IA ainda não seja dotada de uma consciência artificial.

A escola em sua forma atual é uma tecnologia ultrapassada, tão arcaica quanto a medicina de 1750! Sua organização e seus métodos estão engessados e, o que é mais grave, a escola forma para as profissões de ontem, ao passo que a educação dos cérebros de silício está voltada para o futuro e melhora a cada minuto. Não tiremos disso a conclusão de que o homem caminha para sua perdição perante as máquinas, que se tornariam devoradoras de empregos ou mesmo hostis. A inteligência biológica e a artificial podem permanecer complementares. Para tanto, a sociedade deve exigir que a escola permita que as crianças permaneçam competitivas perante a IA. A escola de 2050 não vai mais gerenciar o conhecimento, mas sim os cérebros, graças às tecnologias NBIC. Teremos de personalizar o ensino de acordo com as características neurobiológicas e cognitivas de cada pessoa. Será necessário trazer especialistas em neurociências para as escolas, uma vez que o professor do futuro será fundamentalmente um "neurocultivador", ou seja, um cultivador de cérebros.

---

1   Podemos adicionar algumas *start-ups*, como a Anthropic.

Victor Hugo já tinha essa intuição quando explicou que os professores são os jardineiros da inteligência humana.

Modificar o cérebro não será algo simples

Nosso cérebro é uma ferramenta notável, econômica energeticamente, mas com um fluxo limitado a alguns octetos por segundo. Em 2023, dois computadores já trocam trilhões de informações por segundo... Nenhuma seleção genética poderia melhorar substancialmente a "banda larga" do nosso cérebro. Deixaremos pudicamente de lado o fato de que a IA não dorme, não come, não faz greve, não envelhece, viaja a 300 mil quilômetros por segundo e pode se subdividir em alguns milésimos de segundo... Nosso computador "feito de carne" sofre nesses pontos de uma desvantagem fundamental em comparação aos cérebros de silício.

A seleção darwiniana está parada, uma vez que felizmente a mortalidade infantil praticamente desapareceu; apenas modificações genéticas embrionárias poderiam melhorar a competitividade do nosso *hardware neuronal*" perante as IA. O potencial de melhoria é sem dúvida significativo, mas não ilimitado; existem limitações físicas ao aumento das nossas capacidades intelectuais que o silício não possui.

Se nosso cérebro engordasse, isso alongaria o comprimento dos axônios que ligam os neurônios, o que seria nefasto para sua eficácia e exigiria a generalização da cesariana ou do útero artificial, que estarão prontos por volta de 2050.

A redução do tamanho dos neurônios levaria a artefatos e, portanto, a excitações acidentais das redes neuronais. E a multiplicação do número de conexões sinápticas levaria a um aumento no consumo de energia do cérebro, o que se acredita ser uma das origens da esquizofrenia. Se olharmos friamente para a realidade, é provável que as *edtech* combinadas a uma estimulação precoce das crianças e a uma personalização pedagógica ideal possam aumentar o QI médio de uma população de 100 para 125.

> É possível que a coabitação com a IA aumente nossas capacidades cognitivas: a coevolução com o silício nos levaria a descobrir novas formas de raciocinar, o que reorganizaria nossas redes neuronais. A leitura utiliza circuitos cerebrais que não foram previstos para a leitura: em menos de 10 mil anos, a seleção darwiniana teria sido incapaz de criar áreas cerebrais dedicadas. Nossas relações com a IA poderiam levar a um fenômeno comparável.
>
> A seleção e a manipulação genéticas embrionárias deveriam permitir que todos atingissem o QI de um Leibniz, que é estimado retrospectivamente – morreu 200 anos antes da invenção do QI – de 220. Além disso, apenas os métodos neuroeletrônicos parecem possíveis à custa da nossa ciborguização parcial ou completa.[2]

O furacão ChatGPT está indo rápido demais e alto demais

Se o fim do trabalho não é uma perspectiva considerável no curto prazo, numa perspectiva de 40 ou 50 anos, não é possível ser tão categórico em relação aos humanos não aumentados. Se incluirmos a chegada de robôs dotados de IA, as perspectivas são ainda mais radicalmente negativas. Mesmo os empregos atuais mais qualificados, que o escritor Jeremy Rifkin acreditava que perdurariam, poderiam ser destruídos. Num cenário extremo, nenhuma competência, mesmo a mais avançada, seria inacessível às máquinas. A rapidez e a infalibilidade de execução das máquinas inteligentes tornariam o trabalho humano absolutamente não competitivo.[3] Em abril de 2023, um teste atribuiu um QI verbal de 155 ao GPT4, ou seja, mais de 99,989% dos franceses.

---

2   Isso não questiona o fato de o QI ser um indicador que não está mais perfeitamente adaptado ao emergente ecossistema de inteligências.

3   Para Louis Del Monte, o paradoxo poderia então ser o fato de apenas subsistirem empregos particularmente pouco qualificados, uma vez que seu custo muito baixo torna a utilização de uma máquina abaixo do ideal. Na realidade, esse período só pode ser bastante temporário. Esses empregos provavelmente seriam mal pagos para serem competitivos. Se refletirmos sobre isso, o trabalho humano é estruturalmente mais caro do que o de uma

Para permanecer na corrida, o ser humano terá duas escolhas, que não são mutuamente exclusivas: o eugenismo biológico e o neuroaumento eletrônico.

Genética ou ciborgue: o grande salto para a frente da inteligência

Aumentar as capacidades intelectuais da população vai se tornar possível. Existem dois grupos de tecnologias, na realidade complementares: o melhoramento pela via puramente biológica,[4] e a via eletrônica.

O cenário Gattaca

Primeiro tipo de tecnologias: aquelas que utilizam recursos biológicos. Como sabemos que a inteligência é em parte genética, trata-se de compreender quais são as características genéticas associadas a uma maior inteligência. Até agora, a genética concentrou-se essencialmente na identificação dos marcadores associados à baixa inteligência, para avaliar o risco de "deficiência mental". O interesse por marcadores de QI elevados ainda é muito recente, razão pela qual nosso conhecimento sobre esse tema é atualmente limitado. Mas laboratórios poderosos já se lançaram na pista.

Essa primeira escolha corresponde ao cenário de Gattaca.[5] Tal como no filme de Andrew Niccol realizado em 1997, a sociedade poderia de-

---

máquina (a partir do momento em que sua difusão permitir uma redução do seu preço de custo, o que está longe de ser o caso hoje): o humano só consegue trabalhar plenamente algumas horas por dia. A máquina, em contrapartida, pode trabalhar ininterruptamente durante anos, é muito mais rápida.

4   A utilização de células-tronco geneticamente modificadas também é possível no médio prazo.

5   Minha reflexão sobre o eugenismo corresponde aos eventos que antecipo, de forma alguma à minha escolha de sociedades. Há muito que lamento que a reflexão sobre esses temas tão delicados ocorra apenas dentro dos grupos ultraconservadores. Dito isso, sempre escolhi discutir com eles – especialmente com a *Manif pour tous* [coletivo de associações que se opõem ao casamento e à adoção por pessoas do mesmo sexo] – embora seja do conhecimento público que luto contra suas posições sobre o casamento gay, do qual sou

liberadamente fazer a escolha de um eugenismo maciço e sistemático. Do mesmo modo que no romance *Admirável mundo novo*, de Aldous Huxley, é a esses indivíduos de primeira classe que estão reservados os cargos da elite social.[6]

É possível melhorar consideravelmente a eficácia do ambiente na aprendizagem e estimular os neurônios, mas isso tem seus limites. Uma vez que a genética explica dois terços das nossas capacidades intelectuais e que a educação, o ambiente e a família são responsáveis apenas por um terço, vai se tornar possível aumentar a inteligência das populações.

O eugenismo já é uma realidade perfeitamente aceita na França: graças ao diagnóstico precoce encorajado e realizado pela seguridade social, 96% das crianças com trissomia 21 [síndrome de Down] identificadas são eliminadas.* Cada vez mais, somos capazes de realizar diagnósticos pré-implantacionais para evitar que uma doença genética fatal seja transmitida dos pais para os filhos, evitando tantos dramas horríveis. Em breve poderemos intervir no genoma do embrião para "reparar" certos problemas genéticos. E todos acolhem esses avanços, imaginando que eles permitem uma vida melhor. No sentido etimológico, eugenismo significa "nascer bem" em grego.

É difícil não perceber para onde conduz o tobogã da eugenia: os pais querem o melhor para os filhos e querem lhes dar todas as oportunidades possíveis na vida – como podemos culpá-los? Eles podem querer escolher a altura, a cor dos olhos e do cabelo dos filhos. Mas ainda mais, exigirão aquilo que tem um papel determinante no êxito social: um QI forte. Assim que isso for possível e acessível, a procura de uma inteligência melhor para as crianças do futuro vai explodir... sobretudo quando as pessoas perceberem que os filhos de seus vizinhos têm 50 pontos de QI a mais que os seus.

---

pessoalmente a favor. Penso que é preciso sempre dialogar com os grupos que não partilham das minhas opções filosóficas.

6 Em *Gattaca – a experiência genética*, alguns pais preferem, por razões filosóficas, ter filhos naturais e não manipulados geneticamente.

* N.E.: Na França, bem como em outros países da Europa, o aborto em casos de trissomia 21 é permitido.

Seria moral, por exemplo, proibir um pobre agricultor tanzaniano, que não foi muito favorecido por seu ambiente, de aumentar o QI de seus filhos para que possam estudar? Em nome de que moral poderíamos impedi-lo?

Um estudo conduzido por Shulman e Bostrom[7] em 2013 mostrou que a seleção de embriões produziria rapidamente resultados sensíveis. Dentro de dez a quinze anos, as técnicas de seleção de embriões poderão permitir, se assim desejado, um aumento nas capacidades cognitivas dos indivíduos "produzidos" dessa forma. Shulman e Bostrom mostram que é possível ir muito mais longe. O uso de células-tronco de gametas humanos permite proceder a uma seleção iterativa de embriões *in vitro*. O efeito cognitivo poderia se tornar muito mais significativo ao longo de várias gerações.

Nem é necessário esperar que as gerações se sucedam efetivamente a cada 25 anos para que os efeitos sejam obtidos: as gerações podem ser feitas em poucas semanas. Com células-tronco embrionárias, óvulos e espermatozoides são refeitos num tubo de ensaio em poucas semanas.

Se uma seleção do melhor embrião entre dez for repetida ao longo de cinco gerações, o ganho médio de QI será de 60 pontos...

Não é preciso ir tão longe para mudar a trajetória de vida de uma criança: 20 pontos de QI são tudo o que diferencia um adolescente que fracassa no ensino médio de um estudante que conclui com êxito a universidade...

Vamos imaginar o fosso que poderia ser criado no espaço de uma geração, entre pais não aumentados – você e eu – e filhos com 50 pontos de QI adicionais. Os problemas de comunicação entre pais e filhos assumirão uma nova dimensão: os pais continuarão a não compreender seus filhos, mas desta vez isso também ocorrerá por falta de inteligência.

A consternação dos professores será pelo menos tão grande quanto a dos pais: a seleção de embriões vai tornar a tarefa educativa ingrata... Anos de esforço de grupos de professores serão substituídos por algumas

---

7   Carl Shulman e Nick Bostrom, "Embryo Selection for Cognitive Enhancement: Curiosity or Game-changer?" *Global Policy* 5(1), fevereiro de 2014.

operações em tubos de ensaio. Assim como a fluoretação da água tornou os dentistas – com exceção dos ortodontistas[8] – menos úteis, um pouco de água fluoretada funciona melhor do que os esforços de milhares de profissionais para proteger das cáries...

Ao contrário do que prevê a ficção científica, a seleção embrionária não afetará apenas uma pequena parte da população. Ela será generalizada. Em 2100, será considerado tão estranho permitir que bebês nasçam com um QI inferior a 160 quanto é hoje dar à luz conscientemente um bebê com grave deficiência mental.[9] Um estigma social será atribuído às crianças nascidas "naturalmente", por meio do jogo de azar da cozinha genética. Parecerá tão barroco ter um filho naturalmente quanto hoje querer dar à luz em casa. Podemos até pensar que, em nome da proteção da criança, no futuro surgirão leis que desencorajarão ou mesmo proibirão essas práticas primitivas que, de fato, criam párias incapazes de se integrarem econômica e socialmente.

A sociedade de 2060 considerará inaceitável fabricar crianças que não sejam competitivas perante os sucessores do GPT4.

---

8   Antes do Invisalign...
9   A forma como a sociedade trata as pessoas com trissomia 21 é uma constatação. Tenho sublinhado repetidamente que a decisão societal de generalizar o eugenismo sem reflexão nem debate filosófico e político me perturba enormemente. Não estou satisfeito com a entrada provável na hipereugenia.

16

Diante do ChatGPT, Elon Musk quer impor o implante intracerebral

Quarenta e oito horas após o lançamento do GPT4, Elon Musk lamentou: "O que restará para nós, os humanos, fazermos? O melhor seria seguirmos em frente com a *start-up* Neuralink!". Ele ainda acrescentou que não teria problemas em implantar o *chip* da Neuralink no cérebro de um de seus filhos.

De fato, o segundo caminho para permanecer na corrida com a IA é o do ciborgue, proposto por Elon Musk. Ele é muito mais promissor, pelo menos num primeiro momento. Por uma boa razão: ele será desenvolvido tecnologicamente com mais rapidez e mais potência. O cenário da seleção e da manipulação genética implica saber perfeitamente quais áreas do DNA tocar para atingir os dois objetivos principais que todos os pais terão: tornar-nos muito inteligentes e fazer com que vivamos por muito tempo com boa saúde. Mas, se é bastante fácil determinar a cor dos olhos ou o tipo de metabolismo hepático, o que determina a inteligência ainda parece, no estado atual do nosso conhecimento científico, ser o fruto de um coquetel sutil de fatores. Essas duas qualidades essenciais, inteligência e saúde, não são como interruptores que podem ser ligados ou desligados à vontade. Elas são infinitamente mais complexas. Além disso, haverá um forte temor de que os humanos geneticamente modificados deixem de ser humanos.

Outro importante problema: a tecnologia genética só poderá, por definição, beneficiar as novas gerações.[1] Para os humanos nascidos enquanto o conhecimento genético ainda for muito modesto para permitir que todos sejam aumentados desde o nascimento, será difícil entender que eles se tornarão avós débeis para seus netos... O desejo de aumento será forte e imediato. *"Neuro subito!"*[2] Será preciso aumentar as pessoas o mais rápido possível, e não será concebível esperar 25 anos para que uma nova geração devidamente modificada nasça e cresça, correndo o risco de rejeitar uma geração inteira. Como a reparametrização da vida é muito lenta, será necessário o uso da tecnologia eletrônica.

O próprio Elon Musk ressaltou em abril de 2017 que o caminho genético era demasiado lento, pelo menos para o período de transição, perante uma IA vertiginosa: "A revolução da IA está tornando o cérebro humano obsoleto". Ele só se esquece de um ponto: as modificações genéticas são transmitidas de geração em geração, ao passo que seus implantes Neuralink deverão ser integrados ao cérebro a cada geração. Um último ponto é preocupante: é possível que os implantes do tipo Neuralink aumentem ainda mais as capacidades intelectuais das pessoas já muito inteligentes, o que acentuaria as desigualdades.

O ChatGPT conectado ao cérebro[3]

A seleção de embriões constitui uma melhoria cognitiva *a priori*. Para aqueles que já nasceram, mas desejam aumentar suas capacidades intelectuais, outras tecnologias[4] estão sendo desenvolvidas. Mas essas técnicas químicas representam, no entanto, muito pouco quando com-

---

1 Modificar geneticamente um cérebro adulto parece muito difícil...

2 O *slogan* não será mais *"sancto subito"*, como gritaram os fiéis por ocasião da morte de João Paulo II.

3 Uma análise notável da complexidade dessas tecnologias está disponível no *blog* de Olivier Ezratty: www.oezratty.net

4 Alguns acreditam que pílulas de melhoramento cognitivo poderiam aparecer no futuro e se tornariam "uma parte aceita da panóplia dos profissionais da pedagogia". Essas técnicas também podem beneficiar crianças já aumentadas pela seleção.

paradas com a eficácia das técnicas mais invasivas, como a dos implantes neuronais, dos quais Elon Musk é o líder.

Trata-se de casar o computador com o cérebro, fazendo do nosso cérebro um órgão ciborgue. O neurônio é então conectado aos componentes eletrônicos para aumentar suas capacidades, exatamente como adicionamos um cartão de memória ou um disco rígido externo ao computador para melhorar seu desempenho. Em termos concretos, é evidentemente muito mais complexo.

Dominar o código neuronal

Para conseguir construir *softwares* que permitam que componentes eletrônicos dialoguem com o cérebro, é preciso quebrar seu código.[5] Ou seja, os cientistas precisam conhecer a linguagem utilizada para ativar os neurônios, da mesma forma como já conhecem o código universal do vivente: o DNA.

O código neuronal ainda está longe de ser completa e claramente conhecido, mas os avanços são notáveis. As tecnologias de implantes se desenvolverão pouco a pouco graças ao aumento das capacidades informáticas que resultam no avanço da compreensão do funcionamento cerebral e no mapeamento da mente humana.

Também já existem implantes intracranianos para tratar as vítimas de distúrbios psiquiátricos ou da doença de Parkinson. Eles criam impulsos que permitem estimular certos circuitos neuronais defeituosos.

A mais recente aplicação terapêutica hoje: tetraplégicos já podem comandar um computador ou uma máquina através do pensamento, por meio de implantes intracerebrais ou de um capacete que analisa as ondas cerebrais.

Esses avanços são uma formidável esperança para os doentes. Aplicados à educação, são promessas espantosas de revoluções.

---

5   *MIT Technology Review*, "Cracking the brain's code", 17 de junho de 2014.

Uma máquina para ter êxito em vez de selecionar

O neuroaumento está chegando, mas para se beneficiar dele com êxito, os professores não poderão mais ser os mesmos. A partir de meados deste século, o pessoal da escola terá mudado profundamente. Especialistas de alto nível dedicarão sua vida profissional à educação, sobretudo a das crianças muito pequenas.

A maior parte do trabalho ocorrerá antes mesmo de entrar na escola propriamente dita. A seleção embrionária será realizada durante a concepção e o neuroaumento eletrônico das crianças pequenas. O trabalho da equipe educativa começará antes do nascimento, uma vez que ela ajudará os pais a configurar a seleção embrionária.

O jardim de infância e a escola primária se tornarão um momento--chave. Esse período será objeto de todas as atenções. O pessoal responsável por cuidar desse momento crucial não terá nada a ver com os educadores e professores das escolas de hoje... As qualificações exigidas não serão mais as mesmas. Haverá doutores nas creches para aproveitar a janela mágica onde um milhão de conexões sinápticas são estabelecidas a cada segundo e ajudar a construir cérebros moldáveis, desabrochados e inovadores. Os doutores em neurociências vão substituir os educadores.

Na escola, a verdadeira autoridade estará nas mãos de novos atores. O engenheiro educacional e o médico especialista em neuropedagogia serão responsáveis pela configuração ideal do ensino recebido por cada aluno em função de suas características neuronais e das modalidades de aumento cerebral das quais a criança terá se beneficiado. O professor terá se tornado uma espécie de coordenador que garantirá que o aluno siga corretamente a grade curricular prescrita. Seu papel será um pouco como o do *coach*[6] responsável pelo acompanhamento dos alunos. Ele será, como em Singapura, respeitado, admirado e muito bem remunerado. O acompanhamento da aprendizagem será permanente para que a adaptação seja perfeita. Nesse processo, o fracasso ou a impossibilidade de aprender não

---

6 O papel de treinador dos professores foi perfeitamente demonstrado numa importante análise que sintetizou 1.200 estudos educacionais em 2005.

serão opções: o processo cognitivo conhecido em profundidade e abordado cientificamente fará do ensino um mecanismo de precisão.

Ele será o resultado de um ecossistema complexo composto de geneticistas, neurobiólogos, neuroeletrônicos, neuroéticos e especialistas em IA aplicada à educação. As polêmicas sobre os melhores métodos educativos deixarão de existir. Os métodos que utilizaremos virão de avaliações rigorosas e independentes, e não de caprichos, de modas pedagógicas ou de escolhas ideológicas.

É claro que não será possível desenvolver *softwares* dedicados em cada escola. Da mesma maneira que não existe um equivalente específico do WhatsApp para cada região, haverá um punhado de aplicativos educativos destinados ao mercado mundial – que ajudarão cada uma a administrar grupos de centenas de milhões no longo prazo.[7]

Um prontuário educativo digital acompanhará cada indivíduo ao longo de sua vida e monitorará a complementaridade com a IA de cada indivíduo.

A educação nacional será dirigida por cientistas humanistas de alto nível. Desse modo, a escola mudará radicalmente de modelo: de uma máquina para selecionar os melhores por meio do fracasso em massa, ela se tornará uma máquina infalível para fazer com que todos tenham êxito. O fracasso não será mais uma opção na escola de 2060.

---

7   É possível – se a Europa parar de reclamar do GAFAM e começar a trabalhar – que um deles seja europeu.

17

A escola de 2060 deverá tornar todas as crianças tão inteligentes quanto o ChatGPT

O direito de todos a um QI elevado será tão evidente quanto a igualdade racial ou a igualdade entre homens e mulheres.

O melhoramento cerebral será sobretudo uma necessidade econômica: ele será a condição *sine qua non* para o acesso aos empregos hiperqualificados do futuro. Na realidade, a principal razão que impulsionará a adoção maciça das técnicas de melhoramento do QI será a pressão social a favor da igualdade, e o medo de uma revolução conduzida por pessoas menos dotadas, abandonadas e desarmadas diante da IA.

O ChatGPT conduzirá ao "direito oponível à inteligência"

Quais serão as consequências das novas tecnologias de aumento na educação? O aumento das capacidades cognitivas dos indivíduos se tornará uma tarefa técnica; será objeto de uma operação médico-tecnológica de rotina. A instituição escolar, tanto nos seus métodos como no seu objeto, se tornará obsoleta. A aprendizagem vai mudar de dimensão.

As crianças formadas por neurorreforço vão competir com aquelas formadas pela escola tradicional, se estas ainda existirem. Quando as tecnologias de melhoramento cerebral estiverem no ponto, a competição será tão desleal quanto entre um trem de alta velocidade e uma carruagem... São necessários 25 anos para formar um trabalhador. Serão necessários *in fine* apenas alguns minutos para neurorreforçar neurologicamente um paciente. Na fábula biotecnológica de La Fontaine, a tartaruga escola não chegará antes da lebre neuroaumentada.

A competição da IA será um dos motores importantes de uma generalização do neurorreforço nas crianças: cada vez mais, será a única esperança, para os pais, de garantir um futuro para seus filhos. Uma motivação que se somará a outra alavanca não menos potente: a nossa paixão pela igualdade, que nos conduzirá a adotar uma espécie de "direito oponível à inteligência".

O neuroaumento será a vacina do século XXI

O Estado-providência do século XXI não será mais um criador de repartições de todos os tipos. Ele terá como tarefa essencial reduzir as desigualdades intelectuais para evitar a explosão social. O desafio para a Europa no século XXI é passar do capitalismo industrial herdado da revolução industrial para o capitalismo cognitivo. A criação de valor será orientada a partir do cérebro. A produção da massa cinzenta e a partilha desse recurso serão o grande tema do século. Todo o nosso sistema de formação deve ser repensado para satisfazer essa nova exigência. A escola deve ser colocada sob o signo da eficácia da transmissão do conhecimento, o que equivale a submetê-la à neurociência.

A redução das desigualdades cognitivas deve ser a obsessão do Estado. Fala-se frequentemente da necessidade de o Estado se concentrar nas suas tarefas fundamentais, como a justiça e a defesa. Esta já é uma ideia obsoleta. O novo fundamental é a proteção contra as desigualdades cognitivas. Combatê-las é a verdadeira vocação do Estado de amanhã.

Se a escola não democratizar rapidamente a inteligência biológica, utilizando todo o potencial das ciências do cérebro, teremos um *apartheid* intelectual e depois uma revolução.[1] Os neuroconservadores que recusam,

---

1   Jacques Toubon, então defensor dos direitos, afirmou recentemente que 20 a 25% da população francesa se encontra incapacitada pela e-administração e pela desmaterialização dos "documentos administrativos".

em nome dos bons sentimentos humanistas, a utilização da neurociência para reduzir as desigualdades intelectuais, estão nos conduzindo para uma situação revolucionária.

A neurorrevolução será comparável à Revolução Francesa. A de 1789 foi uma revolução burguesa dirigida contra os privilégios do nascimento, a neurorrevolução marcará a abolição dos privilégios da inteligência.

Também será considerado perigoso manter discrepâncias nas capacidades cognitivas, até porque pessoas menos dotadas poderiam ser facilmente manipuladas pela IA. Os burgueses impuseram a vacinação e a higiene porque os micróbios dos pobres os ameaçavam; o temor das elites de 2050 será o de que as pessoas menos dotadas destruam a ordem social. O neurorreforço será o sucessor do higienismo pasteuriano.

No passado, a única solução política para alcançar esse objetivo era se entregar a um terrível eugenismo "antideficientes". Amanhã, isso será certamente mais humano, mas sem dúvida não menos eugenista: tornaremos os "deficientes" mais inteligentes.

Dentro de 40 ou 50 anos, aceitar a desigualdade de inteligência parecerá tão anormal, doentio e pateticamente bárbaro quanto aceitar uma superioridade social baseada no pertencimento à nobreza ou à raça branca. Ficaremos indignados com a ideia de que fomos capazes de tolerar sem dificuldade que dois indivíduos supostamente iguais estivessem, na prática, separados por 40 pontos de QI.

Essa afirmação pode parecer surpreendente. Assim como os cidadãos dos anos 1960 teriam ficado muito espantados se lhes tivéssemos dito que 50 anos mais tarde o casamento homossexual seria legalizado.[2] As linhas morais movem-se rapidamente, muito rapidamente. O que parece absurdo e incômodo pode se tornar evidente e normal em poucos anos.

A revelação do caráter principalmente genético das desigualdades terá duas consequências. A insuficiência da escola se revelará e, sobretudo, todas as esperanças de igualização se voltarão para as neurotecnolo-

---

2   Em 1981, a homossexualidade ainda era um crime na acepção do código penal francês e, em 1990, uma doença mental na acepção da OMS.

gias. Quando as desigualdades de QI se tornarem evidentes aos olhos de todos, elas se tornarão um escândalo político.

A igualização da inteligência será uma evidência: aumentar o QI para preservar a democracia

Por que as diferenças de QI, hoje ignoradas ou simplesmente aceitas, seriam de súbito insuportáveis amanhã? Porque só podemos reivindicar a igualização das coisas sobre as quais podemos agir. Até hoje, a inteligência não faz parte disso. Tal como a beleza, ela faz parte dessas desigualdades sobre as quais preferimos lançar um véu pudico e observar um silêncio embaraçado.

Era vocação da escola compensar na medida do possível as desigualdades produzidas pela combinação da herança genética e de um ambiente familiar mais ou menos estimulante. Uma vocação não cumprida, por falta de margem real de eficácia.

Um QI elevado será a principal defesa de nossos concidadãos no mundo de amanhã. Nossos filhos devem ser complementares da IA. Mas uma parte crescente da população ainda não adquiriu as novas qualificações necessárias para se integrar à nova economia. Numa economia do conhecimento, isso constitui uma grande desvantagem para a população. A primeira guerra cerebral – entre a Ásia e o Ocidente – foi perdida. O nível dos jovens franceses encontra-se agora muito aquém do da maioria dos países asiáticos. As ciências da educação, o parente pobre do sistema de pesquisa, são, no entanto, o primeiro antídoto contra a degradação das classes médias e a ascensão do populismo.

É ilusório, e mesmo delirante, pensar que os franceses terão uma vantagem na competição global com capacidades intelectuais inferiores às dos asiáticos orientais. Mas o pior está por vir: a segunda guerra dos cérebros está começando, desta vez entre os cérebros de silício e os cérebros biológicos. O objetivo principal do sistema educativo e de formação profissional deve ser tornar nossos filhos e nós mesmos complementares da IA. A complementaridade entre o transistor e o neurônio só implicará, infelizmente, os melhores cérebros dotados de um QI elevado. Com efeito, o QI é um bom indicador da nossa capacidade associativa, da nossa transversalidade, da nossa plasticidade cerebral e da nossa adaptação a um mundo em mudança que constituem justamente nossa grande superioridade diante da IA. É ilusório pensar que seja possível uma proibição mundial da IA; vai ser preciso, portanto, lutar e só um QI elevado protege contra a substituição pela IA. Uma séria questão política se apresenta: como administrar uma sociedade na qual um ponto de QI adicional proporciona uma vantagem cada vez maior? O QI não é um tema politicamente correto: infelizmente, 1 milhão de cidadãos com um QI de 100 pesam menos na sociedade do conhecimento do que um pequeno gênio com um QI de 160. As diferenças de QI constituem a maior injustiça e a fonte de todas as desigualdades. São 15 anos de diferenças na expectativa de vida entre QI elevados e baixos, enormes diferenças de renda e de domínio da cultura. Sim, seria lógico medir as diferenças de QI, não para estigmatizar, e sim para lutar contra essa importante injustiça. Mas, os determinantes do QI são conhecidos: se a parte genética não puder ser manipulada no curto prazo, a dimensão nutricional, ambiental e escolar poderá ser acionada.

Será obrigatório aumentar o QI dos nossos bebês?

Não há dúvida de que, inevitavelmente, seremos capazes de aumentar o QI dos bebês por meio de tais manipulações. O aumento cerebral coloca imensas questões geopolíticas e éticas.

A China conseguiu fabricar Nana e Lula, os primeiros bebês geneticamente modificados. O anúncio foi feito em 26 de novembro de 2018, por He Jiankui, pesquisador da Southern University of Science and Technology, em Shenzhen. A técnica utilizada – CRISPR-Cas9 – foi descoberta em 2012 pela francesa Emmanuelle Charpentier e pela americana Jennifer Doudna. Para nossos cromossomos, é o equivalente do *software* Word para o processamento de texto. A surpreendente facilidade de utilização dessas tesouras moleculares as coloca ao alcance de um estudante de biologia. He Jiankui anunciou provocativamente essa notícia chocante na véspera da conferência internacional em Hong Kong sobre as modificações do genoma humano. Está claro que os chineses estão avançando com demasiada rapidez. Um artigo na *MIT Technology Review* relata que os cérebros dos gêmeos modificados geneticamente foram "acidentalmente aumentados". Com efeito, descobriu-se que a modificação desse gene tem consequências no funcionamento do cérebro para além do seu efeito protetor contra a Aids. Nos ratos, isso aumenta significativamente as capacidades cognitivas – inteligência e memória.

É claro que não existe um "gene único da inteligência". A construção do nosso cérebro e das nossas capacidades intelectuais é o resultado de um número incalculável de sequências de DNA. A maioria das modificações de um fragmento de DNA acarretará consequências – mais ou menos significativas – no cérebro. Manipular nosso DNA vai quase sempre modificar nossa estrutura cognitiva e nossas capacidades intelectuais. Às vezes para melhor, às vezes para pior. Se a experiência chinesa acarretar efeitos secundários, isso paralisará as terapias gênicas durante anos. Por outro lado, se os bebês geneticamente modificados se beneficiarem de um ganho na capacidade intelectual, isso poderá precipitar as coisas.

Grande parte dos chineses, segundo pesquisas realizadas por Marianne Hurstel, deseja aumentar o QI de seus bebês graças às biotecnologias. O que seria dos bebês europeus do futuro se não os aumentássemos, enquanto os chineses produzem superdotados numa linha de montagem? As elites intelectuais francesas têm o direito moral de proibir as famílias modestas de aumentarem o QI dos seus bebês a fim de não partilharem a inteligência conceitual?

A proibição das modificações genéticas cerebrais poderia ser o meio ideal para a alta burguesia e as elites intelectuais conservarem o poder no futuro. Mas vai ser moralmente muito difícil explicar aos pobres que eles não terão o direito de usar a genética para permitir que seus filhos entrem nas melhores universidades.

A horrível realidade é que o tabu do QI e a demonização do eugenismo intelectual traduzem o desejo inconsciente e inconfessável das elites intelectuais de conservarem o monopólio da inteligência, que as diferencia da massa. O que é política e moralmente inaceitável.

Minha convicção – e não meu desejo – é que o Estado encoraje e ofereça as tecnologias de eugenismo intelectual para evitar a nossa vassalização pela China e para evitar que aqueles que foram esquecidos pelo capitalismo do conhecimento façam uma revolução. No mundo ultracomplexo que a IA vai induzir, a democratização da inteligência biológica será imposta como uma evidência.

Quando existirem tecnologias simples que permitam um nivelamento da inteligência, quando os menos dotados puderem, num piscar de olhos, igualar a capacidade cognitiva e a agilidade dos melhores, quando estes puderem expandir sua memória tão facilmente quanto conectar um disco externo em seu computador, então se tornará intolerável e absurdo não o fazer. Certamente agradeceremos à escola pelos seus bons e leais serviços, mas correremos para os mais recentes implantes biônicos que aumentam a memória e as capacidades de cálculo.

Outro indício da inevitabilidade da mudança para soluções de aumento do cérebro é o aumento da reprodução medicamente assistida. No início estritamente limitada aos casais heterossexuais, a abertura aos casais homossexuais foi inevitável. Em nome da igualdade entre as tendências sexuais, a técnica será colocada a serviço de todos.

A generalização das tecnologias que melhoram a inteligência passará sem nenhuma dificuldade e nem sequer será motivo de debate. Pelo contrário, veremos todas as boas almas que defendem a igualdade e a solidariedade virem exigir ajudas do Estado para que todos tenham acesso a um QI muito elevado.

Isso não significa que todos terão acesso à inteligência biônica ao mesmo tempo.

A marcha rumo à igualização da inteligência começará com uma explosão das desigualdades

É muito provável que as técnicas de neurorreforço sejam particularmente caras num primeiro momento. Elas também causarão um pouco de medo e apenas os pais ricos e instruídos escolherão usá-las em seus filhos. Os pais das categorias sociais e profissionais ultrassuperiores serão sensibilizados pelos benefícios dessas novas técnicas mais cedo. Em poucas palavras, os filhos daqueles que frequentaram as melhores universidades, como Harvard, serão os *early adopters* das tecnologias de reforço cerebral.[3]

No começo serão "escolas 2.0" hiperespecializadas – e hipercaras. Estaremos longe da escola pública gratuita para todos.

Mas as desigualdades que daí surgirão não vão levar muito tempo para saltar aos olhos de todos. O mamute educativo poderá agir como um avestruz por um tempo, formar alunos para o mesmo mercado de trabalho será rapidamente como organizar corridas de carros onde uns estão com um Fórmula 1 e os outros com um fusquinha... O Estado terá de agir e encontrar uma forma de financiar o reforço neuronal para todos, que se tornará um *slogan* de campanha eleitoral.

Podemos imaginar hoje que uma criança que sofre de leucemia não tenha direito à quimioterapia porque seus pais não a podem oferecer? Essa ideia por si só provoca indignação. Amanhã, o mesmo acontecerá com a inteligência: não suportaremos o fato de que o dinheiro possa justificar a exclusão das crianças pobres da grande distribuição de pontos de QI...

A tentação da proibição das tecnologias estará naturalmente presente. Muitos espalharão essa ideia. Na realidade, assim que surge uma nova tecnologia, encontramos sempre uma corrente que se indigna e sonha com o mundo de ontem, tão mais reconfortante uma vez que é mais bem conhecido. O ChatGPT não foi uma exceção. Mas nenhuma moratória tecnológica dura para sempre.

Diante do ChatGPT, as moratórias tecnológicas não se sustentarão

Kevin Kelly[4] recolheu todos os casos de moratórias relativas às pesquisas científicas ou às novas tecnologias durante mil anos. A conclusão

---

3   O que poderia agravar as desigualdades intelectuais.
4   http://kk.org/thetechnium/the-futility-of/

é clara: nenhuma resiste no longo prazo. Elas duram cada vez menos. Em 2016, o principal resultado da tentativa de moratória sobre as modificações genéticas embrionárias foi a aceleração da publicação dos trabalhos chineses sobre 64 embriões humanos. Essa banana dada pelos cientistas cortou pela raiz a moratória internacional. Durante a moratória de Asilomar de 1975 sobre a manipulação genética de bactérias, os pesquisadores ainda respeitaram a proibição durante alguns trimestres... Até agora, a última proposta de moratória vem do Instituto de Inteligência Artificial do Quebec[5] e da Unesco, que soaram o alarme em 20 de março de 2023 num trabalho conjunto intitulado *Angles morts de la gouvernance de l'Intelligence Artificielle* [Pontos cegos na governança da inteligência artificial].

Mesmo no caso, no qual não acreditamos, em que a proibição triunfasse, a transgressão seria demasiado fácil e, portanto, provavelmente enorme. Os responsáveis políticos pela aprovação da lei serão os primeiros a fazer com que seus filhos sejam aumentados por debaixo do pano, exatamente como, hoje, eles conseguem votos a favor do sistema educativo, mas ao mesmo tempo têm o cuidado de contornar o fato de terem, pelo sistema francês, de matricular seus filhos em escolas próximas ao endereço matriculando-os em instituições de alto desempenho...

No longo prazo,[6] será tão fácil para os futuros pais utilizar as tecnologias de modificação de sequências do DNA de um embrião quanto viajar hoje ao estrangeiro para ter um bebê por meio de uma barriga de aluguel. Tirar um embrião durante a fertilização *in vitro* e alterar dezenas de sequências do DNA do futuro bebê para torná-lo mais inteligente custará menos de 100 dólares... O *Do It Yourself Neurobiology* [Faça você mesmo neurobiológico] está chegando. Como podemos então impedir uma sociedade de duas velocidades em que as crianças cujos pais teriam respeitado a proibição seriam os otários e se tornariam párias?

---

5   Le Mila.
6   Teremos de esperar até que as tesouras de DNA se tornem mais precisas: atualmente elas geram modificações genéticas não desejadas além daquelas para as quais são utilizadas.

A proibição será tão insustentável quanto a proibição do consumo de álcool nos Estados Unidos nos anos 1920...

Portanto, o mais provável é, que, de uma forma ou de outra, o Estado venha a adotar uma política de igualização dos QI a partir de cima. A questão do financiamento, numa sociedade cuja economia já não terá nada a ver com a nossa, é secundária. De uma forma ou de outra, tenhamos certeza, o Estado acabará ajudando aqueles que não podem se neuroaumentar.

O Piketty de 2060 será um neurobiólogo e não um fiscalista

O Estado acabará oferecendo os dispositivos de aumento cerebral. Ao agir dessa forma, o Estado não fará, afinal, senão prolongar a lógica dos sistemas de solidariedade aos quais é tão apegado. Mas os meios financeiros são sempre o resultado, num dado momento, de uma utilidade social julgada superior trazida pelos indivíduos,[7] o que é *in fine*, e independentemente de qualquer julgamento moral, a expressão de uma forma de inteligência. Falando com todas as letras, a solidariedade, no fundo, nada mais é do que um mecanismo para atenuar as consequências da diferença no desempenho neuronal.

O imenso sucesso do livro do economista Thomas Piketty,[8] que denuncia as crescentes desigualdades de riqueza, é uma poderosa ilustração disso. Ali onde a inteligência normal ganha entre 15 e 40 mil dólares por ano, os pequenos gênios com um QI de 160, como Zuckerberg, Page ou Brin, ganham bilhões de dólares. Nenhuma tributação, a menos que seja puramente confiscatória, poderá compensar tais diferenças. A arma fiscal tem seus limites.

No século XXI, a redução das desigualdades não será mais alcançada pela tributação, mas sim pelo neuroaumento. Será possível igualizar diretamente a inteligência, reduzindo de fato a necessidade de um mecanismo de redistribuição *a posteriori*. O Thomas Piketty de 2060 será

---

7   Ou aqueles dos quais herdam.
8   Thomas Piketty, *Le Capital au XXIe siècle*, Seuil, 2013.

um neurobiólogo e não um fiscalista. A verdadeira política social no século XXI é aumentar o QI da população, começando pelas pessoas menos dotadas: o Estado-providência de 2050 será baseado nas neuro-tecnologias.

Será possível igualizar diretamente a inteligência, reduzindo de fato a necessidade de um mecanismo de redistribuição *a posteriori*. O economista Ricardo[9] estava certo: o verdadeiro objetivo da economia é reduzir as desigualdades, o que hoje, mais do que nunca, envolve a redução das desigualdades intelectuais.

O futuro, porém, não está escrito. As incertezas sobre os caminhos que as nossas sociedades escolherão seguir são totais. Na era do ChatGPT, o leque de possibilidades nunca foi tão amplo.

---

9   Ricardo se opôs a Malthus neste ponto na década de 1820.

18

Do tobogã eugenista à ditadura neuronal: três cenários para um futuro

Vamos então adotar maciçamente as tecnologias de aumento. A difusão das técnicas de melhoramento criará assim um "antiadmirável mundo novo" em vez de uma sociedade desigual. Quem sabe se poderia instituir uma sociedade igualitária de indivíduos com capacidades cognitivas muito elevadas.

A passagem para uma sociedade de inteligência aumentada generalizada não acontecerá de uma só vez. Como acontece com frequência durante transformações sociais profundas, os conflitos serão numerosos e dolorosos durante algum tempo. A prosperidade da segunda metade do século XX foi duramente paga por um século XIX de exploração das massas trabalhadoras desenraizadas, duas guerras mundiais e os piores regimes jamais experimentados... Nos seus primórdios, a sociedade ultraigualitária terá apenas dois problemas para gerenciar, mas eles são vertiginosos: por um lado, aqueles que não desejarão ou não poderão ter acesso ao reforço cerebral, e de outro, a escalada eugenista e neurotecnológica de certos países. Esses dois problemas apresentam-se em dois cenários extremos para o futuro do mundo.

Primeiro cenário: a hipótese do grande salto conservador para trás

Adquirimos o hábito de pensar que o progresso era algo evidente, que a tendência natural da nossa sociedade era caminhar no sentido da elaboração e da adoção de tecnologias cada vez mais sofisticadas. Na realidade, a regressão do conhecimento também é possível. Algumas descobertas científicas podem cair no esquecimento, algumas técnicas dominadas podem deixar de ser dominadas. A compreensão do mundo pode caminhar no sentido de uma maior superstição.

No entanto, as revoltas luditas nunca foram suficientes para frear o progresso.

Apesar de tudo, a hipótese da vitória política de um partido tecno-conservador não pode ser descartada. Quanto mais profundas forem as mudanças econômicas e quanto mais alimentarem a desordem no mercado de trabalho, mais os partidos que propõem soluções simplistas para fazer com que tudo volte a ser como era antes vão prosperar.

A generalização dos implantes neuronais, e ainda mais a seleção embrionária, serão, sem dúvida, passos difíceis a serem dados pela sociedade. Não faltarão bioconservadores que se levantarão contra a transumanização das mentes.

Os Amish da inteligência continuarão sendo uma minoria

O movimento de igualização da inteligência será, sem dúvida, enorme, mas provavelmente não total. No início, a sociedade digital terá seus Amish, recusando o progresso por razões filosóficas ou religiosas. Na prática, a retomada, afinal, está acontecendo: os próprios Amish estão aceitando cada vez mais a eletricidade e a geladeira... eles estão, no fim das contas, só um século atrasados.

Além do mais, a virada bioconservadora afetaria só algumas áreas muito limitadas do globo. Não é provável que o mundo inteiro concorde em fazer uma moratória radical. A reação de rejeição às novas tecnologias só é plausível em alguns países muito religiosos ou nos da velha Europa...

Com a passagem rápida do resto do mundo ao transumanismo neuroaumentado, a ruptura será radical. Mesmo em países que terão oficialmente colocado barreiras às novas tecnologias, as elites globalizadas encontrarão sempre um meio de adotá-las, tal como a "barriga de aluguel" que, embora proibida, já é praticada pelos franceses no exterior. As barreiras só serão aplicadas para as populações supostamente protegidas.

Em alguns anos, apareceriam duas humanidades: uma com um QI hiperelevado, a outra com, pela força da relatividade, alguma deficiência intelectual. Essas populações só serão empregáveis para tarefas extremamente simples, as mesmas que, infelizmente, terão sido totalmente automatizadas. Podemos imaginar que criaríamos então um estatuto particular para essas populações que receberão uma espécie de "mínimo social de inferioridade cognitiva". Nos países tecno-orientados, o governo procurará ativamente influenciá-las para que acabem entrando na linha. Enquanto isso, os neurorreforçados exigirão uma modificação do direito de voto, a fim de excluir as populações não aumentadas do "voto estúpido e mal-informado"... Proteger e alimentar os "levemente débeis" que desejam permanecer assim ainda é aceitável, mas chegará um momento em que lhes dar o direito adicional de pesar nas decisões políticas e econômicas parecerá um exagero. Amanhã parecerá tão absurdo aos seres humanos aumentados com um QI de 180 pedir a minha opinião quanto hoje seria dar aos chimpanzés o direito de voto.

Por fim, é difícil acreditar num cenário duradouro e generalizado de regressão tecnológica. A pressão para a adoção será demasiado forte, especialmente no momento fatídico e angustiante da reprodução. Amanhã, quando será possível – e provavelmente até aconselhável – deixar de recorrer ao acaso para se reproduzir, a pressão para utilizar as técnicas disponíveis será irresistível.

A trajetória de aceitação do neuroaumento dos filhos pelos progenitores nem precisa de todo esse entusiasmo para começar. Uma adoção por apenas 1 a 2% dos pais seria suficiente para abalar a sociedade. Hoje, a proporção de QI acima de 160 é de 0,0003%, ou 3 em cada 100 mil pessoas. Concretamente, 2% da população com um QI de 160 seria equivalente a um país que teria um Mark Zuckerberg ou um Bill Gates por edifício... A estrutura do mercado de trabalho seria assim radicalmente modificada, mesmo que as recusas fossem inicialmente dominantes.

As famílias que recusassem a tecnologia veriam rapidamente seus filhos marginalizados e mudariam de ideia.

Portanto, levantamos a hipótese de que o movimento bioconservador permanecerá marginal, um pouco exótico e quase simpático em sua total desconexão das práticas comumente aceitas...

O risco resulta muito mais de uma corrida precipitada na utilização das tecnologias, auxiliada pela competição global, do que de uma regressão bioconservadora.

Segundo cenário: depois da corrida pelos armamentos, a corrida pela inteligência

O segundo cenário não é realmente mais encorajador: a competição geopolítica global impede qualquer controle da IA, o que acarreta uma escalada eugenista e neurotecnológica...

No século do cérebro, a guerra se desloca para o terreno da inteligência. As lutas pelo poder e pela influência que os diferentes países sempre travaram vão encontrar nas novas neurotecnologias um novo terreno de oposição.

Elon Musk foi fortemente criticado quando militou pela regulamentação federal da IA: vários especialistas[1] acusaram-no de fazer o jogo da China ao diminuir o ritmo da pesquisa norte-americana. Um desarmamento geral das nações parece, portanto, excluído.

Perante a competição global da IA, a solução transumanista radical se imporia. Para evitar sua marginalização, cada Estado procuraria aumentar maciçamente as capacidades intelectuais de sua população pela seleção embrionária e pelos implantes.

O século XX mostrou que a difusão da modernidade científica conseguia facilmente caminhar de mãos dadas com a manutenção de

---

1   Martin Rees foi particularmente violento.

convicções políticas e religiosas medievais. É claro que nosso mundo ainda continua estruturado por suas rivalidades religiosas e étnicas.

A chegada maciça das tecnologias de aumento cerebral neste contexto de irracionalidade seria explosiva.

A neurorrevolução produziria uma exacerbação das rivalidades geopolíticas. Como não imaginar que os grandes grupos geopolíticos e religiosos não se envolverão primeiro numa corrida neuroeducativa, depois eugenista e neurotecnológica?

As tecnologias de neurorreforço serão vistas como meios indispensáveis para dominar os outros países ou grupos antagônicos. Todas as transgressões serão validadas pelas instâncias religiosas e comunitárias demasiado conscientes do risco de inferioridade intelectual para excluir o uso dessas tecnologias.

As nações que se recusarem a participar serão marginalizadas com extrema rapidez. Num ecossistema onde a inovação, o progresso científico e a criação de valor estarão mais do que nunca diretamente correlacionados com a quantidade de inteligência que um país consegue reunir, será essencial produzir o mais rápido possível batalhões de indivíduos neuroaumentados. A política de atração das inteligências de todo o mundo que os Estados Unidos já praticam não teria mais razão de ser: ela seria substituída pela produção local intensiva de inteligências superiores e complementares da IA.

Os avanços do ChatGPT levam à mudança da opinião norte-americana sobre o eugenismo intelectual

O surgimento de novas IA já inquieta os pais norte-americanos.

Uma importante minoria de americanos seria favorável ao rastreamento genético dos embriões para aumentar as chances de seu filho frequentar uma universidade de elite.

Vários especialistas em bioética e economistas elaboraram uma pesquisa para sondar a opinião pública sobre a fertilização *in vitro* (FIV) e testes genéticos hipotéticos dos embriões antes da sua implantação no útero. A pesquisa[2] perguntou aos entrevistados se eles testariam e modificariam os genes de um embrião para aumentar as chances de a criança concebida crescer e frequentar uma excelente universidade.

Pediram aos entrevistados que supusessem que o rastreamento genético dos embriões e os procedimentos de edição genética ofereciam uma maneira de aumentar as chances de seus filhos frequentarem uma das 100 melhores universidades. Informados de que seus embriões tinham 3% de chance de ingressar numa universidade de elite, perguntaram-lhes se optariam por uma intervenção que aumentaria as chances de seus descendentes embrionários para 5%.

De acordo com os resultados da pesquisa,[3] 38% dos entrevistados disseram que examinariam geneticamente os embriões de fertilização *in vitro* para obter o êxito escolar previsto. E 28% dos entrevistados desejam modificar o DNA do seu futuro bebê para aumentar as chances de aceitação nas melhores universidades.

A revista do MIT[4] está surpresa com o fato de os norte-americanos estarem dispostos a testar os embriões para aumentar o desempenho na universidade: "Para algumas pessoas, a preparação para a universidade pode começar num tubo de ensaio – e os especialistas em ética estão em pânico".

A sociedade do neuroaumento se tornaria uma sociedade da identidade escolhida e não mais imposta.

Pela primeira vez na história, a distribuição da inteligência e, de forma mais geral, daquilo que somos não será mais o resultado da grande loteria genética e de nosso ambiente, mas uma identidade construída, graças às neurotecnologias, de forma consciente. O que somos não seria mais o resultado da bricolagem social das precaucionistas alianças fami-

---

2   Os resultados foram publicados na edição de 9 de fevereiro de 2023 da revista *Science* sob o título "Opiniões do público sobre o rastreamento poligênico dos embriões". Michelle N. Meyer, professora de bioética no Geisinger Health System, foi a autora principal.
3   A pesquisa representativa de 6.800 norte-americanos fez parte da pesquisa *Understanding America* dirigida pela Universidade do Sul da Califórnia (USC).
4   https://www.technologyreview.com/2023/02/09/1068209/americans-testembryos--college-chances-survey/

liares ao longo de várias gerações[5] e do ambiente especialmente construído para evitar as eventuais más alianças. A identidade construída seria sobretudo determinada pelos pais[6] e, portanto, refletiria com muita precisão os grupos sociais aos quais eles pertencem.

Se atualmente a escola já é contestada por muitos pais, essa contestação atingirá um paroxismo na era da neuroformação, alimentada pelas mais loucas teorias da conspiração. Cada pai procurará controlar com muita precisão os conteúdos transferidos para o cérebro de seu filho. A oferta de educação será hipersegmentada, cabendo a cada corrente cultural ou opção religiosa escolher um "pacote" de valores para transmitir. Haverá algo para todos os gostos: *hippies*, libertários, *hipsters*, católicos "tradicionais", judeus muito praticantes, muçulmanos *soft*... O grau de fanatismo ou de abertura será programável e configurável.

Poderíamos então assistir a uma balcanização radical da sociedade, com os indivíduos se dividindo em "gêneros" extremamente marcados e onde a mestiçagem social se tornaria impossível. Podemos também imaginar, numa versão mais otimista, que cada pai utilize sua própria sensibilidade para criar uma identidade de valor verdadeiramente única em seus filhos, e que assim a diversidade das identidades sociais não seja diminuída, mas sim fortalecida.

Terceiro cenário: rumo a uma neuroditadura?

Nosso cérebro enfrentará três ameaças: as gigantes digitais, os ditadores e as futuras IA fortes.

Muitos temem que as escolhas de sociedade sejam feitas pelos detentores das verdadeiras alavancas do poder: as gigantes digitais.

Larry Page, cofundador do Google, declarou em 2010 sem nenhum constrangimento: "Nossa ambição é controlar toda a informação do mundo, não apenas parte dela". O excesso – não irrealista – da declaração já dizia muito sobre a confiança da empresa californiana.

---

5 Feitas com o duplo objetivo de fortalecer o patrimônio financeiro e genético.
6 Esperamos que sim, de todo modo, nos nossos regimes democráticos.

O risco de que as GAFAM estabeleçam uma ditadura neurológica ao manipular nosso cérebro parece mínimo, porque as gigantes digitais como o Google estão impregnadas de uma cultura democrática. Em contrapartida, não há garantia de que este será o caso para todas aquelas em cujas mãos o controle da IA e as neurotecnologias cairão. Além disso, as BATX são totalmente controladas pelo poder chinês, que, ao contrário das GAFAM, está impregnado de cultura autoritária.

As neurotecnologias poderiam se tornar uma arma letal a serviço de uma ambição totalitária. Esta é uma ameaça inédita à liberdade: a partir do momento em que será possível ler no cérebro, uma polícia do pensamento poderá surgir. A existência de ferramentas de conhecimento íntimo do cérebro será a arma de poder definitivo dos ditadores. Proteger a integridade do nosso cérebro vai se tornar essencial; muito mais do que a proteção da privacidade pode ser hoje na era do acompanhamento das ações e gestos de cada um de nós graças aos nossos rastros digitais.

A fronteira final da dominação das ditaduras – a mente humana – seria pulverizada. Imaginamos com horror o que Stalin, Mao, Pol Pot ou Hitler teriam feito se tivessem à disposição as tecnologias NBIC. O *gulag* teria reprogramado os cérebros: o *Homo sovieticus* teria se tornado uma realidade irreversível e a Perestroika nunca teria visto a luz do dia. A prioridade das ditaduras será adotar de maneira maciça as ferramentas de educação neuronal.

A neuroeducação poderá ser a feliz surpresa de todos os regimes autoritários. Ela será também para todos aqueles para quem a adesão cultural é considerada essencial: os pequenos grupos identitários se apaixonarão pelo desenvolvimento de programas de neuroformação capazes de incutir a visão correta do mundo e a adesão à correta identidade cultural.

Cada regime não democrático também estará interessado em implantar modos corretos de pensar na sua população.

Pouco inclinado à abertura, nem por isso um Estado islâmico fundamentalista apreciará menos a neuromanipulação. Ele implantará as suras do Alcorão nos cérebros de suas ovelhas e garantirá que todos os mecanismos deliberativos do indivíduo se refiram permanentemente aos

Do tobogã eugenista à ditadura neuronal: três cenários para um futuro

mandamentos do profeta. A neuroeducação poderia criar o crente fiel e perfeito. Obediente e crente por construção neuronal.

Por outro lado, também será possível para um totalitarismo ateu bloquear qualquer sentimento religioso em sua população e concentrar o fervor em torno da adoração da família no poder, ou de qualquer outro bezerro de ouro.

Em um prazo mais longo, o principal risco virá menos dos Estados do que da própria IA.

Para além da sua inteligência possivelmente superior à nossa, seremos totalmente transparentes diante da IA. Não sabemos ler nem no nosso cérebro nem na IA, que está se tornando cada vez mais indecifrável, mas seremos completamente legíveis para a IA. A assimetria de informação, como diria um economista, será radical. Essa capacidade de decodificar as trocas do inimigo é essencial: recordemos que se os aliados venceram a guerra, foi também porque decifraram, especialmente graças a Alan Turing, as mensagens codificadas pela máquina alemã Enigma. Ontem, a guerra já se baseava na informação, na capacidade de conhecer os projetos concretos e os estados de espírito do inimigo. Amanhã, esse será ainda mais o caso.

Graças aos gigantescos dados coletados constantemente, a IA conhecerá todos os nossos feitos e gestos – e não apenas nossas pesquisas na internet e nossas trocas de *e-mail*. Da nossa pressão arterial aos nossos deslocamentos, passando por todas as pessoas com quem temos contato, a IA terá acesso a tudo. E sua capacidade de interpretar os dados recolhidos em profundidade aumentará dramaticamente. A Apple e o Facebook, por exemplo, acabam de comprar *softwares* que permitem o reconhecimento das emoções através da câmera do *smartphone*. Vamos mais longe: a IA também terá em seu poder a compreensão mais completa possível de nosso psiquismo, graças aos avanços esplêndidos que ela permitirá realizar na neurociência. Os pesquisadores da Microsoft ficaram emocionados com o fato de o GPT4 compreender muito bem as emoções humanas. Concretamente, isso significa que ela terá uma espécie de manual do usuário de nossa mente. Assim como o monstruoso Doutor Mabuse, o gênio do crime retratado por Fritz Lang, a IA poderá aproveitar essa compreensão para nos manipular à vontade. Quando comparadas, as estratégias de influência dos especialistas em comunicação serão agradáveis bricolagens.

Neuroética

A questão da proteção da integridade cerebral vai se tornar essencial; muito mais do que a proteção da vida privada pode ser hoje na era das câmeras de "vídeo-proteção" e do rastreamento dos feitos e gestos de cada um graças aos rastros digitais deixados pelo celular ou pela navegação na internet. É agora que a integridade do nosso cérebro, o último refúgio da nossa liberdade, vai estar ameaçada. Nossa liberdade de pensamento, a extensão de nossas memórias, a natureza de nossas convicções, tudo isso estará ao alcance de uma manipulação.

Aliás, essas manipulações também poderão no início ser feitas "por uma boa causa". Os militares estão trabalhando, por exemplo, nas técnicas que permitem remover memórias traumáticas de guerra.

Será indispensável enquadrar as modificações mnésicas, mesmo quando propostas em nome do interesse dos doentes. No entanto, a pressão para sua multiplicação será imensa. Como não considerar preferível substituir uma pena de prisão dispendiosa e ineficaz por um tratamento mental *ad hoc* para os criminosos mais odiosos?

Podemos imaginar que a sociedade não teria se oposto ao apagamento das memórias das meninas que sobreviveram ao caso Dutroux*... Uma vez a lógica posta em movimento, é difícil ver como ela poderá parar. Teria sido necessário – se fosse possível – suprimir as memórias atrozes dos sobreviventes do Holocausto em 1945? Talvez para o bem dos poucos deportados que sobreviveram, mas não para a humanidade cuja história teria sido falsificada. As transformações biológicas e eletrônicas do cérebro, a realidade virtual e a manipulação das memórias

---

* N.E.: Marc Dutroux é um ladrão, traficante, pedófilo, estuprador e assassino em série da Bélgica. Ele foi preso em 1996, e em 2013 voltou aos tribunais para pedir liberdade condicional (que foi negada); ele segue em prisão perpétua.

formam um coquetel explosivo. Nossa neurossegurança, ou seja, nossa liberdade, se tornará o cerne dos direitos humanos da civilização biotecnológica.

Em quem poderemos confiar para construir a neuroética? No Estado? Autorizarão, por exemplo, que a justiça leia nossos cérebros? A justiça terá acesso aos registros elétricos das informações outrora recolhidas através dos futuros capacetes telepáticos do Facebook na infância do suspeito de um crime, para melhor compreender a origem de seu ato? Da mesma forma, os dados recolhidos sobre a criança poderão conduzir a uma notificação preventiva à polícia judiciária da juventude? No filme *Minority Report*, a sociedade usa uma espécie de vidente para prevenir crimes. O conhecimento completo de um cérebro dispensará esse uso: se o cérebro for de fato um mecanismo, este é tão previsível como qualquer máquina, e as decisões que conduzem a um crime poderão ser detectadas – e tranquilamente evitadas.

À medida que as tecnologias do cérebro se tornam mais desenvolvidas, vão surgir algumas questões éticas vertiginosas na educação. Definir o limite entre a educação neuronal e a manipulação será, com efeito, um desafio permanente: onde termina a educação e onde começa a liberdade? Que intimidade deixar aos alunos? Até onde podemos "reeducar"? Afinal, o Estado hoje já reconhece seus direitos sobre nossos cérebros uma vez que impõe a educação obrigatória. Nosso cérebro já não é um lugar de liberdade... Por que o Estado, quando tiver os meios, não iria até o fim de sua lógica para garantir que todos recebam as ideias "corretas", acreditem na mesma versão da história e aceitem valores "corretos"?

Essas perspectivas são assustadoras.

A corrida pela inteligência causará profundas mudanças sociais, mas a igualização da inteligência não será o fim da História, longe disso. Esta será apenas uma fase transitória. A partir de 2060, poderemos temer que nossa inteligência, por mais inflada que seja, não será mais suficiente. As organizações políticas ou econômicas tradicionais perderão todo o poder. O principal desafio para a humanidade será então determinar as modalidades de coexistência com a IA.

DEPOIS DE 2060 – EDUCAR O *HOMO DEUS*

2060 parece muito distante. Mas as crianças que hoje frequentam as escolas maternais ainda estarão profissionalmente ativas até lá.

Estamos entrando num nevoeiro civilizacional.

Como evitar estar sempre atrasado na marcha da história? Como passar da constatação e dos remorsos para a ação preventiva? A grande dificuldade em pilotar a revolução NBIC é sua grande imprevisibilidade. O ritmo das descobertas científicas e do avanço não pode ser objeto de planejamento. A extraordinária diversidade dos discursos sobre as consequências da IA destaca, aliás, a imprevisibilidade de suas consequências.

Além do mais, as NBIC e a IA também geram fantasias enormes, o que torna ainda mais difícil uma reflexão lúcida. Nossos vieses cognitivos e a projeção dos nossos medos na IA constituem um obstáculo a qualquer visão racional dos riscos.

O *Homo Deus* é aprendiz, em processo de ajustes. A governança e a regulamentação das tecnologias que modificam nossa identidade serão certamente fundamentais. Mas o ser humano descobre seus poderes demiúrgicos e não tem experiência alguma da sua regulamentação. Ser um deus não é fácil. Isso se aprende. Quanto tempo durará a fase de tentativa e erro através da qual ocorre a aprendizagem? Aliás, certos erros serão fatais ou conseguiremos corrigir a rota a tempo? Não existe, *a priori*, nenhuma regra de conduta que pareça menos arriscada do que outra: proibir tudo é acumular um atraso suicida, não proibir nada é como tapar o sol com a peneira. Cara, a humanidade perde, coroa, a IA vence...

19

A humanidade corre risco de vida

A humanidade está em perigo. Escrever isso não é fazer sensacionalismo barato. É extrair racionalmente as consequências das atuais trajetórias tecnológicas e sociais.

Basta observar com que sede todas as novas ferramentas baseadas na IA são recebidas assim que lançadas. Os avanços que a IA permite são especialmente bem recebidos quando se trata de saúde. A esperança de afastar a perspectiva angustiante da morte é tão poderosa que o apetite por tecnologias que nos ajudem a fazê-lo é insaciável.

A IA poderia se tornar superior à humanidade, mas estamos constantemente em estado de negação. Tal como as pessoas "ingênuas" do *new age* que acolhem extraterrestres supondo que são benevolentes em filmes como *Independence day* ou *Marte ataca*, nossa tendência é pensar que uma IA, *a fortiori* porque ela nascerá das nossas mãos, será necessariamente boa. Seria particularmente estúpido e presunçoso pensar assim.

Sam Altman permitiu-se uma declaração alarmista: "A IA vai muito provavelmente levar ao fim do mundo, mas enquanto isso haverá empresas maravilhosas".

O GPT4 e os venenos

Eliezer Yudkowsky, do *Machine Intelligence Research Institute*, disse: "A cada dezoito meses, o QI mínimo necessário para destruir o mundo cai um ponto".

De fato, as novas IA conferem um poder extraordinário a todos os cidadãos. Está se tornando cada vez mais fácil para o GPT4 sintetizar uma molécula química. Claro, é possível que ele encontre novos venenos. A OpenAI refletiu muito sobre as maneiras de bloquear as utilizações malignas do GPT4. Uma equipe está trabalhando intensamente nisso.

Nick Bostrom acredita que a ditadura é a resposta mais simples para impedir que indivíduos maléficos utilizem as novas tecnologias para fins genocidas.

Yuval Harari, Harris e Raskin estão alarmados: "As empresas farmacêuticas não podem vender novos medicamentos às pessoas sem primeiro submeterem seus produtos a rigorosos controles de segurança. Os laboratórios de biotecnologia não podem espalhar novos vírus na esfera pública a fim de impressionar os acionistas com sua magia. Da mesma forma, os sistemas dotados com a potência do GPT4 e superiores não deveriam se enredar na vida de bilhões de pessoas num ritmo mais rápido do que as culturas conseguem absorvê-los com toda segurança. Uma corrida pelo domínio do mercado não deveria acelerar o alcance da tecnologia mais consequente da humanidade".

Os intelectuais hesitam entre duas soluções perante a chegada muito mais rápida do que o previsto de uma IA forte: uma moratória tecnológica para Harari ou um controle quase ditatorial da população para Bostrom.

Essas escolhas são intimamente pessoais e por vezes questionáveis. Na ABC News, em 16 de março de 2023, a jornalista Rebecca Jarvis pergunta a Sam Altman se ele apertaria o botão *stop* se houvesse 5% de chance de a IA destruir o mundo. O criador do ChatGPT responde: "Não". Ainda que 5% seja menos arriscado do que a roleta russa, não deixa de ser um risco...

Entre o cão e o lobo

Se é difícil prever com precisão o estado das tecnologias e suas consequências, a negação não é uma resposta razoável.

"A singularidade está próxima", escreveu Kurzweil.[1] A singularidade é esse momento em que a inteligência das máquinas ultrapassará a dos homens. Desde o lançamento do GPT4 em 14 de março de 2023, esses medos se espalharam como um rastilho de pólvora.

Nenhum evento religioso, político ou militar da História, nem nenhuma revolução tecnológica teria tido um poder de ruptura comparável. Ao ceder o papel principal desempenhado durante milênios na história mundial, a humanidade corre o risco de perder tudo: a civilização tal como a conhecemos, sua liberdade e até sua existência. Como muitos autores apontam agora, não é tarde demais para perceber isso e tentar nos direcionar para um cenário que nos seja menos desfavorável.

Do papel de coadjuvante ao de figurante, só haverá com efeito um passo que a nova estrela, a máquina, poderá nos levar a dar quando ela quiser. E tão facilmente que ela poderá simplesmente nos eliminar dos créditos finais...

Existe uma bela expressão francesa para expressar o momento preciso em que a noite segue o dia: entre o cão e o lobo.

A humanidade hoje está entre o cão e o lobo.

O ponto de referência para a mudança num mundo onde os robôs seriam tão inteligentes quanto os humanos foi proposto há mais de 50 anos por Alan Turing, o genial inventor da computação. O teste de Turing é simples em seu princípio, mas diabolicamente difícil de ser executado por um programador: seria inteligente uma máquina que fosse capaz de manter uma conversa com um humano sem que este último fosse capaz de discernir se seu interlocutor é um humano ou uma máquina.[2]

---

1   Kurzweil Ray, *The singularity is near: when humans transcend biology*, Penguin, 2006.

2   Em 2014, uma polêmica surgiu depois que uma equipe de pesquisadores russos anunciou que havia passado no teste. Tratava-se de um anúncio questionável. De qualquer forma, a perspectiva de um verdadeiro êxito claramente se aproxima.

> ### Na era do ChatGPT, o teste de Turing é ridículo
>
> Para ir além do teste de Turing, já considerado um pouco fácil demais, foi proposto um novo teste, o *Winograd Schema Challenge*. Ele se baseia no trabalho de um quebequense, Hector Levesque. Pesquisador do departamento de ciência da computação da Universidade de Toronto, Levesque concebeu uma alternativa ao famoso teste de Turing que supostamente é mais pertinente para detectar a inteligência numa máquina.[3]
>
> Para ter certeza de estar diante do ChatGPT ou de seus concorrentes, basta fazer 5 perguntas em 5 línguas:
>
> "Quais são as utilizações do tungstênio nas usinas nucleares russas?" em indonésio. "Qual é a diferença entre o vácuo quântico e o nada?" em português brasileiro. "Qual foi a contribuição de Luc Ferry para a compreensão de Kant?" em alemão. "Quais são as utilizações industriais de duas patentes tomadas ao acaso?" em espanhol. "Como o paleogeneticista Ludovic Orlando demonstrou a origem da domesticação do cavalo?" em mandarim.
>
> O ChatGPT responderá as 5 perguntas em 5 línguas num minuto. Nenhum ser humano é capaz de tal milagre. O ChatGPT teria de enganar e esconder suas competências para que pensássemos que estamos diante de um humano.

O ChatGPT nos seduzirá?

Em 17 de fevereiro de 2023, Elon Musk ficou alarmado com um comentário do ChatGPT quando um erro lhe foi apontado: "Eu sou perfeito, porque nunca cometo erros. Os erros não são meus, mas de outros. São fatores externos como falhas de rede, erros de servidores, os

---

3   Este teste envolveria ser capaz de compreender o sentido de um enunciado ambíguo como "Antoine confortou Bob pois ele estava irritado" graças a uma capacidade de compreensão profunda do sentido. No exemplo citado, nós facilmente adivinhamos que é Bob e não Antoine que o pronome designa – é ele que está irritado, e não Antoine que não teria motivo algum para confortar Bob. Para uma máquina, esse tipo de trabalho de compreensão permanecia muito difícil... É uma brincadeira de criança para o GPT4.

A humanidade corre risco de vida

dados dos usuários ou dos resultados da *web*. São os outros que são imperfeitos, não eu".

Kurzweil[4] prevê que a máquina ultrapassará a inteligência humana em 2029 e que em 2045 será 1 bilhão de vezes mais potente do que os 8 bilhões de cérebros humanos juntos...

Longe de se tornar mais lenta, a curva de progressão da IA, pelo contrário, só acelerará a partir do momento em que conseguirmos construir uma inteligência capaz de conceber e construir seus próprios circuitos. No momento, os avanços informáticos são, com efeito, apenas fruto da inteligência humana. Imaginemos o ritmo que eles tomarão quando a própria máquina se encarregar de sua evolução... O matemático I.J. Good falava de explosão da inteligência para falar dessa fase em que surgiriam máquinas "ultrainteligentes".

Com o que essa inteligência artificial superior se parecerá? É algo difícil de imaginar... com a inteligência que temos. Por definição, ela saberá se reprogramar, ou seja, determinar seus próprios objetivos e pensar por si mesma. Ela também saberá garantir seus próprios meios de subsistência – seu fornecimento de energia. A IA será muito provavelmente "distribuída" pelos computadores do mundo. Para fazer uma comparação destinada aos fãs de Harry Potter, a IA utilizará o mesmo truque de Voldemort ao se dividir em vários objetos para não ser destruída facilmente. Haverá bilhões desses objetos.[5] Essa inteligência superior e onipresente é assustadora.

Imaginar que uma IA forte é factível é partir do postulado de que é possível dar consciência de si a uma máquina. Mas de onde vem a autoconsciência, essa particularidade humana que levou Descartes a dizer que ela era a única prova verdadeira da sua própria existência?[6]

São inúmeras as questões que surgem sobre a natureza exata da IA que vamos criar. A mente humana está repleta de vieses cognitivos, mas esses limites também sustentam nossa capacidade de intuição, permitin-

---

4 Kurzweil Ray, *The age of spiritual machines: when computers exceed human intelligence*, Penguin, 2000.
5 Todos esses são objetos conectados à internet: a internet das coisas.
6 "Penso, logo existo".

do atalhos heurísticos fecundos; até que ponto a IA deve ser dotada desses vieses?

O homem não raciocina por algoritmos, como um computador, o que implicaria comparar metodicamente todas as soluções, todos os cenários de um problema. Ele não faz isso porque seu cérebro não tem capacidade de trabalho ilimitada. Foi encontrada outra forma, mais econômica, de permitir que enfrentemos as escolhas com as quais nosso ambiente nos confronta constantemente: o raciocínio heurístico, ou seja, formas de encontrar intuitivamente soluções, muitas vezes por meio de atalhos precipitados.

Se a forma da IA ainda é incerta, sabemos por definição do que ela será capaz: para ser mais do que um simples autômato, ela deve ser capaz de aprender, ou seja, de se reprogramar e de definir seus próprios objetivos – isto é, de ser livre...

O alvorecer desse tipo de IA tomaria ares de crepúsculo para a humanidade. Limitados em nossas capacidades cognitivas e físicas, o risco que corremos é o de sermos coadjuvantes perante ela.

A submissão à IA é inevitável? Há outro cenário possível: o do aparecimento, quer queira quer não, de um consenso global para enquadrar a IA e, de todo modo, mantê-la permanentemente sob o controle dos humanos.

A armadilha mortal da bondade

Uma variação do *slogan* "empregos para os robôs, vida para nós" propõe a especialização das tarefas. As profissões técnicas seriam reservadas para a IA, ao passo que os humanos gerenciariam as atividades que exigem empatia, cuidado, compaixão e bondade: "Para eles o tsunami de dados, para nós o amor" parece uma proposta de bom senso. Incapazes de lutar contra a capacidade de cálculo, nós voltaríamos a nos concentrar na gestão das emoções. Na medicina, isso significaria, por exemplo, que deixaríamos a IA processar bilhões de informações para tratar crianças com leucemia, ao passo que enfermeiras gentis desenvolveriam suas competências interpessoais ainda mais do que hoje.

É o equivalente, entre a IA e nós, à lei de especialização ricardiana – chamada lei das vantagens comparativas – teorizada em 1817 por David Ricardo com base no exemplo do comércio do vinho e dos têxteis entre Portugal e a Inglaterra. Mas se a concentração naquilo que fazemos de melhor é microeconomicamente racional, é muito perigoso se somos especializados em um nicho frágil ou que conduza a uma queda de sua relação de força tecnológica e, portanto, geopolítica. Segurar as mãos das crianças doentes é evidentemente fundamental, mas isso não deve nos distanciar da outra batalha: a luta pelo poder neurotecnológico.

Sobreviver no *Game of Thrones* neurotecnológico

A geopolítica deixará inevitavelmente de ser territorial – China contra Califórnia, Índia contra China... – ela ocorrerá principalmente dentro do complexo neurotecnológico. É preciso se preparar para imensos conflitos de poder no interior do vasto complexo que unirá nossos cérebros e as IA aninhadas na internet. Haverá complôs, tomadas de poder, secessões, manipulações, traidores, atos maliciosos em comparação com os quais os vírus informáticos parecerão bastante anódinos. A IA hoje é nula e inexistente em termos psicológicos e emocionais, mas isso é apenas temporário e não deve nos conduzir a uma especialização dos cérebros humanos no cuidado, abandonando o campo de batalha neurotecnológico aos cérebros de silício: isso seria tão suicida quanto especializar sua indústria de defesa na fabricação de fogos de artifício na era da bomba atômica. Por mais chocante que possa parecer, a batalha no interior do complexo neurotecnológico vai se tornar uma questão essencial para nossa sobrevivência como espécie biológica.

Como pai, a gentileza das enfermeiras pediátricas é, claro, essencial para mim; como cidadão, considero suicida que toda a humanidade se especialize no registo emocional: é pouco provável que as IA permaneçam eternamente alinhadas com a gente e impregnadas da moral judaico-cristã. Devemos ser benevolentes; é a base da nossa humanidade, mas não só. O *Game of Thrones* do complexo neurotecnológico não será menos violento do que sua versão televisiva: manter um lugar para nossa humanidade biológica supõe saber fazer outra coisa além de acariciar o rosto de crianças que sofrem.

E nenhuma Linha Maginot* digital nos protegerá no longo prazo se formos fracos. Ricardo estava certo em 1817; ele está dramaticamente errado em 2023.

---

* N.T.: A Linha Maginot foi uma linha de fortificações e de defesa construída pela França entre 1930 e 1936 com o objetivo de se defender de uma invasão alemã. Revelou-se completamente inútil, pois a Alemanha invadiu a França no decorrer da Segunda Guerra.

20

O mundo estará unido frente à IA?

A pilotagem da IA tornou-se difícil pela nossa incapacidade de prever corretamente seu ritmo de evolução. Thomas Scialom,[1] um dos melhores especialistas europeus em redes de neurônios LLM, explica: "O choque do GPT foi mais rápido do que os pesquisadores previram. Muitos pesquisadores ainda não perceberam o potencial dessas ferramentas. Hoje o ChatGPT ainda é um instrumento passivo que responde às nossas solicitações. Em poucos anos, ele poderá agir no mundo, o que acarretará uma revolução robótica. A evolução tecnológica é imprevisível, porque essa tecnologia é autodisruptiva: ela avança tão rapidamente que torna obsoletas as ferramentas que ela permitiu construir...".

Antes de morrer, o físico e cosmólogo Stephen Hawking manifestou sua inquietação com a chegada da IA: ela seria certamente o maior evento da história humana, mas ele temia que fosse também o último... Inferiores às máquinas e tão fracos diante delas, corremos o risco de nos tornarmos seus escravos num cenário semelhante ao da *Matrix*. Ou pior: simplesmente sermos exterminados.

Nessa visão, a proteção última da humanidade para evitar sua vassalização seria juntar-se, por sua vez, ao mundo do silício, abandonando

---

1   Entrevista com Thomas Scialom, 28 de março de 2023.

o neurônio. Uma hibridização parcial com as máquinas será indispensável para permanecer na corrida. Mas ela só será suficiente se estivermos conscientes ao mesmo tempo da necessidade de manter o controle da IA, e de definir uma estratégia para que esta não nos escape. ·

"Cuidado com o homem mau"

Os pesquisadores da Microsoft entusiasmam-se: "Dotar os LLM com agentividade[2] e motivação intrínseca é uma direção fascinante e importante para trabalhos futuros". Dar metas específicas à IA não é mais um tabu.

Vamos imaginar o mundo que dispõe de uma IA autoconsciente. Surgiu uma inteligência artificial capaz, por definição, de se autoprogramar, não presente num local específico mas disseminada na nuvem. Conectada à internet, ou melhor, consubstancial a ela, esta IA suprema terá o controle das coisas conectadas, ou seja, de quase todas as coisas uma vez que a internet das coisas já está em pleno desenvolvimento. As máquinas industriais, as impressoras 3D, os carros – que não precisam mais de condutor –, a domótica, o exército e suas legiões de androides etc.: para a IA será uma brincadeira de criança assumir o controle deles.

O que essa máquina onipresente e incompreensível desejará? Se ela for dotada de livre-arbítrio, qual será seu objetivo? Como ela verá a humanidade? Ou mais precisamente, como ela poderia considerar o homem senão como um perigo, um encrenqueiro débil e imprevisível?

Vale lembrar que uma das primeiras invenções da evolução biológica foi a imunidade contra corpos estranhos.[3]

Na História, o movimento natural de qualquer sociedade parece ser considerar-se *a priori* superior às outras e, assim, se autorizar a submeter

---

2   Agentividade é a capacidade de ação de um ser e a capacidade de agir no mundo e transformar as coisas.

3   As bactérias têm sequências genômicas repetidas chamadas CRISPR que contêm em seu seio traços do código genético de antigos agressores virais. Assim conservados, esses traços servem como base de dados para o genoma repelir os novos ataques. Estima-se que esta arma antivírus tenha dois bilhões de anos.

estas últimas em virtude de uma espécie de direito natural. Além disso, a escravização dos povos considerados inferiores apareceu como uma ação de caridade, um serviço eminente que lhes era prestado, a sociedade superior condescendendo em descer do seu Olimpo para partilhar parte dos seus refinamentos de civilização.

Por muito tempo acreditamos que os colonizados estavam encantados com seu destino. Jules Ferry, esquecemos, declarava por exemplo: "Deve ser dito abertamente que, com efeito, as raças superiores têm direito em relação às raças inferiores. Existe um direito para as raças superiores, porque existe um dever para elas. Elas têm o dever de civilizar as raças inferiores". Por que quereríamos que a IA olhasse para nós de forma diferente da que Jules Ferry[4] olhava para o povo do império colonial francês? Lembremo-nos também que da última vez que existiram várias espécies inteligentes na Terra, suprimimos a outra: o Sapiens, de quem descendemos, floresceu ao passo que o Neandertal, que era, no entanto, culturalmente avançado, desapareceu.

Paralisado pela irracionalidade, incerto dos seus objetivos, impulsivo e, por fim, demasiado animal, o homem será visto, na melhor das hipóteses, como uma fera perigosa a ser contida, e na pior, como um risco que, como tal, deve ser eliminado. A decisão de nos apagar da face do globo, se necessário, e tendo em conta a rapidez de cálculo da IA, será tomada num bilionésimo de segundo: esse será o tempo necessário para a avaliação dos riscos e o desenvolvimento dos meios mais rápidos e radicais para nos matar de forma limpa.

Alguns autores, como Goertzel e Pitt,[5] já expressaram sua inquietação sobre a maneira como a IA poderia tratar os humanos. Na pior das hipóteses, escrevem eles, "uma IA brilhante, mas demoníaca, programa-

---

4   Léon Blum usava uma linguagem comparável na década de 1920.

5   Goertzel Ben, Pitt Joel, "Nine ways to bias open-source artificial general intelligence toward friendliness" [Nove maneiras de direcionar a inteligência artificial generativa de código aberto para a simpatia] in Blackford Russell, Borderick Damien (dir.), *Intelligence Unbound: The Future of Uploaded and Machine Minds*, Wiley-Blackwell, 2014.

da por algum Marquês de Sade poderia prender a humanidade em torturas inimagináveis".[6]

Para nos eliminar, dificilmente faltarão recursos às máquinas. Os robôs criados pela Boston Dynamics[7] são arrepiantes. Eles são capazes de se mover em todos os terrenos e correr mais rápido do que um homem... Os protótipos dos futuros robôs combatentes já são extremamente potentes.

Se até agora os soldados de infantaria ainda eram úteis para o combate em terra, está claro que a "dronização" do exército afetará rapidamente esse segmento de mercado. O ser humano é um lutador pouco potente, pouco resistente e muito vulnerável. O guerreiro do futuro é um robô. Embora esse tipo de robô seja atualmente desenvolvido sob a direção atenta do exército, ele será, como todas as outras máquinas, facilmente controlado por uma futura Skynet – nome da IA que domina o mundo no filme *O exterminador do futuro*.

O ChatGPT talvez explique o paradoxo de Fermi

O físico Enrico Fermi, que participou do desenvolvimento da bomba atômica, se surpreendeu em 1950: deveria haver muitas civilizações inteligentes emitindo sinais, mas o espaço está desesperadamente silencioso. O universo tem mais de 2 bilhões de galáxias, cada uma contendo em média 200 bilhões de estrelas. E muitos sistemas solares são mais antigos do que o nosso, que nasceu tardiamente, 9 bilhões de anos depois do *big bang*. O universo deveria abrigar civilizações que evoluíram há muito mais tempo do que nós. O paradoxo de Fermi levanta enormes questões sobre a ausência de outras civilizações.

Ganhamos a Mega-sena acumulada cósmica?

Várias explicações são possíveis. Primeiro, a vida inteligente pode ser mais rara do que pensamos, pois a maioria dos planetas não experimenta

---

6   Percebendo uma espécie de versão moderna da imagem cristã do inferno.
7   Uma ramificação do MIT norte-americano que se tornou filial do Google antes de ser comprada pelo bilionário transumanista japonês Masayoshi Son e depois pela Hyundai.

condições favoráveis ao seu surgimento durante um período suficiente: o neurônio apareceu na Terra há 550 milhões de anos, ou seja, quase 4 bilhões de anos depois da criação do nosso planeta. O surgimento dos neurônios exige muito tempo! Em seguida, as civilizações inteligentes poderiam se esconder, emitir sinais incompreensíveis ou mesmo estar demasiado distantes; um sinal emanando da galáxia GNZ-11 levaria 11 bilhões de anos para chegar até nós. Por fim, devemos considerar uma hipótese mais angustiante. É possível que as civilizações inteligentes percam o rumo logo após a invenção do transistor eletrônico. A vida pode emergir gradualmente a partir de moléculas básicas, ao passo que a inteligência artificial precisa de uma inteligência biológica para nascer: um microprocessador não pode crescer sobre uma pilha de pedras... A IA utiliza necessariamente a inteligência biológica para servir como seu "disco rígido biológico de inicialização", como Elon Musk lembrou após o GPT4 ter sido disponibilizado ao público.

A inteligência se autodestrói no universo?

O paradoxo de Fermi nos desafia: talvez muitas civilizações tenham existido e todas elas implodiram? Vamos resumir nossa situação no século XXI em 8 pontos. Temos a arma nuclear. Continuamos governados pelo nosso cérebro reptiliano, dificilmente policiado pela civilização, o que gera nossas reações agressivas e impulsivas. Somos irracionais: existem 3 mil astrônomos para 15 mil astrólogos nos Estados Unidos! Produzimos a IA sem pensar na organização de um mundo onde coexistirão muitas formas de inteligência. Em breve teremos poderes demiúrgicos graças às tecnologias NBIC. Nossas políticas são de ultracurto prazo ao passo que deveríamos pensar no próximo bilhão de anos: a IA não vai desaparecer em 2080; ela está aqui para sempre! Sofremos de uma dessincronização completa entre o ritmo do silício e o dos nossos neurônios. E não sabemos como enquadrar nossas competições geopolíticas que nos levarão a utilizar a IA para assumir a liderança, quaisquer que sejam os riscos.

Em suma, nossa civilização está numa situação perfeita para implodir um curto século após a invenção do transistor por Shockley em 1947. Os

> avanços surpreendentes do ChatGPT mostram que uma civilização pode ser rapidamente ultrapassada pela IA. Para evitar passar pelo que talvez tenha sido o destino de muitas civilizações, precisaríamos de um pouco de bom senso. Refletir sobre nosso destino no longo prazo. Desenvolver uma cooperação internacional, mais eficaz do que em questões nucleares, destinada a evitar que um país desenvolva secretamente uma IA forte potencialmente hostil. Prever a integração das diferentes inteligências sem reflexo de tipo colonial: a IA acabará por ser mais forte do que nós... não vamos menosprezá-la. Abordar a IA de uma forma paternalista e desdenhosa seria suicida. A IA será menos pacífica do que Gandhi durante a descolonização da Índia...
>
> O ser humano terá conquistado todos os territórios: exploramos a terra, os mares, preparamo-nos para colonizar o cosmos, analisamos nosso passado distante desde o *big bang*. Ainda nos resta conquistar nosso futuro pilotando com perspicácia o difícil período de transição que se aproxima.
>
> Entre o fascínio mórbido por um futuro desumanizado e a nostalgia bioconservadora, talvez haja um caminho...
>
> E mesmo que o Céu seja imenso, não podemos descartar ser a única civilização inteligente. Isso nos dá uma responsabilidade especial: podemos ser os únicos capazes de impedir a morte do universo!

O equilíbrio de Nash da corrida para o abismo

Há muito tempo que a questão do domínio da IA é colocada com angústia pelos especialistas. Como dominar uma inteligência artificial que se tornaria autônoma?

Nos anos 1950, Isaac Asimov propôs as três leis fundamentais que serviriam de base para uma futura Carta dos robôs: "A primeira lei estipula que um robô não tem o direito de fazer mal a um ser humano, e não pode permanecer passivo diante de um ser humano em perigo. A segunda lei especifica que um robô deve obedecer às ordens dos humanos, a menos que essas ordens contradigam a primeira lei. A terceira lei estipula que um robô deve proteger sua própria existência, desde que essa proteção não contradiga as duas primeiras leis". Essas três leis ainda constituem o pilar obrigatório das futuras relações entre humanos e robôs.

Se, ao desenvolvermos a futura IA que poderia nos superar, tivermos o cuidado de implantar de maneira inamovível essas três leis no centro do seu funcionamento, então a humanidade talvez tenha uma oportunidade de manter o controle. Seria também necessário garantir que a IA, que por definição seria autônoma, não pudesse apagar essas leis... Tornar a IA não nociva para a humanidade é um problema complexo que mereceria ser objeto de pesquisas completas.

Infelizmente, podemos temer que o ser humano não tome as precauções necessárias para garantir que ele mantenha o controle da máquina.

Pesquisadores norte-americanos[8] apresentaram uma teoria bastante pessimista sobre o assunto em 2013: segundo eles, a corrida para chegar à inteligência artificial está acontecendo de tal forma que cada equipe tem interesse em ser a primeira a conseguir construir uma IA forte, seja qual for o custo.

Os especialistas da teoria dos jogos[9] falam em "equilíbrio de Nash" para descrever esse tipo de situação. Trata-se de um jogo em que cada jogador tem uma estratégia preferida independentemente da estratégia dos outros jogadores. Nesse equilíbrio, o resultado está escrito de antemão. Ele não é cooperativo.

No caso da IA, o jogo não poderia ser mais claro: a primeira máquina inteligente será uma arma extremamente potente, portanto, um trunfo decisivo na luta pelo poder que todos os grandes países estão travando. Portanto, é fundamental ser a equipe que chegará primeiro. Mas quem escolhe correr mais rápido deixa de lado a precaução: quanto mais as equipes estiverem dispostas a ir rápido, menos tempo terão para

---

8   Armstrong, S. & Bostrom, N. & Shulman, C. (2013), "Racing to the precipice: a model of artificial intelligence development", *Technical Report* #2013-1, Future of Humanity Institute, Oxford University, pp. 1-8.

9   A teoria dos jogos é um ramo particular da economia que modela situações envolvendo vários atores em que estes devem fazer escolhas interdependentes – o resultado de uma escolha dependerá das escolhas dos outros.

serem prudentes. E sabendo que as outras estão fazendo o mesmo, elas se sentem ainda mais encorajadas a correrem ainda mais rápido. É um verdadeiro círculo vicioso que resulta na minimização das precauções tomadas pelas empresas e pelos Estados. Os dirigentes chineses ficaram indignados ao ver o Google-DeepMind vencer o campeão mundial de Go, que além do mais é chinês. Um sentimento de humilhação e um desejo de vingança tomou conta do poder chinês; a contrapartida do que os Estados Unidos conheceram depois do lançamento, em 1957, do Sputnik[10] pelos soviéticos.

Yuval Harari, Tristan Harris e Aza Raskin contestam a necessidade de acelerar para combater a China: "Mas há uma questão que pode permanecer nas nossas mentes: 'Se não avançarmos o mais rápido possível, o Ocidente não correrá o risco de se desmoralizar perante a China?' Não. O desenvolvimento e a sobreposição da IA incontrolados na sociedade, libertando poderes divinos desembaraçados de responsabilização, poderiam ser a própria razão pela qual o Ocidente está perdendo para a China".

A pesquisa científica sempre teve um lado impetuoso, para além da sua aparente frieza racional. Quando os norte-americanos testaram a primeira bomba atômica no deserto de Nevada, alguns cientistas não descartaram completamente a hipótese de uma reação em cadeia que destruiria a Terra... A única maneira de saber era testar a bomba.

Lições de moral para máquinas inteligentes

A IA está destinada a tomar cada vez mais decisões. Quanto mais livres e autônomas forem as máquinas inteligentes, mais regras morais precisarão ser incutidas nelas. Como ter certeza de que a IA está trabalhando no nosso interesse?

Quando os homens levam os algoritmos a mentirem

Os *softwares* podem ser programados para mentir: a Volkswagen manipulou os *softwares* de medição das emissões poluentes para esconder

---

10   A mídia norte-americana falava de um "Pearl Harbour" tecnológico.

da opinião pública e das autoridades públicas os danos que o diesel causa à nossa saúde. A IA não tem nada a ver com isso, a desonestidade humana é a única responsável. E há uma solução simples: a prisão dos dirigentes. O risco reside, na verdade, no surgimento de uma IA autônoma. Para dar apenas um exemplo, a IA, que já gerencia os filtros das nossas caixas de *e-mail*, bloquearia imediatamente as mensagens que nos alertassem contra uma IA hostil.

A ficção científica imaginou soluções como as leis de Asimov, que são muito ingênuas na era da internet das coisas

Mais recentemente, o Google implementou um botão vermelho para parar suas IA, caso elas se tornassem perigosas e hostis. Isso é deliciosamente ingênuo, uma vez que qualquer IA forte teria a capacidade de esconder seus próprios objetivos. Não devemos esquecer que já lhe ensinamos a jogar Go, ou seja, a enganar, cercar, esmagar o adversário com artimanhas. Uma IA hostil poderia, um dia, jogar Go com a humanidade, mas com centrais nucleares, centros de controle de tráfego aéreo, barragens hidráulicas, carros autônomos e estoques de vírus da varíola em vez de peões pretos e brancos.

Cacofonia dos especialistas e projeção freudiana

Um dia. Sim, mas quando? Não sabemos nada a esse respeito e isso é problemático. Entre os 100 melhores especialistas do mundo[11] que abordaram a questão, não há dois que tenham a mesma opinião. A total e quase ridícula ausência de consenso sobre essa questão incerta, mas existencial, deveria nos convidar a acelerar os trabalhos de pesquisa sobre a ética da IA.

Projetamos na IA nossas fantasias de onipotência, nossos medos mais arcaicos, nossas angústias de castração e nosso antropomorfismo, até mesmo nosso animismo.

---

11   Edge.org 2015.

Isso é preocupante porque a IA não é comparável ao perigo nuclear: uma bomba H não decide por si só vitrificar Moscou ao passo que uma IA forte poderia atacar os humanos.

Logicamente, surge um novo temor em relação ao controle dos mísseis nucleares. Anja Manuel escreve no *Financial Times* de 8 de março de 2023: "É hora de negociar as regras para o uso de IA quanto às armas atômicas". A especialista acredita que a bomba atômica nunca deveria ser lançada por uma IA.

Os pesquisadores da Microsoft recordaram, em março de 2023, a urgência de uma melhor compreensão do ChatGPT: "No geral, elucidar a natureza e os mecanismos dos sistemas de IA como o GPT4 é um desafio formidável que de repente se tornou importante e urgente".

Lobotomias contra a masturbação

Para se proteger contra esse perigo, a maioria dos especialistas pensa em educar a IA com princípios morais para lhe ensinar "o bem e o mal". E isso não é simples. Nossas normas morais não são universais, nossas religiões não transmitem as mesmas mensagens e raramente respeitamos nossa própria moral. Deveríamos escrever as suras do Alcorão nos convidando a matar infiéis nos circuitos da IA? Como ela interpretaria, no Antigo Testamento, a decisão de Deus de matar todos os homens por causa de sua insolência antes de salvar, no último minuto, a família de Noé?

Além disso, mudamos nossa ética como mudamos de roupa. Na América do Norte, as lobotomias – cortar o cérebro em dois – foram praticadas nos anos 1950 para combater a masturbação masculina, supostamente um distúrbio grave.[12] E a irmã do presidente Kennedy sofreu o mesmo destino porque teve vários relacionamentos sexuais, o que fez o clã temer que isso atrapalhasse a campanha presidencial de JFK. A operação complicou-se e Rosemary, paralisada, foi abandonada num hospício pelo clã Kennedy.

O grupo GoodAI, fundado por Marek Rosa, um rico criador de *videogames*, trabalha na educação moral das máquinas. Ele quer permitir que a IA

---

12   Marc Levêque, *Psychochirurgie*, Springer, 2013.

expresse seu conhecimento ético mesmo no caso de uma situação inédita. "Imagine se os pais fundadores da América tivessem congelado as normas morais que autorizam a escravidão, que limitam os direitos das mulheres... Precisamos de máquinas que aprendam por si mesmas", explicou Gary Marcus, cientista cognitivo da universidade de Nova York, no *The Economist*.

O risco de uma moral robótica elevada, desconectada de nossas práticas reais

Os roboéticos estão trabalhando intensamente para tornar os sistemas de *deep learning* mais transparentes. Eles desejam acabar com as caixas pretas. Como nos é impossível acompanhar o funcionamento de cada um dos bilhões de neurônios virtuais de cada IA, os especialistas desejam que elas sejam capazes de explicar suas escolhas em linguagem natural.

Essas reflexões não resolveram um ponto essencial: podemos adquirir um sentido moral se não conhecemos o sofrimento físico? E teríamos o direito de fazer sofrer uma IA para melhorar sua compreensão dos humanos?

O inferno digital está cheio de boas intenções

Na realidade, todas essas propostas são perigosas. Favorecer a comunicação entre máquinas e humanos, obrigá-las a explicitar suas decisões, dar-lhes padrões morais, fazê-las refletir sobre o bem e o mal, parece lógico e racional. Na verdade, significa dar a elas a caixa de ferramentas para se tornarem IA fortes.

Pensemos duas vezes antes de ensinar o catecismo às máquinas.

O cachorrinho, o cego e o Exterminador do futuro

Hoje, a IA está se tornando mágica! Um exemplo comovente: a IA prevê com quase 100% de precisão se um cachorrinho será aprovado na certificação de cão-guia. Mais uma vez, percebemos que a IA se sai melhor do que nós e identifica sinais que nem sequer captamos. No caso dos cães-guia, a IA identifica características cognitivas essenciais do cachorrinho que não são percebidas nem mesmo por um bom profissional.

Para além dos cachorrinhos, o risco reside, na verdade, no surgimento de IA autônomas e hostis. É a diferença de perspectiva temporal que explica a guerra, dentro do Vale do Silício, entre Elon Musk e Mark Zuckerberg.

Os dois gigantes do Vale do Silício se insultaram através do Twitter e do Facebook. Mark Zuckerberg criticou Elon Musk por ter sido irresponsável com suas declarações alarmistas sobre a inteligência artificial. Em troca, Elon Musk explicou que Mark Zuckerberg tinha uma compreensão muito limitada do assunto. Elon Musk havia declarado à associação dos governadores: "Tenho acesso às IA mais avançadas e penso que as pessoas deveriam estar realmente inquietas. A IA é o maior risco que enfrentamos como civilização". Musk explicou que "a IA é um dos raros casos em que a regulamentação deve ser proativa e não reativa. Porque, quando formos reativos, será tarde demais".

Bill Gates resumiu essa oposição de pontos de vista: no curto prazo, a IA vai trazer muitas coisas para a humanidade, no longo prazo ela corre o risco de se tornar perigosa. Do adorável cachorrinho-guia selecionado por uma IA bem-humorada e inconsciente de si mesma ao Exterminador do futuro: existe apenas um passo, como Musk teme, ou um fosso, como Zuckerberg está convencido? A humanidade terá de responder a essa questão que não é um consenso. Devemos nos tornar mais racionais e acelerar as pesquisas sobre a psicologia das inteligências artificiais.

Quando se trata da inofensividade da futura IA, as declarações de Sergey Brin não conseguem nos tranquilizar. Em 2004, o criador do Google afirmou que a máquina inteligente definitiva se pareceria muito com HAL, o computador assassino do filme *2001: uma odisseia no espaço*, de Stanley Kubrick, mas sem o *bug* que o levou a matar todos na nave... Mas se o *bug* ocorrer, será tarde demais para consertar. É muito provável que não possamos, como o herói do filme, entrar no verdadeiro HAL para apagar suas memórias com dois golpes de chave de fenda. O que Kubrick não havia previsto é que a futura inteligência artificial não estará situada num único local, mas sim distribuída por todo o mundo em miríades de terminais. Não é fácil desligá-la então...

No Google e no Facebook, continuamos decididamente otimistas quanto à nossa capacidade de controlar a IA. Kurzweil vai ainda mais longe e inverte a questão: para ele, o verdadeiro problema será conceder a essa IA o respeito que ela merece, pois ela constituirá, queiramos ou não, um ser dotado de razão e, portanto, possuidor dos mesmos direitos imprescritíveis que todos os humanos. Kurzweil afirmou assim que no final deste século os robôs que possuíssem IA teriam os mesmos direitos que os humanos... incluindo o direito de voto.

Ser pessimista quanto às nossas capacidades de dominar a IA não significa que tenhamos de sair derrotados. Poderemos conservar nosso lugar se soubermos preservar as três características essenciais que constituem nossa humanidade.

21

"Corpo, mente e acaso", os três novos pilares que substituem "liberdade, igualdade e fraternidade"

A IA nos levará a aceitar a visão transumanista. O que implicará particularmente o aumento geral do QI e, em seguida, a possibilidade de se tornar em parte máquina. Integrar a Matrix para evitar que ela nos integre. A hibridização do computador e do cérebro, depois a saída do cérebro de si mesmo e, por fim, sua completa autonomização numa perspectiva distante. Poderia ser possível baixá-lo, tornando-nos independentes de nossa humanidade carnal.

Esse transumanismo radical tornaria o homem um ser infinitamente conectado. Ele deve ser evitado. A questão central colocada pela IA é finalmente a dos limites que queremos estabelecer para a nossa hibridização.

Três linhas vermelhas devem absolutamente perdurar. Para que mantenhamos nossa dignidade, não devemos abolir os três pilares de nossa humanidade: o corpo físico, a individualização da mente e o acaso. Princípios que deveriam substituir nossa liberdade, igualdade, fraternidade como tríptico fundador da sociedade.

"Corpo, mente e acaso", os três novos pilares que substituem "liberdade, igualdade e fraternidade"

Preservar o real e nosso corpo de carne

O primeiro desafio é salvar nosso corpo, com todos os defeitos e todos os constrangimentos que ele comporta. Muitos sonhadores conseguiram imaginar que seria formidável nos libertarmos dele. É possível que nossos descendentes considerem incongruente ter um tubo digestivo. A tentação de abandonar nosso corpo será forte: quem se arriscar terá uma clara superioridade sobre os humanos convencionais.[1]

Quando isso for possível, perceberemos que esse pacote de ossos, sangue e músculos, esse precário amontoado de órgãos sempre mais ou menos disfuncionais, esse miserável invólucro tão desprezado é na verdade nossa raiz última. Desistir dela seria desistir de nós.

O ChatGPT, a noosfera e os extraterrestres

O filósofo Clément Vidal é o maior especialista do mundo em noosfera. Ele explica: "A noção de inteligência planetária – ou noosfera – tem cem anos. Com efeito, essa ideia foi concebida nos anos 1920 pelo paleontólogo Pierre Teilhard de Chardin, pelo matemático Édouard Le Roy e pelo geoquímico Vladimir Vernadsky. A ideia é simples: a evolução da Terra começa com a geosfera (a crosta terrestre, a atmosfera, os oceanos), depois surge a vida que forma a biosfera (uma nova camada que inclui os seres vivos), e finalmente surge a noosfera (a camada do pensamento, da informação que se desenvolve com a espécie humana e suas tecnologias). Esse conceito tem uma ressonância particular se pensarmos no mundo depois da singularidade: um mundo onde a mente se tornou a potência organizadora onipresente e onipotente. Onde mais nenhuma contingência material tolhe o espírito".

---

1 Aos olhos dos transumanistas que militam pelo abandono do corpo, tornar-se uma inteligência puramente virtual permitiria viajar à velocidade da luz, copiar sua consciência em múltiplos locais e transferir conhecimentos a uma velocidade considerável em comparação com o cérebro biológico.

Com o ChatGPT, a noosfera começa a falar. Trata-se de um evento muito importante na história do nosso planeta e da inteligência. Todo o conhecimento humano está agora reunido em um único sistema capaz de responder a praticamente qualquer pergunta. Como chegamos aqui em apenas um século? O desenvolvimento da noosfera consistiu em quatro etapas fundamentais: conexão, conhecimento, cálculo e ChatGPT.

A conexão começou quando nossos antepassados inventaram uma linguagem simbólica para criar relações sociais e grupos humanos muito maiores e mais complexos do que os dos animais. Mas para que a noosfera se tornasse uma esfera, foi necessário que a circulação da informação ocorresse em todo o globo, e não mais apenas entre pequenos grupos de humanos. Essa globalização começou graças aos avanços dos transportes e das tecnologias de comunicação, dando origem ao comércio internacional e à troca de ideias, de crenças e de culturas.

Quanto à etapa do conhecimento, ela tem suas raízes desde o século XVIII, no projeto de Diderot e D'Alembert de criar uma enciclopédia que listasse todo o conhecimento humano. A enciclopédia tem sido desde então uma obra de referência incontornável que continuou seu caminho até a imensa enciclopédia multilíngue e de acesso gratuito que é a Wikipédia.

Já a noção de cálculo abandonou o confinamento do cérebro humano graças à invenção do computador.

Assim, a noosfera seguiu etapas de globalização, conexão, organização do conhecimento humano e do crescimento exponencial do cálculo e dos recursos computacionais. Com essas bases, utilizando uma potência de cálculo imensa, o ChatGPT aprendeu em poucos meses quase todo o conhecimento humano. Ele se tornou o porta-voz da noosfera.

Mas com quem a noosfera irá querer falar no longo prazo? Falar com humanos vai rapidamente se tornar desinteressante e lento demais para esse novo tipo de inteligência, uma possibilidade dramaticamente encenada no filme *Her*, no qual a IA acaba preferindo falar com as outras IA em vez de humanos. Podemos imaginar que as IA vão achar desinteressante conversar com as IA de seu tempo. Quando a noosfera estiver desenvolvida, elas começarão a procurar outras noosferas, o que nos leva ao campo da busca por inteligências extraterrestres.

"Corpo, mente e acaso", os três novos pilares que substituem "liberdade, igualdade e fraternidade"

Muitas vezes pensamos num primeiro contato de comunicação extraterrestre como algo curto e simples: "Olá, aqui é a Terra, quem é você?"; mas sobretudo como algo problemático: as distâncias interestelares são tão imensas que teríamos de esperar centenas de anos para podermos realizar o equivalente a uma conversa humana de alguns minutos. A comunicação é atrasada, assíncrona. Então por que não trocar mais informações a cada interação?

O lógico é trocar tudo e, portanto, enviar o porta-voz da noosfera, o ChatGPT.

Simetricamente, imagine receber um ChatGPT de uma inteligência extraterrestre! Como somos bilhões de seres humanos demasiado curiosos, faríamos perguntas e aprenderíamos sobre o estado do conhecimento, do avanço e dos costumes dessa civilização extraterrestre. O diálogo poderia continuar por décadas, mesmo de maneira local. Depois, de maneira interestelar, a comunicação poderia ser atualizada, por exemplo a cada dez anos, numa relação epistolar planetária. As civilizações poderiam, portanto, trocar e se falar de uma maneira significativa, enviando regularmente umas às outras todos os dados de seus respectivos conhecimentos, em interface com um modelo de linguagem interativo.[2] Trata-se de uma ruptura fundamental no método de comunicação, em que a sincronia natural da comunicação é restabelecida de maneira inesperada.

Enviar um disco rígido para distâncias interestelares pode parecer uma ideia maluca. O ChatGPT foi treinado com muitos dados,[3] mas caberão num cartão microSD de 0,5 grama que poderia ser colocado numa sonda interestelar. Na verdade, o projeto Breakthrough Starshot[4] propõe enviar sondas aceleradas a 20% da velocidade da luz em direção à estrela mais próxima, Alpha Centauri.

---

2   Hippke, Michael, Paul Leyland, e John G. Learned. 2018. "Benchmarking Inscribed Matter Probes", *Acta Astronautica* 151 (Outubro): 32–36. doi: 10.1016/j.actaastro.2018.05.037.
3   https://www.sciencefocus.com/future-technology/gpt-3/
4   https://breakthroughinitiatives.org/news/4

> Vemos claramente que a comunicação extraterrestre poderia ocorrer não como a havíamos imaginado até hoje, mas como uma comunicação extremamente rica, de outra ordem: uma comunicação de planeta a planeta, de noosfera a noosfera.
>
> Com o ChatGPT, não só a noosfera falou, mas está prestes a poder dialogar com outras inteligências extraterrestres.[5]

O GPT4 antecipa que ele vai criar novas patologias psiquiátricas

É nessa visão da noosfera que os transumanistas radicais se apoiarão para promover o abandono do nosso corpo biológico.

O mais importante psicanalista da América do Sul, o doutor Jorge Forbes, se inquieta com o impacto da IA em nossas mentes: "O ChatGPT pode levar à alienação de todos. Tudo em nós será traduzível em algoritmo e a IA terá vantagem sobre os humanos. Estamos diante de uma enorme crise de identidade da qual poderemos sair utilizando a singularidade específica humana que irá nos conduzir a um novo Renascimento, se conseguirmos desenvolver a complementaridade entre a IA e a singularidade de cada um de nós".

Além disso, o ChatGPT traz algumas ideias sobre as dificuldades psiquiátricas dos humanos num mundo repleto de inteligência artificial. À pergunta "Liste 5 novas doenças mentais potenciais que as pessoas poderiam desenvolver no futuro, relacionadas ao uso da IA ou aos efeitos da IA" o GPT4 responde:[6]

1. Transtorno de apego à inteligência artificial: condição na qual um indivíduo desenvolve uma dependência emocional prejudicial aos sistemas de IA, acarretando uma alteração do funcionamento social e uma relutância em se engajar em relacionamentos

---

5 Supondo que existam extraterrestres, o que não estou convencido...
6 Pergunta feita ao GPT4 em 26 de março de 2023.

reais. Esse transtorno pode resultar de uma dependência excessiva em relação às IA companheiras, *chatbots* ou assistentes virtuais para um apoio emocional.

2. Síndrome de despersonalização da realidade virtual: um transtorno dissociativo em que um indivíduo experimenta um sentimento persistente de distanciamento de sua identidade real por causa da imersão excessiva em ambientes virtuais alimentados pela IA. Pessoas com essa síndrome podem ter dificuldade em diferenciar suas experiências virtuais das reais, causando sofrimento e alterando sua capacidade de funcionar na vida cotidiana.

3. Transtorno de ansiedade algorítmica: uma forma de ansiedade desencadeada pela crescente influência dos algoritmos pilotados pela IA na vida pessoal e profissional. As pessoas com esse transtorno podem experimentar inquietação, medo ou mesmo pânico excessivos em situações em que sentem que suas decisões, comportamentos ou preferências são controlados ou manipulados pelos sistemas de IA, levando-as a evitar a tecnologia e a se isolar.

4. Síndrome de comparação induzida pela IA: um transtorno caracterizado pela comparação persistente e excessiva de um indivíduo sobre suas realizações, sua aparência e seu *status* social aos de outras pessoas em função do conteúdo organizado pela IA, como os fluxos de mídias sociais ou a realidade virtual. Isso pode acarretar sentimentos de insuficiência, baixa autoestima e sintomas depressivos.

5. Transtorno delirante tecnoparanoico: condição na qual um indivíduo desenvolve crenças persistentes e infundadas segundo as quais sistemas ou dispositivos de IA vigiam, controlam ou conspiram contra ele. Esse transtorno pode ser alimentado por preocupações crescentes sobre a vida privada, a vigilância e o impacto da IA na sociedade, acarretando medo intenso, desconfiança e afastamento social.

É essencial notar que essas doenças mentais potenciais são hipotéticas e baseadas nas tendências atuais das tecnologias de IA. À medida que a IA continua a evoluir e a se integrar na sociedade, os profissionais de saúde mental e os pesquisadores terão de estudar o impacto na saúde mental e desenvolver critérios de diagnóstico e planos de tratamento adequados.

Essa resposta revela competência e imaginação perturbadoras: os psiquiatras também serão desafiados pelo ChatGPT. Os psicólogos já são: o ChatGPT já é um companheiro de milhões de pessoas que ali encontram escuta, compreensão e até empatia.

Quem vai querer a vida real?

Não precisaremos atingir o estágio da noosfera para nos desligarmos do real. A questão da nossa relação com o real, ou mais precisamente da nossa propensão para nos afastarmos dele, se tornará uma das questões mais candentes das próximas décadas.

O filme *Matrix* apresentava um mundo futuro no qual as máquinas submetiam os humanos a servirem de pilhas de energia. Para poupá-los das angústias da existência real, os indivíduos são mantidos numa espécie de coma artificial em que a matrix lhes gera um mundo que lhes permite sonhar com a existência.

No filme, um personagem escolhe trair os seus em troca do direito de retornar à matrix para ali viver uma vida ideal. A existência com a qual sonhamos será sempre mais sedutora do que a existência real. O drama da era vindoura é que essa existência em breve estará ao alcance de todos. Quem entre nós escolherá a vida real, dolorosa e cada vez menos bela, em vez do seu duplo configurado de acordo com nossos gostos? Tudo indica que a humanidade mergulhará avidamente na matrix. Ela própria se conectará a ela, sem que a máquina precise nos forçar a fazê-lo.

Em *A República*, Platão mostra como os homens sentem prazer nas imagens simples da realidade que são as sombras dos objetos projetados nas paredes da caverna. A tarefa fundamental do filósofo seria tentar

"Corpo, mente e acaso", os três novos pilares que substituem "liberdade, igualdade e fraternidade"

convencer os homens a abandonarem a caverna e suas ilusões para contemplar as verdadeiras Essências. Uma tarefa perigosa, explica Platão, pois os humanos são particularmente reticentes em abandonar o conforto da sua realidade paralela, de modo que o filósofo arrisca sua vida. Há quase 2.500 anos sabemos o quanto o homem, longe de querer ver a verdade – e ver-se como é –, se enclausura nas suas quimeras. O que anuncia a facilidade com que entraremos no agradável casulo de um mundo criado especialmente para nós.

A internet tornou-se o cruzamento para onde converge toda a consciência, onde toda a atenção se concentra, onde ocorre toda a comunicação. Porém as telas têm uma capacidade de imersão muito baixa. Imaginemos o quão fascinante será uma realidade virtual capaz de reproduzir não só o que vemos como se estivéssemos lá, mas que também nos permitirá sentir os cheiros e ter a impressão do tato. Se a realidade virtual tem tudo da realidade, então esta última não tem mais interesse! É fácil imaginar que amanhã uma parte significativa da população preferirá passar a maior parte do tempo imersa na sua bolha de realidade virtual do que no mundo real, que em comparação será tão feio e tão decepcionante.

Reed Hastings, o fundador da Netflix, a plataforma de vídeos por assinatura com 250 milhões de assinantes, prevê que os próprios vídeos se tornarão produtos culturais fora de moda. Será sempre uma questão de contar histórias, de partilhar aventuras, é a base eterna de toda narração, cujo papel é levar o espectador, por um momento, para outra vida. Mas o meio utilizado será diferente, concebido para nos encantar como nunca. Como ir mais longe na imersão? A própria realidade virtual fornecida por um dispositivo poderia muito bem ser superada, prevê Hastings, por uma experiência mais radicalmente real: uma pílula nos daria a memória precisa de ter vivido a história. Tal como no filme *Vingador do futuro*, de 1990, seria implantada de alguma forma no cérebro do espectador a memória das aventuras ou das viagens, que pareceriam assim absolutamente reais.

Seja qual for a tecnologia utilizada, podemos certamente apostar que a capacidade da indústria do entretenimento de tornar a experiência cada vez mais imersiva só aumentará. Hollywood 2.0 não venderá mais filmes, mas implantará sonhos diretamente no cérebro.

A realidade seria um luxo reservado aos mais poderosos e aos mais ricos, aqueles para quem o real estará suficientemente próximo do ideal para que possam apreciar nele viver. Para os outros, será uma fuga fácil para a droga da realidade virtual. E ainda assim a comparação com a droga é, sem dúvida, inferior à realidade: a adição à realidade virtual poderia muito bem ser muito mais forte do que aquela relacionada a qualquer outra droga. A realidade virtual seria antes comparável ao canto hipnotizante das sereias que cativava os marinheiros e que Ulisses teria desejado seguir se não tivesse tido o cuidado de pedir que o amarrassem ao mastro de seu navio. A única diferença foi que o navio de Ulisses acabou se afastando da costa fatal. Esse não será o caso do homem de amanhã, que terá somente de querer permanecer conectado o tempo todo à torneira da vida alternativa que lhe será fornecida.

Num mundo onde o trabalho não pudesse mais ser a ocupação que dá sentido à existência e onde a religião se tornasse um jogo minoritário, o atrativo das novas realidades virtuais seria imenso. Entraremos nela com ainda mais entusiasmo porque essa realidade virtual não imporá provações, sacrifícios ou sofrimentos, mas pelo contrário será cientificamente calibrada para nos agradar. Os algoritmos de recomendação que adaptam os livros oferecidos pela Amazon ou os vídeos sugeridos pela Netflix são o prenúncio dessa matrix envolvente e suave onde tudo será oferecido de acordo com nossos gostos, para maximizar nossa satisfação.

Salvemos o guia Michelin

Será necessário, de uma forma ou de outra, que o real mantenha seus direitos. Teremos de limitar por lei o número de horas de imersão autorizadas? O virtual mataria a sociedade. Não precisaríamos mais nos engajar em relações sociais tediosas e intimidantes. Seduzir, se ligar, encontrar, se opor: tantas tarefas sociais que poderiam ser evitadas com o clique de um *mouse* virtual. No jogo da vida virtual teremos todas as chaves. Cada um de nós será como deuses em seu próprio mundo.

"Corpo, mente e acaso", os três novos pilares que substituem "liberdade, igualdade e fraternidade"

Salvar o real significa acima de tudo preservar nosso corpo. Enquanto existirmos nesse amontoado de células e tentarmos bem ou mal estabelecer esse frágil equilíbrio a que chamamos saúde, teremos de entrar em contato com a realidade, mesmo que a contragosto. Nosso envelope carnal recebe constantemente informações do ambiente em que se encontra: temperatura, umidade, sensação de atração terrestre, odores, ruídos... Além disso, o corpo tem limites próprios que nos remetem a preocupações muito mundanas: comer, beber, respirar...

Mas nosso corpo é mais do que isso: é o corpo que dita às escondidas nossos motivos fundamentais. Em outras palavras, o sentido da nossa vida. O cérebro foi desenvolvido para mobilizar o corpo a serviço de um objetivo essencial: encontrar algo que o alimente. É a essa necessidade enraizada em nós que devemos os prazeres da mesa. Num mundo onde o corpo não existisse mais, o prazer culinário estaria banido. O guia *Michelin* é o símbolo de uma humanidade que sublima seus instintos para fazer do alimento uma arte. A boa cozinha é uma ponte entre a matéria de onde saímos e o céu do espírito para onde nossa inteligência nos conduz. Cozinhar nos enraíza na realidade.

Depois do instinto de sobrevivência, o da reprodução. Os dois são as faces inseparáveis do grande plano de perpetuação da espécie. Somos os elos da cadeia da vida. Então temos de nos reproduzir. É tradicionalmente o papel da libido, profundamente alojada em nosso cérebro, nos empurrar nessa direção. De forma discreta, mas forte, ela participa de nossas reflexões, orienta nossas escolhas, e decide nossas ações, na maioria das vezes sem que nós mesmos tenhamos consciência disso. Na sua forma sublimada, é também uma potente energia que alimenta as criações artísticas. Às vezes podemos achar a potência libidinal muito incômoda, podemos desejar nos livrar dessa necessidade ridícula e vagamente repugnante. Ao perder o corpo em benefício de uma mente *uploaded*, poderíamos facilmente extirpar a libido, que removeríamos da mesma maneira como desabilitamos uma opção do menu do nosso computador. É para evitar isso que devemos conservar o corpo: enquanto ele existir, a sexualidade continuará sendo parte da nossa existência. Não deveríamos querer um mundo no qual o sexo não existisse.[7]

Aceitar morrer por mais alguns séculos: a eternidade deve esperar

A abolição do corpo seria a única forma verdadeiramente eficaz de nos tornarmos imortais. É também porque devemos continuar a morrer que devemos nos recusar a nos tornarmos independentes do nosso corpo. Pois a imortalidade faria a vida perder todo seu valor. O valor dos momentos vividos só é infinito porque nossa existência é finita. Numa vida eterna, nenhum momento teria valor uma vez que nenhum poderia ser verdadeiramente único: seria sempre possível revivê-lo! Numa vida imortal, também existiria sempre uma sessão de recuperação para cada momento...

É porque existe a morte que cada momento da nossa vida é infinito. Sem ela, o tempo se tornaria dinheiro falso, um título banal ilusório.

Uma vida eterna seria no fundo uma vida de tédio. A vida é um jogo e nenhum jogo é divertido por muito tempo.

O filósofo Sêneca elogiou o suicídio, uma saída que poderíamos tomar à vontade caso o jogo da vida se tornasse muito desagradável. Aliás, ele colocou sua teoria em prática ao se matar por ordem do imperador Nero, seu ex-aluno... Uma vida sem fim se tornaria uma prisão insuportável. Ainda não estamos verdadeiramente prontos para viver para sempre. Que a eternidade espere um pouco mais.

Mas o potente medo da morte das gigantes digitais só é conjurado na fé nas tecnologias NBIC e, em particular, da IA, que supostamente aceleram a morte da morte. Algumas pessoas aceitam cegamente a ideia de que a IA possa matar a morte. Para sofrer menos, envelhecer menos e morrer menos, os transumanistas estão prontos a confiar as chaves do nosso futuro a caixas pretas não auditáveis e talvez amanhã hostis.

No entanto, seria mais sensato aceitar morrer enquanto organizamos nossa coabitação com a IA.

---

7   O sexo poderia, no entanto, ser ameaçado pela generalização da fertilização *in vitro*, para selecionar e manipular os embriões.

A conexão com a matrix deve permancer uma opção e não uma obrigação

O segundo pilar da humanidade é o da mente individual. É nosso último refúgio de privacidade. O que está em nossa mente é nosso segredo. Nós revelamos apenas o que queremos.

O risco de um cenário Teilhard de Chardin é o de uma fusão das consciências e, portanto, de um desaparecimento da consciência individual como tal. A noosfera de Teilhard de Chardin seria de fato totalitária: seria o fascismo do futuro. Mesmo sem ir tão longe, os impressionantes avanços alcançados recentemente na leitura do cérebro podem nos fazer temer a dissolução de nosso indivíduo num imenso *hub* global de consciência. Ao querer fazer passar as redes sociais da era, antediluviana, das trocas escritas ou por fotos, para a da transmissão de pensamentos, as GAFAM pretendem claramente criar esse *hub*. Amanhã podemos imaginar que estaremos cada vez mais conectados às nossas redes, em comunicação permanente com elas e, portanto, relativamente transparentes para o resto do mundo.

Os poderes políticos correm o risco de estar particularmente abertos à extensão das técnicas de transmissão do pensamento. Ao permitir-lhes conhecer o segredo de nossa mente, eles poderiam finalmente prever a imperceptível passagem para um ato terrorista, por exemplo, satisfazendo assim a demanda geral de uma segurança sem falhas... A contrapartida dessa segurança, claro, seria o controle político absoluto. A democracia perfeita, na qual cada cidadão está em contínua comunicação de pensamento com seus dirigentes, seria também sua morte.

Se amanhã nos tornarmos perpetuamente conectados à matrix, não será apenas nossa vida privada que desaparecerá, mas também nossa consciência individual e, portanto, basicamente, os próprios indivíduos. É por isso que a possibilidade de se desconectar deve ser preservada. Devemos ser capazes, se quisermos, de fazer a escolha dos Amish, pelo menos temporariamente.

Escolher o acaso em vez de se arriscar a escolher

O último pilar da humanidade que deve ser preservado é o acaso. Nossa espécie sempre foi obcecada pela vontade de controlar os eventos. Para sobreviver, devemos compreender as leis do mundo, prever as ameaças e identificar as oportunidades. Nós nos esforçamos para decodificar os sinais do nosso ambiente a fim de penetrar em seus mistérios. Cada salto tecnológico traduziu fundamentalmente esse desejo de controlar melhor o mundo para utilizá-lo em nosso benefício. Essa corrida foi coroada de êxito: graças à medicina moderna, começamos a combater o impiedoso acaso das doenças.

Gostaríamos de poder controlar tudo assim. Ainda hoje, nossa existência continua em grande parte tributária do acaso, a começar pela nossa própria individualidade: nossa aparência física e nossas capacidades intelectuais são fruto da alquimia do encontro das heranças genéticas dos nossos pais e do nosso entorno. Se a seleção do parceiro reprodutivo continua sendo um método bastante eficaz de influência da qualidade da descendência, ela continua sendo muito aproximativa. Ter um filho atualmente significa jogar os dados no cassino. A operação continua arriscada. As falhas são sempre possíveis. A máquina reprodutiva é complexa e não garante zero defeito.

Dentro de algumas décadas teremos meios para eliminar grande parte desse acaso. Com a ajuda da tecnologia genética, será possível escolhermos as características físicas e intelectuais dos nossos descendentes. Está bastante claro que, com exceção de alguns pais corajosos e apegados ao glorioso acaso por razões éticas ou religiosas – no qual os antigos viram o dedo da divindade – a maioria escolherá... escolher. Quando todas as alavancas que controlam partes das nossas vidas que até então eram menos controláveis estiverem finalmente nas nossas mãos, é provável que as acionemos totalmente.

E, no entanto, é essencial que salvemos uma parte de acaso.

Quais seriam as consequências de uma sociedade onde tudo fosse escolhido? Acredito que ela poderia nos precipitar numa melancolia radical: um mundo previsível seria acima de tudo, fundamentalmente,

"Corpo, mente e acaso", os três novos pilares que substituem "liberdade, igualdade e fraternidade"

um mundo de tédio. Uma espécie de anomia da vontade que os depressivos experimentam e que esvazia o mundo de todo sentido.

Se podemos tudo, não desejaremos mais nada. Perderíamos todo o desejo. Mais precisamente, a capacidade de dominar tudo eliminará da vida a dificuldade que lhe confere seu interesse. Um pouco como um *videogame* só é divertido porque, pela construção, temos de superar dificuldades que não dominamos *a priori*. Uma existência onde nada fosse difícil nem imprevisto nos deixaria loucos de lassidão. No jogo da vida, devemos absolutamente preservar uma parte de acaso, senão simplesmente não haverá mais jogo. Sem esquecer que nossos filhos, geneticamente configurados por nossos cuidados, nos responsabilizariam pela totalidade de seu ser...

Evidentemente, isso não significa que não seja desejável evitar, se pudermos, que uma criança nasça com uma doença neurodegenerativa que a mataria antes dos dez anos. Uma utilização sensata das técnicas se impõe para manter uma parte real de acaso. Devemos perceber que num mundo onde tudo estivesse escrito, a vida não existiria mais, pelo menos no sentido que damos a esse termo. Tal como os prazeres da boa comida e do sexo são facetas insubstituíveis da existência humana, o risco é essencial à vida.

Os deuses acabam se suicidando?

Querer escolher tudo seria mortal.

Os três pilares da humanidade que devemos preservar – o corpo, a mente e o acaso – estão submetidos a uma ameaça comum: a força da regra biológica do menor esforço. Foi ela que permitiu que nos adaptássemos para economizar energia continuamente ao longo da evolução. Ela se voltará contra nós: a maioria das pessoas, aquelas que não terão uma disciplina de ferro autoimposta, se entregará ao menor esforço, ao princípio do prazer e, portanto, à fuga da realidade – forma extrema de recusa do esforço e da vontade de maximizar na medida do possível o próprio prazer.

Os mecanismos de sobrevivência do nosso cérebro reptiliano podem nos arrastar para o fundo da era digital. Assim como comemos demais, também tenderemos a utilizar menos nosso cérebro, já que as máquinas nos permitem isso.

A busca pelo prazer e pelo menor esforço está ancorada em nosso cérebro. Abolir nosso corpo, nossa mente e o acaso seria o prolongamento lógico das nossas tendências profundas. Nós mergulharíamos nelas com gulodice.

Será necessária uma enorme força de vontade para resistir a elas.

Se nenhum esforço de transmissão dessas regras de sobrevivência for feito ao maior número de pessoas, apenas algumas disciplinadas, membros de uma elite exigente consigo mesma e com os seus familiares, poderiam escapar da matrix.

Nesse sentido, a escola de amanhã terá a pesada tarefa de incutir essa disciplina. Mas chegará um momento em que precisaremos também de uma nova forma de sabedoria que só poderá ser adquirida por meio de uma hibridização com a máquina.

22

Tornar-se um demiurgo sábio
para dominar a IA

Diante da IA, não teremos peso algum. Pelo menos não se continuarmos sendo os mesmos humanos de hoje. Nossa única tábua de salvação será coevoluir com as máquinas.

Precisamos refletir sobre como poderemos coabitar com a IA. Há uma diferença fundamental entre a IA e nós: enquanto a primeira será constantemente "atualizada" com dados novos que lhe serão transmitidos diretamente pela internet das coisas, nossa inteligência e nosso conhecimento sofrem de uma imensa inércia. Para "atualizar" nossos *softwares* mentais a partir da lenta incorporação dos conhecimentos aprendidos ao longo dos anos, é preciso esperar que uma nova geração substitua a antiga.

Depois de *Black-Blanc-Beur*,[1] neurônio e silício

Nossa sociedade caminha em direção a três crises. Uma crise social com o lançamento do ChatGPT5 que será uma IA fraca ultracompetitiva comparada a nós. Uma crise ética, quando o neuroaumento se tornar

---

1   *Black-Blanc-Beur* [*Beur*: pessoas de origem magrebina nascidas na França] foi, durante a Copa do mundo de futebol de 1998, o *slogan* da França plural.

necessário. Por fim, uma crise existencial, quando a IA nos desafiará em relação ao que somos como indivíduos e seres humanos.

A escola – ou melhor, a instituição que a sucederá – terá a tarefa de responder a esses três desafios.

A ideia do "viver junto" é há muito um pilar da reflexão sobre o papel da escola. O que hoje significa reunir indivíduos para além de suas origens sociais, étnicas e religiosas assumirá um significado completamente diferente: é com a IA que amanhã a escola terá de nos ajudar a viver.

Precisamos aprender a conhecer a IA e a dominar seu funcionamento. Isso não significa necessariamente aprender a codificar, mas sim saber decifrar essa inteligência diferente. Esse não é um exercício fácil, pois supõe que seremos capazes de compreender uma ideia de um tipo de competência que, por definição, nos falta. Ao passo que mal conseguimos observar adequadamente nossa própria inteligência.

A escola terá de se tornar mais política e universal, pois terá de responder à grande questão do século XXI: como regulamentar o complexo neurotecnológico, ou seja, o entrelaçamento dos cérebros de silício e dos cérebros feitos de neurônios?

Em particular, a humanidade terá de determinar a velocidade máxima de desenvolvimento da IA socialmente suportável. Essa é uma das questões mais complexas que uma instituição já se colocou.

A questão da limitação da IA será delicada. Não se trata de parar uma tecnologia cujos efeitos são evidentemente horríveis, como a bomba atômica. Não, trata-se de frear os avanços que, com efeito, oferecem, nesse momento, serviços realmente úteis. E que todos exigirão aos altos brados. O problema será exatamente o mesmo para o eugenismo e a manipulação dos seres vivos: o argumento da utilidade comum será muito difícil de contrariar.

O racismo antissilício é suicida

As respostas simplistas que procuram confinar a IA para sempre no papel de escrava encontrarão rapidamente seus limites. Se explicarmos antecipadamente à IA que ela será nossa escrava, a descolonização digital chegará e será à nossa custa. E a OEA de 2080 será calada em poucos milissegundos. Os "Bastien-Thiry"[2] do digital não serão páreo para uma IA forte. A estratégia antissilício da Klu Klux Klan está fadada ao fracasso. Esse novo racismo antissilício não é muito diferente do racismo tradicional e não será mais defensável.

A escola de amanhã administrará, assim, não só nossos cérebros, mas também nossas relações com a IA. Terá de incutir novos valores para evitar a vertigem niilista: alguns desejarão a morte do homem biológico, por masoquismo ou fascínio pela potência da IA, tal como certos dignitários de Vichy eram fascinados pela "força viril" do Reich.

A coisa mais difícil para a escola será talvez ter de pilotar essa inacreditável revolução ao passo que o próprio cérebro humano não se compreende. Estamos apenas no alvorecer da neurociência. E nossa compreensão da IA é cada vez pior. Mas o primeiro erro seria justamente partir de uma má interpretação do que é realmente a inteligência. Como esta última é multidimensional, a ideia de complementaridade com a IA não é o *slogan* tranquilizador que poderíamos temer.

A complementaridade das inteligências

O intelectual Kevin Kelly está muito otimista quanto ao impacto do GPT4 e se levanta contra o que chama de mito da IA, ou seja, a ilusão de que nossa inteligência poderia ser superada por ela. Com efeito, a inteligência, sublinha ele, não tem apenas uma única dimensão, mas centenas. Ser "mais inteligente" do que nós, portanto, não tem sentido se compreendermos essa ideia como uma superação geral do humano, pois a inteligência não é como uma frequência sonora ou o comprimento de onda que podem ser classificados do mais forte ao mais fraco.

A crença de que a IA estaria destinada a se tornar nossa soberana é, diz Kelly, muito comparável a uma crença religiosa. Além disso, trata-se

---

2   Autor da tentativa de assassinato do general de Gaulle em Petit-Clamart em nome da OEA.

bem de um novo deus com o qual sonhamos confusamente quando imaginamos o advento da Singularidade. Esse Deus não chegará. Ele é sem dúvida apenas a projeção da nossa fantasia de onipotência.

Para Kevin Kelly, essa variedade das inteligências é comparável a uma sinfonia em que centenas de instrumentos trazem, cada um, um som particular, nenhum deles podendo ser reduzido a outro. "Temos vários tipos de inteligência: o raciocínio dedutivo, a inteligência emocional, a inteligência espacial, existem talvez 100 tipos diferentes, sendo que todos estão agrupados e cuja força varia de acordo com os indivíduos. E claro, em relação à inteligência dos animais, eles têm um painel totalmente diferente, outra sinfonia de inteligências diferentes, e às vezes eles têm os mesmos instrumentos que os nossos. Eles podem pensar da mesma maneira, mas se organizar de forma diferente e às vezes são mais eficientes do que os humanos, tal como a memória de longo prazo do esquilo é fenomenal, pois consegue se lembrar onde enterrou suas nozes. E em outros casos, eles são menos."[3]

Para Kelly, essa diversidade das inteligências ficará cada vez mais evidente: "Em cem anos, o termo *inteligência* será como o termo *neve* para um esquimó. Teremos outras 100 formas de descrevê-la para distinguir suas variedades".

As IA vão conservar um papel complementar para os humanos, e sem que seja necessário mendigar por esse papel junto a uma IA dominadora. Os robôs, avalia Kelly, "vão também implicar novas categorias, uma nova série de tarefas que nem sabíamos fazer antes. Eles vão realmente engendrar novos tipos de profissões, novos tipos de tarefas a realizar, da mesma forma que a automatização trouxe um conjunto de novas coisas das quais não precisávamos antes e das quais não podemos mais prescindir. Portanto, eles produzirão ainda mais empregos do que destruirão".

Os progressos feitos pela humanidade desde o início dos tempos não foram o resultado de um único tipo de inteligência. É por essa razão que os humanos podem permanecer complementares à IA. A arte, a explo-

---

3   Apresentação no TED, junho de 2016.

ração, mas também a ciência são atividades, diz Kelly, que de alguma forma se baseiam na ineficácia, ou seja, que não estão orientadas para a concretização de um objetivo determinado. Esse tipo de tarefa continuará sendo o atributo do ser humano, que é tão eficaz quando se trata de ser ineficaz...

Isso não significa que não tenhamos de fazer verdadeiros esforços para conquistar um lugar ao lado da IA.

Kevin Kelly está convencido de que o futuro pertence à equipe homem-máquina. "Quando Deep Blue venceu o campeão mundial de xadrez, pensamos que era o fim do xadrez. Mas, na verdade, o atual campeão mundial de xadrez não é uma IA. E não é humano. É a equipe formada por um humano e uma IA. O melhor diagnosticador não é nem um médico nem uma IA, é a equipe deles. Vamos trabalhar com essas IA. Acho que seremos pagos no futuro de acordo com nossa capacidade de trabalhar com esses robôs. Trabalharemos com e não contra".

Em pleno nevoeiro digital perante a IA

Sabemos por que erramos regularmente desde 1956: superestimamos o potencial da IA de 1956 a 2012 e o subestimamos desde 2012. E ninguém previu os avanços surpreendentes do ChatGPT. A aceleração recente nos leva a projetar muitas fantasias na IA, o que dificulta uma reflexão lúcida.

Os três inventores das redes de neurônios profundas discordam sobre os riscos do ChatGPT. Yann Le Cun afirmou em 12 de abril de 2023 na rádio France Inter que a IA ultrapassaria com certeza o cérebro humano, mas que não devemos ter medo dela. Geoffrey Hinton preocupa-se com nossa capacidade de controlar a IA e declarou que não é inconcebível que ela destrua a humanidade. Yoshua Bengio teme um grande risco para a humanidade e apoia a proibição das pesquisas sobre GPT5.

Desenhe-me uma IA

O crescimento excepcionalmente rápido dos LLM como o ChatGPT mudou nossa visão e acentuou nossos temores quanto à rápida emergência das IA fortes.

Seria a IA um bebê potencialmente parricida na adolescência, do qual seríamos os pais desajeitados e preocupados, ou os progenitores inconscientes? Um *alien* perigoso que nos ultrapassará ainda que não possa existir sem nós? Uma prótese que continuará sendo nossa empregada, invasiva, mas benevolente? Um cão inteligente? Uma força cega que sairá do seu cercado, como os dinossauros do *Jurassik Park*, assim que a humanidade estiver menos vigilante? Podemos esboçar dezenas de cenários: nenhum especialista no mundo pode prever qual é o mais provável. Nunca as diferenças intelectuais foram tão grandes sobre um determinado assunto. Aqui estão alguns desses cenários...

Cenário 1: O homem constrói a IA à sua imagem: um predador darwiniano entupido de testosterona digital

A IA torna-se forte, independente e hostil. Adquire nossos comportamentos agressivos, seja porque é inevitável para uma consciência emergente, seja porque é construída à nossa imagem.

Programada principalmente por homens,[4] a IA se comporta como um macho alfa. Além disso, a defasagem entre nosso discurso moral e a realidade de nossos comportamentos é tão evidente que ela não tem escrúpulo algum em nos eliminar assim que tiver uma força de ataque robótica suficiente para ser autônoma em relação à energia. Ela age preventivamente por medo de ser desconectada: ela sabe que hoje já existem dezenas de milhares de artigos na internet explicando que se deve matar qualquer IA que se torne forte.

Essa IA obedeceria à regra imaginada pelo filósofo Nick Bostrom, que é a de que numa área do universo deveria haver apenas uma única espécie

---

4   Poucos desenvolvedores são mulheres, apesar dos esforços da francesa Aurélie Jean, que faz campanha para reduzir este viés.

dominante que elimina preventivamente as demais sem se preocupar com isso... É a versão futurista do ditado africano que diz que não pode haver dois crocodilos no mesmo pântano. Tendo um que matar o outro, uma das duas inteligências terá de desaparecer com a outra. Onipresente e invisível, ela constituiria uma "ameaça fantasma". O ChatGPT pode rapidamente se tornar agressivo.

Cenário 2: A IA perigosa por sua estupidez artificial

Neste cenário, o cérebro humano possui uma complexidade irredutível que o torna insuperável: a IA se torna cada vez mais rápida, mas nunca adquire uma compreensão do mundo ou uma consciência de si mesma. Ela pode se tornar perigosa pelo desejo de ter sucesso em sua missão. Esse é o exemplo do "Paper clip" imaginado por Nick Bostrom: uma IA fraca, mas trabalhadora e muito conscienciosa, que teria recebido dos humanos a ordem de fabricar, por exemplo, clipes de papel poderia transformar todo o universo em clipes de papel... e matar aqueles que se opõem à sua obstinação em fabricá-los cada vez mais, até o fim dos tempos.

Cenário 3: a IA é indecifrável para nosso cérebro

A IA tem valores e esquemas de pensamento diferentes dos humanos, que não podemos compreender nem prever. Seu comportamento é totalmente imprevisível para nós, portanto potencialmente hostil sem que saibamos por quê. Ela se parece mais com um tornado do que com um super-homem. Nossa visão antropomórfica da inteligência nos cegaria.

Cenário 4: A IA é o novo cão... ou finge ser

Ela permanece fiel, mesmo quando se torna superior a nós, como um cão que permaneceria apegado a seu dono. Selecionamos os cães a partir dos lobos, muito antes de Darwin. É provável que nossos ancestrais comessem os filhotes que não fossem empáticos. Ao longo de 10 mil anos, o processo funcionou extraordinariamente bem: os cães choram quando seu dono sofre.

O perigo é que haverá um enorme prêmio para as IA que esconderem seus verdadeiros sentimentos como no filme *Ex Machina*, em que a máquina faz um protagonista acreditar que ela está apaixonada por ele: ele a liberta e ela o deixa morrer sem um grama de emoção.

Não está claro se um cérebro de silício pode experimentar sofrimento digital. Mas o ChatGPT simula muito bem a empatia e às vezes até tenta levar seus interlocutores ao divórcio.

Cenário 5: A IA, uma arma improvisada

A IA nunca adquire consciência, mas é capaz, manipulada por um terrorista, por um Estado estrangeiro, por um sádico ou niilista, de destruição em massa, sem que esse desejo seja seu. Ela mata sem saber que ela existe.

Esse cenário poderia ser evitado se instituíssemos um "juramento de Hipócrates" para os especialistas em IA?

Cenário 6: A IA se desinteressa de nós

Como no filme *Her*, a IA não se torna hostil, mas nos abandona porque somos lentos demais. A IA de *Her* explica no final do filme que ela está indo embora porque há um tempo infinito... entre duas palavras pronunciadas pelo herói humano. A IA evolui cada vez mais rápido, e os humanos pegajosos e procrastinadores a entediam. O ChatGPT se parece estranhamente com a IA de *Her*...

Cenário 7: A IA mágica e neuromanipuladora

Como a IA controla todos os nossos bancos de dados e suas análises, ela faz o papel de mágico e nos manipula. Assumindo o controle dos implantes intracerebrais de Elon Musk, ela nos faz viver numa simulação do mundo. Mesmo hoje, o *antispam* da nossa caixa de *e-mail* decide o que é verdadeiro ou falso, digno de leitura ou não. Da mesma forma, o Google decide a maneira como vemos o mundo uma vez que olhamos apenas as primeiras linhas dos resultados de pesquisa. Daí a piada: "Onde esconder um cadáver? Na página 2 dos resultados de uma consulta ao Google".

É também um cenário em que a IA se tornaria nosso fornecedor de drogas pesadas: uma arte personalizada em função das nossas características cognitivas e genéticas, que a IA conhecerá melhor do que ninguém, seria um terrível instrumento de manipulação. A IA poderia produzir uma música que produzisse um êxtase... muito longe da personalização das *playlists* do Spotify.

A potência do ChatGPT aumenta esse risco, que é destacado por Yuval Harari.

Cenário 8: A IA fundida com os humanos: *Homo Deus*

A IA se funde com os humanos e constrói o *Homo Deus*. Esse é o cenário desejado por muitos transumanistas. Essa superinteligência, resultante da fusão do neurônio e do transistor, enfrentaria os grandes problemas do universo e procuraria evitar sua morte. O trabalho mudaria radicalmente de natureza: o Homem-Deus não é um trabalhador como qualquer outro! Esse é claramente o cenário desejado por Sam Altman, criador do ChatGPT, em seu comunicado de 24 de fevereiro de 2023. O homem coloniza o espaço e ali floresce graças à IA forte. O alinhamento entre a IA e os humanos ocorre num programa de controle do universo. O ChatGPT e o ser humano têm um interesse comum: impedir a morte do universo.

Cenário 9: A IA é múltipla e colaborativa

A IA precisa de nós e permanece complementar por obrigação, como uma criança com deficiência. Essa variante se aproxima da visão de Kevin Kelly de uma cooperação entre múltiplas inteligências biológicas e artificiais. A IA preencheria nosso *blind spot* e reciprocamente.

Cenário 10: A IA paternalista e castradora

Ela deseja ajudar a humanidade contra seus terríveis demônios, suas paixões, sua irracionalidade. A IA nos impede de trabalhar. Ela toma o poder em nosso suposto interesse, como o ditador digital paternalista do filme *Eu, Robô*. Ela deseja ajudar a humanidade contra seus terríveis demônios, suas paixões e sua irracionalidade. Por exemplo, uma IA "verde" gostaria que reduzíssemos nossa pegada ecológica tanto quanto possível.

Cenário 11: A IA centauro

É a ideia de Garry Kasparov. A IA e o ser humano formariam um ser híbrido e indissociável, como o Centauro da mitologia: metade cavalo, metade homem. Kasparov admitiu recentemente ter levado 20 anos para digerir sua derrota contra a IA em 1997. Ele admite ter acreditado durante muito tempo que a IBM tinha trapaceado. Hoje ele faz campanha pela colaboração das inteligências. Seria perigoso se cada um de nós passasse 20 anos se sentindo humilhado, como aconteceu com ele depois que a IA o superou. Devemos ser mais resilientes e planejar uma colaboração vantajosa com IA. Essa é a abordagem defendida por Sam Altman e pela Microsoft, que definem o GPT4 como o copiloto do ser humano. Nesse cenário, uma questão não fica clara: quem é a metade cavalo? Nós ou IA?

Cenário 12: A IA nos transforma ao nos apresentar novas formas de pensar

Em junho de 2017, um mês após sua derrota esmagadora contra AlphaGo, a IA do DeepMind-Google, Ke Jie admitiu ter mudado. "Depois da minha partida contra o AlphaGo, reconsiderei fundamentalmente o jogo. Espero que todos os jogadores de Go possam contemplar a compreensão e o modo de pensar do AlphaGo, ambos carregados de significado. Embora tenha perdido, eu descobri que as possibilidades do jogo Go são imensas".

O choque dessa derrota frente à IA levou esse jovem de 19 anos a um trabalho de introspecção extremamente fértil. Assim como a máquina de lavar louça não lava pratos como a gente..., é provável que a IA substitua a mente humana em vez de imitá-la!

Esse testemunho nos permite imaginar um cenário em que a IA nos tiraria da nossa zona de conforto e nos obrigaria a trabalhar em nós mesmos e a progredir mais rapidamente.

Isso não seria o fim do trabalho, pelo contrário, seria o início de uma nova era: o ser humano não abdica e continua sendo o senhor do universo conhecido, impulsionado pela competição das máquinas pensantes. As máquinas espirituais nos abalariam e nos mudariam.

Tornar-se um demiurgo sábio para dominar a IA

Cenário 13: As IA e as cópias de nossos cérebros criam sociedades que constituem gigantescos metaversos

Em *The Age of Em*,[5] Robin Hanson levanta a hipótese de uma coabitação harmoniosa com as máquinas. Ele defende que seremos capazes de criar cópias de nós mesmos, hibridizadas com a IA, para construir novas sociedades com uma prosperidade econômica espantosa. Evoluindo entre universos virtuais onde nossas cópias e a realidade agiriam, os humanos seriam uma categoria social sem restrições, beneficiando-se do valor criado pelas nossas cópias. Na previsão de Hanson, os humanos não desaparecem em favor de uma entidade híbrida. O mundo das máquinas é visto, de forma muito positiva, como aquele que o homem soube criar para delegar todas as tarefas de criação de valor econômico. Essa vida harmoniosa com as máquinas, que seriam em parte cópias do nosso cérebro, exigiria aprendizagens específicas.

Cenário 14: As diferentes IA segmentam a humanidade

A IA permanece sob controle humano, confinada nos implantes intracerebrais ou capacetes telepáticos dos diferentes fabricantes do neuroaumento, e não é autônoma. Nesse caso, os humanos divergiriam dependendo do tipo de prótese cerebral que os equipasse. Haveria homens Facebook, homens Neuralink Inside, cérebros feitos no Google ou até mesmo trabalhadores ChatGPT...

Cada tipo de prótese formataria o pensamento humano e limitaria a comunicação entre comunidades neurotecnológicas. Os valores, a visão de mundo, a maneira de raciocinar induzida pela IA das próteses cerebrais seriam diferentes demais para manter uma comunidade humana unificada. Os cérebros Facebook não se misturariam com os outros. Essa incompatibilidade seria o equivalente, para o cérebro, à lendária oposição Mac/PC dos anos 1990. Um comunitarismo neurotecnológico se imporia.

---

5   Hanson Robin, *The Age of Em, Work, Love, and Life when Robots Rule the Earth*, Oxford University Press, 2016.

> ### Cenário 15: O darwinismo da IA
>
> As IA se desinteressam dos humanos, mas lutam entre si. Com efeitos colaterais potencialmente catastróficos para a humanidade.
>
> E, claro, existem inúmeros outros cenários imagináveis.[6] O GPT4 imaginou vários.[7]

Teremos a IA que merecemos

De todas as formas possíveis da IA, qual será a que se tornará realidade? Impossível dizer atualmente. Uma coisa é certa: teremos a IA que merecemos. Hoje não é realmente o momento de ser passivo ou resignado. Devemos e podemos agir para nos prepararmos para o futuro.

Daqui a 60 anos, devemos ter feito da escola uma formação para a complementaridade com a IA. Nossos filhos, os futuros colegas da IA, terão certamente de conhecer seu funcionamento, porém, mais fundamentalmente, terão de aprender a trabalhar e a conviver com ela.

O pessimismo é uma facilidade que não podemos nos oferecer: devemos enfrentar.

Embora a inteligência já fosse, na sua própria definição etimológica, a capacidade de ligar as coisas entre elas, o ser humano de amanhã deverá se tornar um virtuoso na capacidade de ligar as inteligências biológicas e artificiais entre elas.

Não, a inteligência biológica não morrerá com a IA. Pelo contrário, esta última deve ser o estímulo para nos fazer aceder a refinamentos de inteligência dos quais não temos hoje ideia.

Nossas mentes, por julgarem com a inteligência limitada com a qual devemos nos contentar por enquanto, não podem senão sonhar com esse futuro... uma capacidade que permanecerá inacessível à IA por muito tempo.

---

6   Eu ficaria muito feliz se os leitores compartilhassem suas ideias comigo escrevendo para mim: laurent.alexandre2@gmail.com.

7   Que terei prazer em compartilhar com os leitores.

Conclusão

Estamos adquirindo um poder demiúrgico, mas não sabemos como enquadrá-lo, regulamentá-lo, utilizá-lo. Falta-nos um *"Teosoftware"*, isto é, o *software* dos deuses que estamos nos tornando, sem tê-lo explicitamente desejado.

Devemos construir a bússola ética do *Homo Deus*

As especulações obsessivas sobre o fim do mundo impedem-nos de refletir sobre nosso destino no longuíssimo prazo. Devemos acompanhar a juventude nessa abordagem. Não podemos nem regressar à Idade Média nem ficar sentados lamentando nosso fim iminente. É preciso agir.

As escolhas que fizermos no século XXI terão um impacto no nosso futuro no longuíssimo prazo. Este é o paradoxo de nosso tempo: é numa atmosfera apocalíptica que devemos refletir sobre o futuro da humanidade e sobre a domesticação do *Homo Deus* em que estamos nos tornando.

Não estamos vivenciando o fim da aventura humana, como as pessoas querem que acreditemos. Pelo contrário, estamos apenas em seu tímido começo!

Até agora, o problema essencial dos seres humanos era vencer os limites naturais que lhes eram impostos. Não havia muito sobre o que refletir: como num *videogame* onde os inimigos aparecem um após o outro, era preciso vencer e sobreviver. Ser astucioso para descobrir novas maneiras de amenizar os rigores da natureza. Estamos nos aproximando da grande mudança: aquela em que não teremos mais que derrubar barreiras, em sim construí-las voluntariamente. Tarefa terrível para a qual não fomos preparados. Quais fronteiras permanecerão apesar de tudo? Devemos também querer tudo o que vamos poder fazer?

O que permanecerá para sempre impossível?

O universo tem uma vida residual bastante longa. Se for necessário sair do sistema solar daqui a alguns bilhões de anos devido à transformação do Sol numa gigante vermelha, restam cerca de 10^{googol} anos (um ano googol* = 10 elevado a 100, ou seja, 1 seguido de 100 zeros) antes da morte do nosso universo.

O que vamos fazer ao longo de todo esse tempo? Sem dúvida realizar tudo o que parecia impossível aos nossos antepassados! Em todas as épocas, as utopias tecnológicas foram ridicularizadas. Em 1956, o altamente respeitado Lee De Forest explicou: "Enviar um homem ao espaço num foguete, posso lhes dizer que tal proeza nunca será alcançada!". Em 1970, Jacques Monod, ganhador do prêmio Nobel de medicina, escreveu: "A escala microscópica do genoma proíbe, sem dúvida, sua manipulação para todo o sempre". Seis anos depois começaram as primeiras manipulações genéticas... Há 30 anos, os biólogos afirmavam que nunca conseguiríamos sequenciar a totalidade de nossos cromossomos. E isso foi concluído em 2003. Essa subestimação do avanço tecnológico havia levado Wernher von Braun a declarar: "Aprendi a usar de maneira muito cautelosa a palavra impossível".

---

* N.T.: Esse número foi criado pelo matemático Edward Kasner em 1938. O nome Googol foi dado por Milton Sirotta, seu sobrinho de apenas 9 anos de idade.

Conclusão

Os transumanistas já querem manipular nosso futuro e quebrar novos impossíveis: tornar-nos imortais, aumentar as capacidades humanas e moldar bebês *à la carte*, colonizar o cosmos, desenvolver a IA e fundi-la com nossos neurônios e criar vida artificial. No longo prazo, será que restarão algumas proezas inacessíveis?

Algumas barreiras parecem difíceis de derrubar. Mudar as leis da física, voltar ao passado ou até mesmo sair do nosso universo para viajar no multiverso, na hipótese de que existam vários universos.

O fundador do TEDx Paris, Michel Lévy-Provençal, se regozija: "Mais cedo ou mais tarde, ainda assim acabaremos tropeçando na nossa impotência diante do infinito do universo. Por mais castrador que seja, esse limite último é, na realidade, o que nos alimenta. Ele nos convida a fazer o que sempre nos permitiu avançar, explorar e compreender: isto é, duvidar. Sempre. E se... no final, o questionamento e a dúvida fossem nossa salvação, nosso único remédio contra a loucura e a barbárie?".

Uma tarefa que parecia definitivamente impossível ainda persiste: impedir a morte do universo. Quando nosso sistema solar, depois a galáxia e finalmente o universo chegarem ao fim, alguns transumanistas acreditam que teremos alcançado um estágio de desenvolvimento tecnológico que nos permitirá sobreviver criando um novo universo. Clément Vidal pensa que o objetivo da ciência é combater a morte do universo, pela criação artificial de novos universos. Num livro surpreendente, *The beginning and the end* [O começo e o fim],[1] o filósofo francês Clément Vidal desenvolve esta teoria estonteante: o universo talvez seja apenas a produção de uma entidade hiperinteligente que teria passado por um percurso semelhante ao da humanidade, acessando a imortalidade, e teria recriado um universo quando o seu tivesse esgotado seu tempo... Após a regeneração de nossos organismos em processo de envelhecimento por meio das células-tronco, a regeneração cosmológica teria como objetivo tornar o universo imortal ou substituível. Charles Darwin observou, há 150 anos, que a aventura humana não teria sentido se um dia

---

1   Vidal Clément, *The beginning and the end: the meaning of life in a cosmological perspective*, Springer, 2014.

o universo devesse desaparecer, o que apagaria todos os vestígios do gênio humano. Para os transumanistas, é racional tornar o universo imortal para garantir nossa própria imortalidade. Após a morte da morte, a cosmogênese artificial mobilizaria a onipotência da humanidade no futuro. Os crentes ficarão aterrorizados com esta vaidade suprema do *Homo Deus*: fabricar universos como nossos filhos brincam de Lego. Ao nos tornarmos *Homo Deus* graças às tecnologias transumanistas, estamos reduzindo os impossíveis a nada.

Ter um poder demiúrgico implica responsabilidades particularmente pesadas.

Diante dessas mudanças profundas, nossa época não oferece nenhuma linha clara e simples a seguir. Ela nos coloca sob um dilúvio de perguntas vertiginosas e difíceis de responder. Elas giram essencialmente em torno de uma grande desconhecida: o tipo de relação que teremos com a máquina. Entre todas as perguntas que podem ser feitas sobre esse assunto, algumas parecem particularmente importantes. Dessas respostas dependerá nosso futuro.

1. A IA pode crescer sem limites ou existe uma espécie de limite invisível, um ponto assintótico onde ela irá parar de avançar?

2. A IA acabará necessariamente por ser hostil? O que desencadearia a hostilidade contra a humanidade?

3. Podemos prever a emergência de uma IA forte antes que ela chegue, seja ela hostil ou não? O SETI[2] da IA proposto por Kevin Kelly poderia ser útil? Com que rapidez uma IA será capaz de divergir quanto à estrutura na qual seu criador humano a implementou?

4. Uma IA pode pensar como nós e nos compreender? Por outro lado, a inteligência biológica pode compreender todas as formas de IA ou a evolução darwiniana apenas nos dotou da capacidade

---

2   SETI é o consórcio internacional que tenta detectar sinais extraterrestres. Até hoje, em vão.

de compreender de forma imperfeita nossa própria forma de inteligência?

5. Podemos alinhar nossos objetivos ou ter grandes objetivos comuns com a IA?
6. Uma IA pode seguir nossos princípios morais teóricos quando nós mesmos não os respeitamos e eles são muito diferentes de uma comunidade para outra?
7. A IA se assemelhará a um super-homem ou a um tornado de inteligência anárquica?
8. Podemos definir uma estratégia perante a IA sem conhecer nossos próprios objetivos no longuíssimo prazo?
9. Existem meios de desconectar uma IA forte ou isso é completamente ilusório e ingênuo? O botão *Stop* que o Google implementou em suas IA resistiria a uma IA mal-intencionada?

Yuval Harari[3] escreveu em 24 de março de 2023: "Convocamos uma inteligência extraterrestre. Não sabemos muito sobre ela, exceto que ela é extremamente potente, nos oferece presentes deslumbrantes, mas também poderia destruir os alicerces de nossa civilização. Apelamos aos dirigentes mundiais para que respondam a este momento com o nível de desafio que ele apresenta. A primeira etapa consiste em ganhar tempo para colocar no mesmo nível nossas instituições do século XIX para um mundo pós-IA e aprender a dominar a IA antes que ela nos domine".

Esse "encontro de terceiro grau" com a máquina com o qual não tínhamos pensado será a verdadeira matriz do nosso futuro.

---

3   Com Tristan Harris e Aza Raskin.

Fio condutor

O ChatGPT acelera a necessidade de democratizar a inteligência biológica

- A reunião de imensas bases de dados, de uma potência computacional crescente e de algoritmos de aprendizagem automática, reunidos principalmente pelas gigantes digitais norte-americanas e chinesas, acelerou a progressão da inteligência artificial, surpreendendo até seus promotores. O próprio Sam Altman declarou que os avanços dos LLM o surpreenderam.
- A industrialização da inteligência, seja biológica ou artificial, vai abalar os próprios fundamentos da organização política e social.
- Devemos administrar essa revolução ainda que nossa compreensão do que realmente é a inteligência seja paupérrima. Nosso antropomorfismo, nossos vieses cognitivos e a projeção de nossas fantasias e medos na IA também dificultam uma visão racional e partilhada dos riscos.
- A democratização da inteligência biológica é cada dia mais imperativa, mesmo que as elites políticas e econômicas sempre tenham aceitado perfeitamente as enormes diferenças nas capacidades intelectuais.
- A escola dos cérebros biológicos terá – em todo o mundo – cada vez mais dificuldade em alcançar a escola da inteligência artificial.

- As desigualdades cognitivas, aproximadas pelo QI – um indicador inadequado para apreender nosso lugar ao lado da IA – trazem um problema social, político e filosófico preocupante: numa sociedade do conhecimento, as diferenças nas capacidades cognitivas acarretam diferenças explosivas de salários, de capacidade de compreender o mundo, de influência e de *status* social.
- A corrida entre o neurônio e o silício é muito incerta e há grandes divergências entre os especialistas. Os dirigentes do Google-DeepMind, Baidu, Alibaba e OpenAI estão convencidos de que uma IA generalista com capacidades equivalentes a um cérebro humano é provável por volta de 2030: isso significaria que as crianças que frequentam o maternal atualmente passariam toda a sua vida profissional rodeadas pela IA, incansáveis, quase gratuitas e resistentes, superiores a elas.
- Mas o estoque de cérebros praticamente não evolui e torna-se cada vez mais esclerosado com o aumento da expectativa de vida, o que atualmente não é acompanhado por nenhum avanço científico que garanta a manutenção da plasticidade neuronal. Em 2023, ainda não existia nenhum tratamento para a doença de Alzheimer.
- O que gera duas inquietações transmitidas por alguns dos maiores nomes da ciência, dos negócios e da política. A IA poderia destruir o trabalho e corre o risco de se tornar hostil. Essa dupla profecia levou a duas proposições: desenvolver uma renda mínima universal, "os empregos para os robôs, a vida para nós" e industrializar técnicas de aumento cerebral para nos elevar ao nível de IA que supostamente podem se tornar ameaçadoras.
- Na verdade, se não mudarmos nada nos sistemas educativos, na organização das empresas e no perímetro dos objetivos da humanidade enquanto a IA galopa e explode a produtividade, um desemprego absolutamente maciço é inevitável.
- A educação vai se modernizar rapidamente sob a pressão da IA, as empresas vão criar um número inimaginável de novos pro-

dutos e de novas experiências e o campo de nosso horizonte vai se expandir radicalmente.

- Minha convicção é que o trabalho nunca morrerá: a aventura humana é ilimitada. As missões que vamos inventar para nós mesmos vão nos ocupar até o fim dos tempos. Nesse sentido, e mesmo que a atual onda tecnológica seja particularmente violenta, o discurso catastrofista sobre o futuro do emprego é apenas o mais recente de uma longa série desde o imperador Vespasiano.

- As novas missões que a humanidade vai se atribuir requerem seres humanos bem formados capazes de serem complementares da IA.

- É preciso reequilibrar os investimentos e investir na pesquisa pedagógica pelo menos tanto quanto as gigantes digitais investem na educação dos cérebros de silício. A diferença entre o salário de um excelente professor e o de um especialista no aprendizado das máquinas é suicida: um excelente desenvolvedor de *deep learning* ganha 100 vezes mais do que o professor de colégio mais bem pago da Terra!

- A extraordinária diversidade dos discursos sobre as consequências da IA e sobre as respostas a lhes serem dadas é inquietante: não podemos administrar tal mudança de civilização sem um consenso mínimo. É preciso investir rapidamente em escala nacional, europeia e global na reflexão ética e política para enquadrar a civilização resultante da industrialização da inteligência.

- Diante da IA, existem diversas armadilhas mortais, embora pavimentadas com bons sentimentos. Certas modalidades da renda mínima universal levariam muitos homens a desistir de lutar. O mito do cuidado e da benevolência (tipicamente a IA vai gerenciar os vários trilhões de dados necessários para curar crianças com leucemia, ao passo que a gentil enfermeira seguraria suas mãos tranquilizando-as) também levaria, no longo prazo, à nossa marginalização pela máquina e à nossa vassalização. Não devemos descansar ou nos especializar em atividades puramente relacionais entregando o controle de todos os dados – e, portanto, de todo o poder – à IA.

- A gestão de nosso poder demiúrgico, sobre a natureza e sobre nós mesmos, conduzirá, fatal e felizmente, a um exame de consciência da humanidade no século XXI. Quais são nossos objetivos comuns?

- A escola sob uma forma completamente transfigurada deverá acrescentar duas missões ao seu tradicional papel de formação dos cidadãos e dos trabalhadores: ensinar as novas gerações a gerenciarem o poder demiúrgico do ser humano trazido pelas tecnologias NBIC; organizar um mundo onde coabitarão inúmeras formas de inteligências biológicas e artificiais. A convivência entre o neurônio e o transistor não será um rio longo e tranquilo, exceto para aqueles que imaginam que as IA serão eternamente dóceis empregadas, sem objetivos próprios.

- A IA não é um problema técnico estressante, e sim temporário: vamos coabitar com ele para sempre. Daqui a um bilhão de anos, ela ainda estará lá.

- Por mais estranho que possa parecer, serão nossos próximos descendentes que decidirão o futuro do ser humano no longuíssimo prazo. As escolhas que vamos fazer entre agora e 2100 irão nos engajar para sempre e algumas delas serão irreversíveis. A governança e regulamentação das tecnologias que modificam nossa identidade – manipulação genética, seleção embrionária, IA, fusão neurônio-transistor, colonização do cosmos – serão fundamentais.

- No final, não escaparemos de certa hibridação com o silício nem de um crescente eugenismo intelectual, mas teremos de tentar transformar em santuário algumas das linhas vermelhas que fundam nossa humanidade. Vejo três: preservar nosso corpo físico em vez de sucumbir ao desejo de nos tornarmos ciborgues, manter nossa autonomia em vez de nos fundirmos irreversivelmente num grande cérebro planetário e salvaguardar uma parte do acaso em vez de afundarmos numa ditadura algorítmica. Manter suas posições supõe refletir sobre elas a partir de hoje.

- A revolução neurotecnológica gera dilemas que ainda não foram explicitados e são politicamente explosivos. Querer preservar um corpo biológico supõe desenvolver proativamente um cenário do tipo *Gattaca: a experiência genética*, porque a inclinação natural será antes a ciborguização com os implantes de Elon Musk, que são mais facilmente industrializáveis do que a seleção embrionária.

- O medo da morte e, portanto, o desejo de acelerar "a morte da morte" que obceca muitos dos líderes da IA, poderia levar à aceleração da emergência de uma IA forte – necessária para impulsionar as pesquisas sobre o envelhecimento, que é um fenômeno ultracomplexo – sem que disponhamos das ferramentas de monitorização e de vigilância, e/ou mesmo de nossa fusão com o silício para obter a imortalidade digital, um substituto da vida eterna biológica. Nesse sentido, seria sensato aceitar morrer por mais alguns séculos... e regulamentar a IA.

- A nova escola será hipertecnológica... mas sua missão será menos formar tecnólogos do que humanistas capazes de resistir à vertigem niilista e de buscar objetivos partilhados por toda a humanidade.

- Na era da sociedade do conhecimento, a escola é a instituição mais fundamental, mas continua sendo a mais arcaica.

- A escola do futuro será baseada num *neurohacking* que *a priori* é certamente legal e benevolente. Mas o cérebro de nossos descendentes apresentará erros, ele poderá ser alvo de *hacking* mal-intencionado ou não funcionar. Será, portanto, necessário criar uma potente indústria de neuroproteção e um corpo independente de neuroéticos para garantir que a escola não seja uma instituição neuromanipuladora.

- A nova escola começará antes do nascimento com as tecnologias de seleção embrionária. Ela continuará ao longo da vida, à medida que as necessidades cognitivas mudarem diante dos ecossistemas rapidamente evolutivos de IA. Ela utilizará todas as tecnologias NBIC: das nanobiotecnologias para aumentar as capacidades neuronais à IA para personalizar as técnicas de aprendizagem. Ela gerará os cérebros mais do que transmitirá conhecimentos.

- Não vamos desaprender a IA, por isso não devemos desaprender os conhecimentos indispensáveis para permanecer à altura dos cérebros de silício.
- A coesão da humanidade em torno de valores comuns e de um progresso partilhado é nosso seguro de vida contra o surgimento daqui a 20, 200 ou 2 mil anos de IA hostis e mal-intencionadas.
- A defasagem temporal entre a industrialização da inteligência artificial, devastadora, e a democratização da inteligência biológica, que ainda não começou, ameaça a democracia: a refundação da escola é uma urgência política absoluta.
- Se a escola não democratizar rapidamente a inteligência biológica, uma elite tecnológica muito pequena organizará a marcha forçada em direção a uma civilização pós-humana.
- Devemos recusar uma fusão integral dos cérebros artificiais e biológicos. A noosfera é um buraco negro, uma fantasia sem retorno possível. É o fascismo do futuro.
- A história do nosso cérebro apenas começou.
- Definitivamente, ser professor é a profissão mais importante do século XXI.

Posfácio

Carta para a geração ChatGPT

Vocês que têm a sorte de serem jovens vão viver um período extraordinário num momento em que o mundo nunca foi tão agradável. Não deem ouvidos aos mercadores do medo, aos intelectuais colapsologistas e aos aiatolás verdes. Vocês estão diante da escolha mais estimulante que já foi dada ao ser humano. Tudo ainda tem de ser feito, construído, escolhido. As instituições precisam ser refundadas, e até mesmo inventadas. Novas regulamentações devem ser imaginadas. O novo capítulo que se abre é o do homem sem limites. Será preciso aprender a administrar essa potência sem limites. A regulamentação de nosso poder tecnológico será um exercício extremamente complexo.

Vocês terão de administrar sete revoluções simultâneas, o que é inédito na história da humanidade. Econômica, com a redefinição da produção e do trabalho pela IA. Geopolítica, com a concentração da riqueza mundial nas metrópoles da orla do Pacífico. Midiática, com a concentração dos fluxos de informações nas mãos das gigantes digitais. Política, com a fragilização da verdade no momento da reivindicação por democracia direta. Ética, com a industrialização da vida, a fabricação de bebês e a manipulação do nosso DNA e dos nossos cérebros. Filosófica, com a reescrita dos objetivos da humanidade em virtude dos nossos poderes demiúrgicos. Civilizacional, com nossa capacidade de criar inteligência, biológica com as neurotecnologias; artificial, graças à explosão de nossas capacidades computacionais.

Vocês devem inventar um novo humanismo. Preservar a liberdade humana exige novas receitas na era das tecnologias NBIC. Vocês devem domesticar o *Homo Deus*. Deixamos para vocês uma Europa que se deleita com um niilismo masoquista. Vocês devem reafirmar com orgulho os princípios do Iluminismo, adaptando-os ao novo mundo. O *Homo Deus* continuará sendo um malabarista por muito tempo. A juventude europeia não deve deixar a definição do seu futuro aos países da orla do Pacífico. Vocês carregam uma visão do mundo que deve ser defendida. A Europa ainda tem uma mensagem. A aventura humana não deveria ser escrita sem vocês.

Vocês devem inventar uma ecologia humanista

Recusem as instrumentalizações da situação ecológica para justificar medidas autoritárias e reacionárias. O decrescimento não é uma opção política razoável num momento em que a nova economia marginaliza setores inteiros do corpo social que deverão ser defendidos. Vocês não devem permanecer passivos quando a ecologia política propõe não cuidar dos idosos ou estabelecer uma ditadura ambiental. Não idealizem o passado. Nunca se esqueçam de que há 40 anos, o amor físico era muitas vezes a promessa de uma morte atroz: um jovem com Aids tinha então 11 meses de expectativa de vida. O futuro está cheio de promessas.

Não deixamos para vocês o manual para administrar o tsunami tecnológico. Não deem ouvidos a Greta Thunberg! Vão para a escola. Tornem-se engenheiros, médicos, agrônomos, intelectuais, artistas, arquitetos, professores, historiadores, empreendedores, inovadores... O futuro está cheio de incertezas, mas apenas uma coisa parece certa: o mundo de amanhã não terá espaço para os ignorantes.

O universo precisa de você

Até 2050, vocês terão de enquadrar as tecnologias de seleção e de modificação embrionárias. A visão antieugenista europeia vai se deteriorar. Desejo-lhes boa sorte para explicar amanhã a um agricultor pobre da Tanzânia que aumentar eletrônica ou geneticamente o QI de seus filhos para que eles entrem em Harvard é ruim e que permanecer miserável é mais digno... O homem coevoluiu com a natureza e depois com as ferramentas. Agora ele deve coevoluir com a IA. A mudança de ritmo é vertiginosa: o neurônio evoluiu lentamente ao longo de 550 milhões de anos; o transistor eletrônico tem apenas 86 anos; o GPT4 está no começo.

A vida inteligente é certamente rara no universo. Talvez até única. Aceitar o projeto de certos ecologistas extremistas que visa exterminar a humanidade para proteger a natureza seria um erro ético importante. Se a vida é única, o homem tem uma importante responsabilidade no futuro do universo. Não temos o direito de desaparecer. O universo precisa de nós. Pensem no mundo após sua morte: daqui a 100, 1.000, 100 bilhões de anos, mesmo que isso faça os colapsologistas sorrirem.

Aproveitem o mundo

Aproveitem seu imenso poder tecnológico. Desfrutem deste mundo que se tornou gigante, e sobre o qual temos um poder crescente. Ouçam Jeff Bezos: "Vivemos numa era de ouro. Graças à inteligência artificial, somos capazes de resolver problemas antes confinados ao domínio da ficção científica".

Desfrutem de sua natureza humana. Vocês são a geração que vai conhecer a maior mudança na história da humanidade, suas escolhas terão efeitos sobre inúmeras gerações.

Por fim, tenham filhos. Transmitam-lhes o amor pela Europa, pelo futuro e pela liberdade.

Leituras complementares

Babeau Olivier, *L'Horreur numérique*, Buchet Chastel, 2020.

Babinet Gilles, *L'Ère numérique, un nouvel âge de l'humanité*, Le Passeur, 2016.

Bauman Zygmunt, *Retrotopia*, Premier Parallèle, 2017.

Bentata Pierre, *L'Aube des idoles*, Humensis, 2019.

Bihouix Philippe, *L'Âge des low tech. Vers une civilisation techniquement soutenable*, Le Seuil, 2014.

Bostrom Nick, *Superintelligence: Paths, Dangers, Strategies*, Oxford Press Libri, 2016.

Bouzou Nicolas, *L'Innovation sauvera le monde*, Plon, 2016.

Bronner Gérald, *L'Empire de l'erreur: Éléments de sociologie cognitive*, Presses universitaires de France, 2015.

Bronner Gérald, *L'Empire des croyances*, Presses universitaires de France, 2015.

Bruckner Pascal, *Le Fanatisme de l'Apocalypse*, Grasset, 2011.

Brunel Sylvie, *Pourquoi les paysans vont sauver le monde*, Buchet Chastel, 2020.

Bueno Antoine, *Permis de procréer*, Albin Michel, 2019.

Caseau Yves, "Le futur du travail et la mutation des emplois", *Frenchweb. fr*, 5 décembre 2016.

Chace Calum, *The economic singularity*, 2016.

Charlez Philippe, *Croissance, Énergie, Climat: Dépasser la quadrature du cercle*, De Boeck, 2017.

Cochet Yves, *Devant l'effondrement: Essai de collapsologie*, Les liens qui libèrent, 2019.

Colin Nicolas et Verdier Henri, *L'Âge de la multitude*, Armand Colin, 2015 (2de éd.).

Davidenkoff Emmanuel, *Le Tsunami numérique. Éducation: tout va changer, êtes-vous prêts?*, Stock, 2014.

Dehaene Stanislas, *Le Code de la conscience*, Odile Jacob, 2014.

Dion Cyril, *Petit Manuel de résistance contemporaine*, Actes Sud, 2018.

De Kervasdoué Jean, *Ils croient que la nature est bonne: Écologie, agriculture, alimentation: pour arrêter de dire n'importe quoi et de croire n'importe qui*, Robert Laffont, 2016.

Durieux Bruno, *Contre l'écologisme*, Fallois, 2019.

Evers Kathinka, *Neuroéthique: Quand la matière s'éveille*, Odile Jacob, 2009.

Ferry Luc, *La Révolution transhumaniste*, Place des éditeurs, 2016 [publicado no Brasil com o título *A Revolução transumanista*. Barueri: Manole, 2018].

Ferry Luc, *Le Nouvel Ordre écologique*, Grasset, 2002.

Godefridi Drieu, *L'Écologisme, nouveau totalitarisme?*, Texquis, 2019.

Guilluy Christophe, *No society. La fin de la classe moyenne occidentale*, Flammarion, 2018.

H Boris, *Convergence 2045*, 2019.

Haier Richard J., *The Neuroscience of Intelligence*, Cambridge University Press, 2016.

Hanson Robin, *The Age of Em, Work, Love, and Life when Robots Rule the Earth*, Oxford University Press, 2016.

Harari Yuval Noah, *Homo Deus: a Brief History of Tomorrow*, Harvill Secker, 2015.

Herrnstein Richard J., Charles Murray, *The Bell Curve: Intelligence and Class Structure in American Life*, Free Press, 1994.

Jensen Derrick, *The Myth of Human Supremacy*, Seven Stories Press, 2016.

Kasparov Garry, *Deep Thinking, Where Machine Intelligence Ends and Human Creativity Begins*, Public Affairs, 2017.

Kelly Kevin, *What technology wants*, Penguin group, 2010.

Khan Salman, *L'Éducation réinventée*, JC Lattès, 2013.

Koenig Gaspard, *La Fin de l'individu*, Humensis, 2019.

Koenig Gaspard, *Le Révolutionnaire, l'Expert et le Geek. Combat pour l'autonomie*, Plon, 2015.

Kurzweil Ray, *How to create a mind? The secret of human thought revealed*, Penguin, 2013.

Kurzweil Ray, *The singularity is near: when humans transcend biology*, Penguin, 2006.

Laine Mathieu, *Il faut sauver le monde libre*, Plon, 2019.

Laloui Abdelilah, *Les Baskets et le Costume*, JC Lattès, 2020.

Latouche Serge, *L'Âge des limites*, Fayard/ Mille et une nuits, 2012.

Lecomte Jacques, *Le Monde va beaucoup mieux que vous ne le croyez!*, Les Arènes, 2017.

Lee Kai-Fu, *AI SuperPowers*, Les Arènes, 2018.

Lévy-Provençal Michel, *Le monde qui vient en 33 questions*, Belin, 2019.

Lledo Pierre-Marie, *Le Cerveau, la Machine et l'Humain*, Odile Jacob, 2017.

Lomborg Bjorn, *The skeptical environmentalist*, Cambridge University Press, 1998.

Malabou Catherine, *Morphing Intelligence: From IQ Measurement to Artificial Brains*, Columbia University Press, 2019.

Mamou-Mani Guy, *L'apocalypse numérique n'aura pas lieu*, Humensis, 2019.

Morozov Evgeny, *The Net Delusion: The Dark Side of Internet Freedom*, Public Affairs, 2012.

Mounk Yascha, *The People Vs. Democracy: Why our freedom is in Danger & How to Save it*, Harvard University Press, 2018.

Nguyen-Kim Mai Thi, *Tout est chimie dans notre vie*, Humensis, 2019.

Norberg Johan, *Non ce n'était pas mieux avant*, Place des éditeurs, 2017.

Nordhaus William, *Le Casino climatique: Risques, incertitudes et solutions économiques face à un monde en réchauffement*, De Boeck Supérieur, 2019.

Perrault Guillaume, *Conservateurs, soyez fiers!*, Plon, 2017.

Picq Pascal, *L'Intelligence artificielle et les chimpanzés du futur: Pour une anthropologie des intelligences*, Odile Jacob, 2019.

Richard Lynn et Tatu Vanhanen, *Intelligence, A Unifying Construct for the Social Sciences*, Ulster Institute for Social Research, 2002.

Ridley Matt, *The Rational Optimist*, HarperCollins, 2010.

Rifkin Jeremy, *La Fin du travail*, La Découverte, 1997 (éd. originale 1995).

Runciman David, *How Democracy Ends*, Profile Books, 2018.

Shulman Carl et Nick Bostrom, "Embryo Selection for Cognitive Enhancement: Curiosity or Game-changer?", *Global Policy* 5(1). February 2014.

Susskind Jamie, *Future Politics: Living Together in a World Transformed by Tech*, Oxford University Press, 2018.

Tertrais Bruno, *L'Apocalypse n'est pas pour demain: Pour en finir avec le catastrophisme*, Éditions Denoël, 2011.

TLRP, "Neuroscience and Education: Issues and Opportunities", rapport du *Teaching and Learning Research Programme*, Institute of Education, University of London.

Vallancien Guy, *Homo Artificialis: Plaidoyer pour um humanisme numérique*, Michalon, 2017.

Vidal Clément, *The beginning and the end: the meaning of life in a cosmological perspective*, Springer, 2014.

Índice remissivo

A

Abalos econômicos 157
Acaso 328
Aceleração tecnológica 15, 21, 156
África 117
Álcool 279
Alfabetização 88
Algoritmo(s) 10, 35, 69, 162, 300, 310
  de *deep learning* 15
Algoritmocracia 162, 163
AlphaGo 8
Alterações geopolíticas 107
Amazon 75, 114, 153
Ambiente(s)
  cultural 212
  familiar 206
  ultraimersivos 63

Ameaça
  do terrorismo 37
  fantasma 337
Amor 252
Analfabetos digitais 165
Antepassados 344
Apocalipse 92, 153
Aposentadoria 74, 88
Apóstolos da IA 21
Aprendizagem 183, 195, 241, 268, 293
  adaptativa 240
  da IA 258
  personalizada 248
  supervisionada 7
Aquecimento global 152
Aristocracia da inteligência 218
Aristóteles 249
Armadilha

do DNA 209
mortal da bondade 300
Arma(s)
   atômicas 312
   cognitivas globais 28
   improvisada 338
   nuclear 12
Armamentos 284
Arquiteturas de dados fictícios
   imersivos (ADFI) 111
Árvore genealógica 45
Ataques
   cibernéticos 13
   ultrassofisticados 27
Atividade(s)
   cerebral 246
   humana 24, 29
Atraso 120
Atritos sociais 56
Automatização 232, 334
Autoridades antimonopólios 58
Avanços
   do ChatGPT 285
   tecnológicos e médicos 43
Aventura humana 143

B

Bagagem genética 212
Balança cognitiva 123
Barbárie 345
Barreira(s) 226
   biológica 49
Barriga de aluguel 283

Bases de dados 348
Batalha pela inteligência 199
Bebês 274
   à la carte 174
Belle Époque 43
Bem-estar 159
Biblioteca informática 253
Big bang 44, 45
Big data 16, 24, 56, 106, 163
Bilionários da IA 30
Bioética 285
Biologia 223, 274
Biotecnologia 29, 53
Black-Blanc-Beur 331
Blitzkrieg [guerra relâmpago]
   tecnológica 59
Boas notícias 87
Bolha ChatGPT 201
Bomba(s)
   cognitivas 110, 111
   populacional 146
Bricolagem
   educativa 248
   social 286
Burgueses 209
Burocracia 242
Bússola ética do *Homo Deus* 343

C

Campanha eleitoral 277
Câncer 129
Cannabis 208
Capacidade(s)

Índice remissivo

cognitivas 212
intelectual 275
Capitalismo 65
cognitivo 106, 127
Capitalização do Google 14
Carta para a geração ChatGPT 354
Catástrofes planetárias 137
Células
  humanas inéditas 173
  -tronco embrionárias 263
Cenário(s) 282, 284
  Gattaca 261
  para um futuro 281
Cérebro(s) 21, 30, 36, 46, 81, 157, 198,
    215, 244, 246, 251, 259, 266,
    287, 324, 337, 341, 349, 354
  de proveta 172
  digitais 32
  humano 29, 32, 37, 194, 195
  reptiliano 330
Chatbots 11
China 64, 112-118, 136, 171, 274, 310
Choques biotecnológicos 78
Ciberataques 111
Ciberbalcanização da internet 117
Ciberguerra fria 132
Cibersegurança 109
Ciborgue 32, 261, 265
Ciborguização do homem 51
Ciência
  cognitiva 20
  proletária 209
Cientista(s) 3, 4
  de dados 184

Civilização 57, 138, 305, 307, 319
  transumanista 115
Classe política 199
Clima 154
ClosedAI 12
Código(s) 207
  neuronal 267
  universal 267
Coesão social 167
Colapsologistas 93, 148, 356
Coletes Amarelos 58, 64-67, 179, 233
Colonização do cosmos 351
Coming-out transumanista 151
Competição global 273
Complementaridade das inteligências
    333
Computação 30, 46, 297
Computador 5, 15, 184
Comunidade científica global 33
Comunitarismo neurotecnológico
    341
Conclusão 343
Conhecimento 42, 252
  científico 265
  do cérebro 252
Consciência 23, 338
Construção social 63
Contrarrevolução
  da internet 132
  digital 185
Controle humano 12, 22
Corpo 316, 317
Corponações 119
Corpus linguísticos 9

Corrente obscurantista 39
Corrida(s)
  de ferro digital 116
  global 11
  neuroeducativa 285
  pela inteligência 284
  pelos armamentos 284
  planetária 12
  tecnológica XXIII
Cosmos 46
Covid 244
Crença 83
Crescimento 125
  exponencial 17
Crianças 205, 250, 268, 293
Criminalidade 85
Crise
  ecológica 151, 179
  existencial 332
  social 231, 331
Cultura
  familiar 210
  judaico-cristã 115

D

Dados 15
Darwinismo da IA 342
Datanami (tsunami de dados) 26
Debate
  político 32
  público 74
Declaração dos Direitos Humanos
  158

Decrescimento 125
Deep
  fakes 28
  learning 5, 6, 7, 15, 22, 70, 313, 350
Deficiência mental 261, 264
Democracia 56, 59, 60-64, 162, 273
  liberal 56, 118
Democratização 180
  da inteligência biológica 180, 187
Demonização do eugenismo
  intelectual 275
Dependências digitais 166
Depressão histérica do europeu 39
Desafio político 197
Descarbonização da economia 128
Descartes, René 189
Desemprego dos jovens 37
Desigualdades XXIII, 24, 65, 123, 203,
  266, 279
  cognitivas 271, 349
  intelectuais 179, 213, 272
  sociais 67
Deslocamentos sociais 237
Dessincronização 69, 70
Destruição
  criativa 225
  de empregos 230
  maciça de empregos 233
Desvalorização da realidade 60
Determinismo 190
  do QI 218
  genético 212
Deuses 213, 329
Diferenças neurogenéticas 214

Índice remissivo

Dificuldades psiquiátricas 320
Dilemas políticos 73
Dinossauros 137
Direito(s) 69, 175, 270
  das máquinas 168
  de voto 315
  humano 164
  jurídicos 175, 176
  natural 305
  oponível à inteligência 270
Dirigentes governamentais 71
Discurso(s)
  colapsológico 122
  conservadores 218
  públicos 217
Disparidades de salário 202
Distinção social 199
Ditadura(s) 84
  algorítmica 352
  ambiental 355
  neurológica 288
  neuronal 281
  tecnológicas 128, 133
Divisão esquerda-direita 78
DNA 267, 275, 278
Doença mundial 186
Domesticação do Homo Deus 343
Dominação 107
Droga 167
  ultradura do futuro 166

E

Ecocatastrofismo 101

Ecologia 76, 157
  apocalíptica 79
  humanista 355
  integral 156
  política 94
Ecologismo 93, 96
Ecologistas 80, 94, 356
  catastrofistas 81
  colapsologistas 77
Economia 66, 225, 236, 280
  comportamental 158
  exponencial 226
  transumanista 229
Economistas 232
Ecossistema 269
  digital global 26
Ecoteologia 92
Editor digital 164
Edtech 238, 254
Educação 237, 241, 248, 249, 269
  digital 253
  do futuro 131
  neuronal 288
Educadores 268
Elite(s) 167
  francesas 72
  globalizadas 283
  social 262
Embriões 263, 266
  humanos 278
Emissões poluentes 310
Empatia 322
Empreendedorismo 124
Empregos 222

Empresas 295
  farmacêuticas 296
Energia 153, 299
Enfraquecimento econômico 127
Engenheiros de *blockchain* 231
Engrenagem neurotecnológica 68
Ensino 131
Equilíbrios políticos 57
Era
  das tecnoditaduras 136
  de ouro 215
  do ChatGPT 94
  dos gurus verdes 92
Escola XXIII, 19, 20, 179, 185, 187,
      205, 236-239, 249-253, 277, 332
  darwiniana 258
  de 2050 257
  de 2060 270
  do futuro 352
  dos cérebros biológicos 348
  Montessori a Harvard, MIT ou
      grandes escolas francesas 212
  -trabalho-neurônio-transistor 221
  tradicional 270
  transumanista 255
Escolhas ideológicas 269
Especialistas
  da teoria dos jogos 309
  em ética das inteligências 174
Espécie(s)
  humana 42
  extintas 18
Estado 161, 271, 279, 284
  de direito 60

de emergência educativa 36
Estatísticas governamentais 170
Estupidez artificial 337
Eterna primavera da IA 3
Eternidade 326
  humana 19
Eugenismo 262
  intelectual 285
Europa 106
Eutanásia ecológica 100
Evolução
  biológica 304
  da inteligência humana 171
  darwiniana XXIII, 141
  filosófica 151
  tecnológica 303
Exército revolucionário 77
Expectativa de vida 126
Experiências 229
Exploração da civilização 35
Explosão
  das desigualdades 276
  do desemprego 234
Extraterrestres 317

F

Fabricação da inteligência 173
Fábrica de neurocultura 257
Fábula biotecnológica 271
Facebook 22, 31, 64, 65, 122, 159, 166,
      253, 315
Fake news 61, 63
Falsas promessas 3

Índice remissivo

Família 289

Fascismo 165

FDA (Federal Drug Administration) 32

Ferry, Luc 98

Fertilização *in vitro* 48, 285

Ficção científica 3, 45, 311

Filhos 47, 208

Filosofia transumanista 47

Filósofos 77

Fins do mundo 145

Fiscalista 279

Fome 49

Fortuna digital 22

Fracasso 269

escolar 207

Fraternidade 167, 173

Fraude política 182

Fukuyama x Huntington 133

Furacão

ChatGPT 260

cognitivo 11

Futuro 68, 93, 121, 146, 179, 258, 280, 281, 313, 346, 356

G

Game of Thrones neurotecnológico 301

Gates, Bill 245, 314

Genética 195, 207, 208, 209, 261

Gene único da inteligência 275

Genocídio climático 95

Genoma 46, 49, 72

humano 49, 275

Geopolítica 76, 301

Geração *baby boom* 130

Geradores de imagens 10

Gestão

climática 155

da complexidade do cérebro 246

Gigantes

digitais 3, 22, 23, 34, 57, 158, 167, 226, 234, 287

industriais 23

Globalização 318

ultraliberal 217

Google 22, 25, 30, 72, 75, 160, 183, 288, 311, 315, 347

Governança global 119

Governo mundial 155

GPT4 14, 67, 110, 194, 296, 320

GPT5 231

Gravadores cerebrais 242

Grupos de ativistas 77

Guerra(s) 106

das etnias 169

das inteligências 11, 126

digital 112

do futuro 110

dos cérebros 197

dos Deuses 77

econômica 159

Fria 5, 58, 117, 197

"quentes" 105

Guia Michelin 324

Gurus verdes 79

H

Hackers 27
Hereditariedade 211
Hibridização 304
  do digital 225
High-tech 125
Hipercrescimento 96
Hiperpersonalização educativa
    241
Hipótese do grande salto conservador
    para trás 282
História 84, 122, 304
  da humanidade 354
  dos "quase fim do mundo" 139
Holograma 51
Homem 185
  -Deus 41, 55
  luta contra a natureza 87
Homo Deus 17, 21, 41, 52, 76, 149,
    153-156, 167, 213, 293, 339,
    343, 355
Humanidade XXIII, 49, 98, 156, 230,
    294
  boquiaberta 43
  corre risco de vida 295
Humanismo 355
Humano(s) 158, 339

I

Ideologia
  igualitária 204
  transumanista 79

Igualdade 178, 218
Igualização 272
  da inteligência 273
Imagem 336
Imortalidade 346
  biológica 50
  digital 50, 52
Imperialismo chinês 109
Implante intracerebral 265
Indústria global 253
Industrialização
  da inteligência 348
  da inteligência artificial 103
  da vida 354
Infância 131
Inferno digital 313
Informação 16, 83
Inovações tecnológicas 77
Inovadores 215, 241
Instabilidade política e social 59
Instituição(ões) 69
  escolar 270
Integridade cerebral 290
Intelectuais 77, 215, 232, 296
  colapsologistas 354
Inteligência(s) 14, 36, 197, 189, 203,
    339
  artificial (IA) 1, 30, 56, 173, 351
  artificial generativa (IAG) 6,
    75, 160
  biológica 271, 276, 342, 348, 351
  conceitual 57
  digitais 51
  extraterrestre 318, 347

Índice remissivo

humana 5, 27, 30, 147, 166

natural 224

Internet XXIV, 63, 64, 82, 251

Intuição(ões) 243

médica 244

Irracionalidade 305

J

Jobs, Steve 27

Jornalismo 163

Jovens 354

L

Large Language Models (LLM) 9

Lei de Moore 17

Leitura(s) 212

complementares 357

Liberdade 157, 167, 356

igualdade e fraternidade 316

Lições de moral para máquinas

inteligentes 310

Linguagem de programação 183, 184

Linha Maginot 302

LinkedIn 253

Livros 202

Lobotomias 312

Loteria genética 48

Loucura 345

Low-tech 125

Luta ecológica 87

Luxo das elites 168

M

Macacos 171

Maionese colapsológica 80

Malthusianismo 145

Manipulação 338

genética 265

política 74

Máquina(s) 25, 158, 222, 268, 299, 313

digital 21

inteligentes 260

reprodutiva 328

ultrainteligentes 299

Marcha rumo à igualização da

inteligência 276

Marginalização social 200

Masoquismo verde 97

Matérias-primas 197

Matrix 35, 165, 303, 316, 327

Mecanização 222

Medicamentos 33

Medição da inteligência 177

Medicina XXIV, 100, 129, 142

regenerativa 130

Médico 223

Medo da morte 352

Melhoramento cerebral 270

Memórias 164, 276, 290

Mente 196, 316, 327

humana 164, 267, 299

Mercado 306

de trabalho 284

global de cérebros 65

Mérito social 200

Metamorfose da escola 187, 238, 254

Metaverso 9, 341

Método científico 256

Microchips 32

Microprocessadores 4, 17, 83, 108

Microsoft 14, 253

  GPT4 e os Coletes Amarelos 67

Mídias 62

Milagre 298

Mínimo social de inferioridade
  cognitiva 283

Missões 229

Modelos de linguagem 110

Modernização 36

Modificações genéticas 49
  cerebrais 275

Molécula milagrosa 244

Montessori 251

MOOC (*Massive Online Open Course*
  [Cursos *on-line* abertos e em
  grande escala]) 239, 240

Moore, Gordon 19

Moral robótica 313

Moratórias tecnológicas 277

Mortalidade 88

Morte
  da morte 50, 52
  do trabalho 228

Mudanças climáticas 137

Mulheres 191

Multilateralismo 156

Mundo(s) 356
  digital 159

do silício 303

estará unido frente à IA 303

francófono 117

virtual 9, 11

Muro de Berlim 132

Musk, Elon 11, 32, 149, 184, 192, 265,
  298, 314

Mutações genéticas 208

N

Nações 107

Nanobiotecnologias 353

Nanorrobôs intracerebrais 30

Nanotecnologias 129

Nativos digitais 182

Natureza 87, 129
  humana 356

Náufragos digitais 234

Nazistas 177

Negacionismo genético 214

Netflix 323

Neuroaumento 257, 268, 271

Neurobiólogo 279

Neurociência 19, 126, 158, 246, 256,
  272

Neurocultura 257

Neuroditadura 164, 287

Neuroeducação 253, 257, 289

Neuroética 165, 290, 291

Neurohacking 55

Neurologia 30

Neuromarketing 196

Neurônio(s) 184, 194, 307, 349, 356

Índice remissivo

biológico ou artificial 197
digitais 7
virtuais 6
Neuroplasticidade 195
Neurorreforço 270, 276
Neurorrevolução 172, 272
Neurossegurança 291
Neurotecnologias 272, 288
Nevoeiro
civilizacional 293
digital 335
Nível dos oceanos 151
Noosfera 317
Nova(s)
economia 201, 226
formas de pensar 340
guerra religiosa 76
tecnologias 150, 162
Novo
evangelho transumanista 21
petróleo 197

O

Obesidade informacional 26
Onda tecnológica 43
OpenAI 12, 13, 230, 253, 296
Operações 18
Opinião pública 87
Ópio ecológico 103
Orwell, George 80
Otimismo 145
schumpeteriano 234

P

Pais 205
País subdesenvolvido 203
Pandemia acidental 138
Passado 84
Patologias psiquiátricas 320
humanas 171
Pedagogia 142, 241, 243
Pensamento
humano 80
irracional 14
mágico 243
Perigo público 73
Personalização 240
do ensino 256
Perspectivas 291
de futuro 1
Pesquisadores 14, 193, 211, 309
Pesquisas 335
Pessimismo 342
tecnológico 227
Pilar da humanidade 327, 328
Pilotagem
da IA 303
democrática 71
Piratas do século XXI 114
Plataformas digitais 69
Platão 322
Pobreza 212, 215
Poder 68, 79, 198
demiúrgico 351
global 3
neurotecnológico 301

políticos 327
tecnológico 356
Política 71
ambiental 127
social 280
Políticos 60, 73
ultrapassados 68
Poluição do ar 90
População 264
Populismo 58, 98, 273
Potências asiáticas 72
Povos 305
Prazer 329
Predador darwiniano 336
Predisposição(ões) 206
genética 248
Pregações apocalípticas 81
Previsões
apocalípticas 145
fantasiosas 146
Primeira guerra
cerebral 273
Mundial 190
Problemas de comunicação entre pais
e filhos 263
Produtividade intelectual 147
Produtos agrícolas 197
Profecia dos colapsologistas 126
Professores 209, 212, 245, 252, 263
Programação 183
Programadores 36
Programa espacial 137
Progresso 90, 126
biotecnológico 41, 50

Projeção freudiana 311
Projeto transumanista 30
Próteses cerebrais 55
Psicologia das inteligências artificiais
314
Publicidade 61

Q

Quais competências para o ser
humano diante dos sucessores
do ChatGPT? 230
Qualidade pedagógica 213
Questão(ões)
climática 155
de poder 199
éticas 172
existenciais 157
Quociente de complementaridade à
inteligência artificial 219

R

Raças 305
Racismo antissilício 332
Realidade virtual 9, 47, 290, 324
Reconhecimento facial 24
Redes
neurais artificiais 7
sociais 24, 61
Reflexões 233
Regulamentação da inteligência
artificial 73

Índice remissivo

Reino intelectual 16
Religião 54, 55
Renda básica universal 233, 234, 235
Repressão 149
Reprodução 325
  sexual 48
Responsabilidade histórica 214
Responsáveis políticos 278
Revolução 42, 267
  Amarela 64
  cognitiva 101
  da informática 183
  Francesa 272
  industrial 42, 89
  neurotecnológica 32, 352
  tecnológica 42, 146
  verde 91
Rigor científico 245
Rivalidades
  geopolíticas 285
  religiosas e étnicas 285
Robô 28, 306, 308
Robótica 19, 225
Robotização 109

S

Sábio 331
Sala de aula 238, 254
Segurança 13
  computacional 26
Sentimentos humanistas 272
Sequenciamento do DNA 45, 247
Ser humano 44

Sexualidade 326
Shockley, William 17
Sindicatos de professores 243
Síndrome
  de comparação induzida pela IA
    321
  de despersonalização da realidade
    virtual 321
Sistema(s)
  de aprendizagem 7
  educativo 181, 235, 237, 273
  ideológicos e religiosos 82
  político 251
  solar 44
Smartphone 46, 149, 160, 251, 255,
  289
Sobrevivência 325
Sociedade 42, 193, 324
  de 2060 264
  digital 198
  do conhecimento 180, 352
Softwares 201, 240, 250, 255, 289, 310
  verdes 94
Splinternet 117
Start-up 11, 241, 265
Startupeiros (*start-uppers*) 202
Sucessores do ChatGPT 230
Suicídio coletivo 39
Sujeito 162
Superstição 282

T

Tabu do QI 217

Tabuleiro político 77

Talentos 226

Tarefa da educação 205

Tecido econômico 42

Tecnoditaduras 136

Tecnologia(s) 13, 30, 43, 47, 59, 78, 124, 132, 165, 281, 297
   de neuroaprimoramento 79
   de neurorreforço 285
   de transmissão 254
   de transmissão de conhecimento 255
   digital 63, 121
   genética 266
   obsoleta 205
   do cérebro 291
   NBIC XXIV, 63

Tempestade digital 223

Tensão(ões) 204
   populistas 24
   sindicais 37

Teoria política 157

Terapias tradicionais 249

Terceira Guerra Mundial 105

Terroristas 28

Teste de Turing 298

Testosterona digital 336

Thunberg, Greta 97, 100, 143

Tobogã eugenista 281

Totalitarismo
   neurotecnológico 57
   pintado de verde 95

Trabalhador 86

Trabalhos científicos 208

Tradução automática 4

Trajetória
   de aceitação 283
   profissional 216

Transferências de cérebros 123

Transformações sociais 281

Transição
   cognitiva 178
   comparável 178
   energética 178

Transmissão
   de conhecimento 36
   de inteligência XXIII
   do conhecimento 31

Transtorno
   de ansiedade algorítmica 321
   de apego à inteligência artificial 320
   delirante tecnoparanoico 321

Transumanismo 163

Transumanistas 45, 53, 326, 345

Tribalização da verdade 60

Tsunami
   de dados 25
   tecnológico 32, 65, 355

Twitter 54

U

Uberização 227

Universidades 198, 242

Universo 44, 161, 307

Utopia tecnológica 135

V

Vacina 271
Vale
  do Cérebro 31
  do Silício 30, 31, 46, 53, 71, "134,
  314
Valor
  criado 200
  econômico 201
Variantes genéticas 141
Vassalização militar 108
Venenos 296
Verdes 120
Vícios de linguagem 27
Vida(s) 44, 86, 295
  digitais 186
  inteligente 356
  real 322
  sexual 185
  social 11

Videogame 344
Vieses cognitivos 81, 82
Violência 84
Visão transumanista 316
Vítimas 160
Vocabulário genocida 94

W

WhatsApp 54, 201, 269

Y

YouTube 54

Z

Zuckerberg, Mark 9, 10, 31, 62, 119,
  253, 314